普通高等教育"十四五"系列教材

工程概预算

（第2版）

主 编 王广月 韩 勃 刘 健

U0283527

中国水利水电出版社
www.waterpub.com.cn
·北京·

内 容 提 要

本书在第 1 版的基础上，以新的《建设工程工程量清单计价规范》、建筑工程量计算规则、建筑工程消耗量定额、建筑工程费用及计算规则、建筑工程价目表和建设工程工程量清单计价办法的现行规定为基础进行修订。

本书主要内容包括：绪论、工程定额概述、施工定额、预算定额、概算定额与概算指标、建筑工程项目费用计算、建筑工程消耗量定额工程量计算、工程量清单计价、建设项目投资估算与设计概算。

本书内容简明扼要、通俗易懂，可作为高等院校土木工程、工程管理、工程造价和财经类专业教材，也可作为高职高专院校相关专业教材，以及相关专业人员培训用教材。

图书在版编目（CIP）数据

工程概预算 / 王广月，韩勃，刘健主编. -- 2版
. -- 北京 ：中国水利水电出版社，2022.9
普通高等教育"十四五"系列教材
ISBN 978-7-5226-1074-0

Ⅰ. ①工… Ⅱ. ①王… ②韩… ③刘… Ⅲ. ①建筑工程－概算编制－高等学校－教材②建筑工程－预算编制－高等学校－教材 Ⅳ. ①TU723.3

中国版本图书馆CIP数据核字（2022）第207635号

	普通高等教育"十四五"系列教材
书　　名	**工程概预算（第 2 版）** GONGCHENG GAIYUSUAN
作　　者	主编　王广月　韩　勃　刘　健
出版发行	中国水利水电出版社 （北京市海淀区玉渊潭南路 1 号 D 座　100038） 网址：www.waterpub.com.cn E-mail：sales@mwr.gov.cn 电话：（010）68545888（营销中心）
经　　售	北京科水图书销售有限公司 电话：（010）68545874、63202643 全国各地新华书店和相关出版物销售网点
排　　版	中国水利水电出版社微机排版中心
印　　刷	清淞永业（天津）印刷有限公司
规　　格	184mm×260mm　16 开本　18.75 印张　456 千字
版　　次	2010 年 9 月第 1 版第 1 次印刷 2022 年 9 月第 2 版　2022 年 9 月第 1 次印刷
印　　数	0001—3000 册
定　　价	**56.00 元**

第 2 版前言

本书第 1 版自出版以来，由于其基本概念简洁、清晰，理论联系实际紧密，深入浅出，案例选择量大面广，难易适中，受到广大读者的喜爱。随着我国造价管理体制改革的深入，一些新的标准、法规、规范相继颁布执行，清单计价的运用已相对成熟，为了反映工程计价的最新内容，有必要对原书部分内容进行修订。

本书基本保持了第 1 版的篇章结构，在总结以往编写教材的基础上，以新的《建筑工程工程量清单计价规范》、建筑工程消耗量定额、建筑工程费用及计算规则、建筑工程价目表和建筑工程量清单计价办法的现行规定为依据，调整了建筑工程费用计算方法，对消耗量定额部分进行了较大调整，增加了工程量清单部分的案例，按建筑工程建筑面积计算规范修改了建筑面积计算规则，同时按新的消耗量定额和清单计价规范修改完善了案例。

本书由山东大学王广月、韩勃、刘健主编，刘其方、解全一参加了编写，孙盈参加了书中部分实例的计算工作，全书由王广月修改定稿。

在编写过程中，参考和引用了许多专家和学者的一些书籍和文献，在此表示由衷感谢。

限于编者水平有限，书中难免有疏漏和不当之处，恳请广大读者和同行给予批评指正。

编者

2022 年 6 月

第1版前言

　　为了贯彻 GB 50500—2008《建设工程工程量清单计价规范》，更好地满足专业教学与工程技术人员的需要，我们在总结以往教材编写经验的基础上，采用最新的计价文件资料，编写了本书。本书为高等学校"十二五"精品规划教材，着重阐述了建筑工程消耗量定额工程量计算方法，对工程量清单的概念、编制原则、项目单价组成、工程量清单内容、采用清单计价后的合同问题、工程结算及其应用等进行了详细的论述，提供了工程量清单格式、工程量清单计价格式以及常用的计价表。本书在讲述基本理论和概念的基础上，力求理论联系实际，深入浅出，既重视理论阐述，又注重操作能力的培养，书中列举了较多的实例，以利于消化理解。

　　本书由王广月、王善举主编，刘俊杰、陈付军、赵庆双为副主编，崔松涛等同志参加了编写，张琦和孙盈同志参加了书中部分例题的计算工作，全书由王广月修改定稿。

　　本书在编写过程中，参考和引用了许多专家和学者的一些书籍和文献，在此表示由衷感谢。

　　由于编者水平有限，书中难免有疏漏和不当之处，恳请专家和读者给予批评指正。

编者

2010 年 6 月

目 录

第一章 绪 论

第一节 基本建设的概念

一、基本建设的含义

基本建设是指国民经济各部门的新建、扩建和恢复工程及设备等的购置活动。因此，它是一种经济活动或固定资产投资活动。其结果是形成固定资产，即基本建设项目。在国民经济计划与统计中，固定资产投资划分为"基本建设投资"与"更新改造措施投资"两类。因此，这里所指的基本建设并非全部固定资产投资活动。

二、基本建设的内容

基本建设的内容包括固定资产的建造、安置、设备购置及与之相关的工作。国家现行制度规定，凡利用预算内基建拨款、自筹资金、国内外基本建设贷款以及其他专项资金进行的、以扩大生产能力和新增工程效益为主要目的的新建、扩建、改建、恢复工程及有关工作，均属于基本建设。以上所说的"相关工作"或"有关工作"，是指勘察设计、征购土地、拆迁原有建筑物、培训职工、科学试验及建设单位管理工作等。具体说来，包括以下几个方面：

（1）为经济、科技和社会发展而新建的项目。

（2）为扩大生产能力或新增效益增建的分厂、主要生产车间、矿井、铁路干支线（包括复线）、码头、泊位等扩建项目。

（3）为改变生产力布局而进行的全厂性迁建项目。

（4）因遭受灾害需要重建的恢复性项目。

（5）行政、事业单位增建业务用房或职工宿舍项目。

上述项目从酝酿、筹建、施工到验收等一系列工作都属于基本建设工作的内容。

三、基本建设项目的分类

基本建设工作是在各个建设项目中进行的。所谓基本建设项目，就是按照一个总体设计建设的工程，也可称为工程项目。基本建设项目可有以下几种不同的分类方法。

（一）按建设性质分类

（1）新建项目。通常指从无到有，平地起家。有的建设项目虽非从无到有，但其原有基础较小，经扩大建设规模后，新增加的固定资产价值超过原有固定资产价值的 3 倍以上，也可称作新建项目。

（2）扩建项目。指企业、事业单位，为了扩大原有产品的生产能力（或效益），或为了增加新产品的生产能力或效益，而新建主要车间或工程的建设项目。

（3）改建项目。指原有的企业，为了提高生产效率。改善产品质量，改变生产方向，对有的设备或工程进行技术改造的项目。有的企业，为了平衡生产能力，新建一些附属、辅助车间或非生产性工程，也算作改建项目。

（4）恢复项目。指企业、事业单位，因自然灾害或战争等原因，其原有的固定资产已全部或部分报废，以后又按原有规模重新恢复起来的项目。如果在恢复的同时进行扩建的，则应属扩建项目。

（二）按建设规模分类

建设项目的建设规模，决定于其设计能力（非工业建设项目为效益）或投资额。工业建设项目分为大型项目、中型项目和小型项目；非工业项目一般分为大中型项目和小型项目。一个建设项目只属于其中的一种类型。分类的界限由国家颁发的《工业基本建设项目的大、中、小型划分标准》和《非工业建设项目大中型划分标准》确定。

（三）按隶属关系分类

按隶属关系可分为部直属项目和地方项目：

（1）部直属项目。即国务院各部直属的建设项目。这些项目的计划由各部直接编制和下达。

（2）地方项目。是省（自治区、直辖市）、地、县等所属的项目。

第二节　建设项目的分解

由于建设项目是一个庞大的体系，它由许多不同功能的部分组成，而每个部分又有着构造上的差异。使得施工生产和造价计算都不可能简单化、统一化。必须有针对性地分别对待每一项具体内容，由部分至整体地实现生产和计算。这就产生了如何对建设项目进行具体划分的问题。"建设项目划分"指的就是怎样对建设项目进行分解。根据我国的有关规定和几十年来的一贯做法，也根据建设项目建设和其价格确定的需要，建设项目是按以下方式划分的。

1. 建设项目

建设项目，是指按一个总的设计意图，由一个或几个单项工程所组成，经济上实行统一核算，行政上实行统一管理的建设单位。一般以一个企业、事业单位或独立的工程作为一个建设项目。

2. 单项工程

单项工程是指具有独立的设计文件，可以独立施工，建成后能够独立发挥生产能力或效益的工程。如工业项目的生产车间、设计规定的主要产品生产线。非生产项目是指建设项目中能够发挥设计规定的主要效益的各个独立工程，如办公楼、影剧院、宿舍、教学楼等。单项工程是建设项目的组成部分。

3. 单位工程

单位工程是指具有独立设计，可以独立组织施工，但完成后不能独立发挥效益的工程。它是单项工程的组成部分。如一个车间可以由土建工程和设备安装两个单位工程组成。

（1）建筑工程包括下列单位工程：

1）一般土建工程。

2）工业管道工程。

3）电气照明工程。

4）卫生工程。

5）庭院工程等。

（2）设备安装工程包括下列单位工程：

1）机械设备安装工程。

2）通风设备安装工程。

3）电气设备安装工程。

4）电梯安装工程等。

4. 分部工程

分部工程是单位工程的组成部分，建筑按主要部位划分：如基础工程、墙体工程、地面与楼面工程、门窗工程、装饰工程和屋面工程等；设备安装工程由设备组别（分项工程）组成，按照工程的设备种类和型号、专业等划分为建筑采暖工程、煤气上程、建筑电气安装工程、通风与空调工程、电梯安装工程等。

5. 分项工程

分项工程是建设项目的基本组成单元，是由专业完成的中间产品，它可通过较为简单的施工过程就能生产出来，可以有适当的计量单位，它是计算工料消耗的最基本构造因素，如砖石工程按工程部分划分为内墙、外墙等分项工程。

第三节 基本建设程序

基本建设程序及其与建设预算之间的关系如图1-1所示。

基本建设全过程中，按照客观规律规定的各项工作必须先办什么，后办什么，所遵循的先后顺序叫基本建设程序。

由于基本建设自身的特点，决定了它涉及面广，内外协作关系、环节多。在多层次、多环节、多种要求的时间空间中组织建设，必须完善各阶段、各环节的相互衔接关系，使之成为一个有机的整体，才能较好地实施建设任务。

一、基本建设程序是工程建设客观规律的反映

基本建设程序体现了基建项目从决策、准备到实施过程中各阶段必须遵循的工作次序。它反映了基本建设活动全过程的内在客观规律，基本建设涉及面广，环节多。在实施过程中，包含着紧密联系的先后次序和阶段，不同阶段有着不同的内容。既不能相互代替，也不能颠倒或跳越。必须按照一定的工作顺序，有计划、有步骤地进行，上一阶段的工作为下一阶段的工作创造条件，下一阶段的工作又验证上一阶段工作的设想。所谓基本建设程序就是基本建设工作中必须遵循的先后工作顺序。

基本建设程序是人们进行基本建设活动中必须遵循的工作制度，是通过大量工作实践所总结的工程建设和客观规律的反映。

基本建设程序反映了客观社会经济规律。基本建设涉及水文地质、矿藏资源、气象、地理等自然条件。涉及原材料、能源、交通、劳动力资源、生产协作、市场供销等经济环境。在这个体系中，各方面要保持平衡，只有经过综合平衡后，才能列入年度计划付诸实施。基本建设程序反映了技术经济规律的要求。例如，就生产性基本建设而言，由于它要消耗大量人力、物力、财力，如果决策稍有失误，必然造成重大损失。因此，在提出项目建议书后，首先要对工程项目进行可行性研究，从建设的必要性、客观的可能性、技术的先进性和可行性、经济的合理性、投产后正常生产条件、经济效果和社会效益等方面做出全面论证。由于基本建设项目具有地点的固定性，因此，必须先进行勘察、选址后，才能进行设计。又由于基本建设项目具有个体性，对于不同的项目，由于工艺、厂址、建筑材料、气候和水文地质条件的不同，每项工程都要进行专门的设计，都要采用不同的施工组织设计方案与施工措施方法。因此，必须先设计后施工。

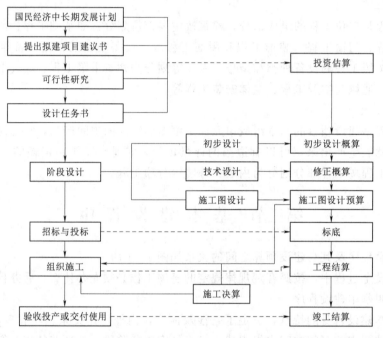

图 1-1　基本建设程序及其与建设预算之间关系示意图

我国陆续制定了一些关于基本建设程序的法规，具体规定了各建设阶段的工作依据、程序和内容。从 1958 年起的较长时期，这些法规被"左"的经济建设指导思想冲垮了。很多工程在建设条件尚不完全具备情况下，仓促上马，乱铺摊子，结果不是被迫下马，就是边建边改，"三边"工程比比皆是，或是工期一拖再拖，或是建成以后发挥不了作用，造成严重浪费。鉴于此，从 1978 年开始，我国反复强调按基本建设程序办事，使基本建设重新走上健康科学的发展道路。目前我国基本建设程序基本上是适用的，但是，随着社会主义市场经济的发展和人们对基本建设规律认识的逐渐深化，将不断完善基本建设程序的内容。

二、基本建设程序的内容

（一）建设项目的论证和决策阶段

随着经济工作的逐步深入，提高了对项目论证、决策工作的要求，强调搞建设要有时间概念、利息概念和投入产出的投资效益概念。在经济效益的分析上由静态发展到动态；

在工作阶段的划分上由设计任务书阶段，发展为项目建议书（含可行性研究报告）和设计任务书多阶段。

（1）项目建议书。项目建议书是基本建设程序中最初阶段的工作，是各部门、各地区、各企业根据国民经济和社会发展的长远规划、行业规划、地区规划的要求，结合各项目自然资源、生产力布局和市场预测等，经过调查分析，提出具体项目建设的必要性，并且条件可行时，由申请主办单位向国家推荐建议书，它是国家选择建设项目和有计划地进行可行性研究的依据。

（2）可行性研究。可行性研究是对建设项目在技术上、经济上是否可行的一种科学分析方法，是进行深入的技术、经济论证的阶段，是对建设项目能否成立进行决策和作为审批设计任务书的工作依据和基础。由主管部门下达计划或建设单位委托设计院或咨询单位进行。主要内容包括：

1）市场需求、产品价格的分析和预测、生产规模的拟定。

2）厂址选择、生产工艺、设备选型、原材料来源、能源供应、运输方式、生产协作、技术力量和环境保护等问题的分析和安排。

3）投资、成本、利润的估算和资金来源。

4）技术经济的分析和评价。

（3）设计任务书（曾称计划任务书）。设计任务书是确定建设方案的基本文件。按现行规定，基本建设工程在进行可行性研究、技术经济论证之后，如果证明兴建是可行的，即可编制设计任务书，对可行性研究推荐的最佳方案予以确认，是项目的最终决策并据此进行初步设计。设计任务书由建设项目的主管部门组织设计单位和有关单位负责编制。

（二）建设准备阶段

1. 勘察设计

勘察是设计的基础，设计是安排建设项目和组织施工的主要依据。设计任务书和厂址选点报告经批准后，应委托勘察设计单位，按设计任务书的要求，进行勘察设计，编制设计文件。一般的大中型项目分初步设计和施工图设计两个阶段进行；特殊复杂的项目要增加技术设计阶段。初步设计阶段需编制设计概算，技术设计需编制修正总概算；施工图设计阶段，需由设计单位编制施工图设计预算。

2. 年度计划

初步设计和总概算经批准后的项目，由计划部门综合平衡后列入固定资产投资年度计划。

根据设计任务书和初步设计拟定的建设期限，再经过施工组织总设计的统筹合理安排，提出具体建设总进度。建设进度要讲究经济合理，有计划、有节奏、连续不断地组织施工。既讲需要，更讲可能。其全部需要的和分年度建设需用的资金、设备、材料、劳力和施工机械都要列入国家相应的年计划，将"量力而行"的建设方针，落实在可靠的物资基础上。

（三）建设实施阶段

1. 施工准备

开工前要完成征地拆迁，场地平整和"三通"（即通水、通电、通路），工程招标发包、合同签订，临时设施建设，也包括建筑安装工人生活基地、仓库堆场、附属加工厂等，以及技术资料、材料、设备、半成品的按计划供应。

2. 全面施工和生产准备

必须在做好施工准备工作以后，才能办理开工报告，开工兴建正式工程。施工过程要严格按工程合同、设计图纸、施工验收规范组织施工，单位工程必须编制施工组织设计，在进度与质量发生矛盾时，首先要保证工程质量。要加强经济核算，大力推行成熟的新技术。

在全面施工的同时，要做好生产准备工作，包括建立生产指挥系统，制定安全生产操作规程，培训生产、管理骨干和技术工人，并组织工具、器具、家具、工装、备品配件的供应以及原材料、燃料供应。

3. 交工验收

交工验收包括由建设单位组织负荷试车，技术验收，竣工结算，施工技术资料交接，工程技术经济资料整理总结，工程建设后评估等。

三、基本建设程序中业主的工程经济工作

基本建设程序中业主工程经济工作见表 1-1。

表 1-1　　　　　　　　　　基本建设程序中业主的工程经济工作

序号	阶段	概 预 算 工 作
一	项目建议书	投资估算及投资分析控制
二	可行性研究	参与技术经济评估论证
三	勘察设计	提供概预算定额、价格资料、编制初步设计概算、施工图设计预算、组织概预算审查
四	年度计划	提供单项、单位工程概预算
五	建设准备	招标、定标、工程合同签订
六	全面施工	协调施工中合同预算事宜，预算管理，技术经济资料收集整理
七	交工验收	工程决算、技术经济分析、投资效益评价

四、探索技术改造工作程序是工程建设的重要课题

（一）技术改造工程的特点

（1）资金自筹、负债建设，决定了项目工期的短、紧、快。

（2）技术改造不同于新建、扩建工程、施工环境复杂，条件困难与生产交错，来自外界干扰多。

（3）适应技术进步和设备更新换代的需要，引进项目多，工艺先进，对施工技术要求高。

（二）技术改造工程的矛盾及解决矛盾的出路

（1）工期紧导致工作程序合理交叉，和"三边"的一定程度的合理性。建设程序中大阶段要严格划分，但阶段边缘要合理交叉。

（2）技术先进对施工的高标准要求与工期紧、施工条件困难的矛盾。要求指挥调度的高度统一性和权威性，要充分调动二级生产厂矿业主角色的积极性。

（3）技术先进，工期紧，要求建设单位工程管理人员具有高素质。通过经济责任制、培训教育，优选人才，严格考核，提高人员素质。

（4）资金筹措困难和高投资且集中花费的矛盾。由于工期紧，建设条件差，求建心切势必引起工程造价的上涨，高于正常建设的造价。

可通过引进竞争机制与施工单位横向联系，采取效益分成，重奖抑价措施。对内壮大自有建设队伍，创造条件，对设计、施工、设备材料定货、招标议标，设立工期、造价、质量、奖罚等经济手段缓解矛盾。

（5）要求业主决策层正确处理三个矛盾。

1）运用投资控制的最有效手段—技术与经济相结合。在工程建设全过程中，以提高项目投资效益为最高目的，正确处理技术与经济对立统一关系，力求技术上先进可行，经济上合理合算。

2）运用价值工程原理，摆好建设项目投资额与项目产生效益的关系，追求高生产效益的同时掂量建设投资；增减投资的同时要计算对生产效益的影响。追求投资产出率 S 的最优值。即

$$S = \frac{\text{单位产品净效益设计指标}\,Q}{\text{单位产品投资}\,P} \div \text{建设工期}(T)$$

3）正确处理建设项目一次性投资与项目寿命费用的矛盾。建设的目的是生产，投资的目的是生产收益，合理投资必须顾及项目全寿命费用，即项目运行维护直到报废拆除费用。不能顾此失彼，必须统筹考虑。

第四节　建设项目的费用组成

建设项目的费用由建筑工程费，设备安装工程费，设备、工具、器具、生产家具购置费，工程建设其他费用组成。

一、建筑工程费

建筑工程费包括：

（1）各种房屋和构筑物的建造费用。包括其中的各种管道、输电线和电信导线的敷设费用。

（2）设备基础、支柱、工作台、梯子等的建造费用，炼焦炉等各种特殊炉的砌筑工程费用及金属结构工程费用。

（3）为施工而进行的建筑物场地的布置和障碍物的拆除费用，原有建筑物和障碍物的拆除费用，平整土地费用，设计中规定为施工而进行的工程地质勘探费用，建筑场地完工后的清理和绿化费用。

（4）矿井开凿、露天矿的开拓工程、石油和天然气的钻井工程费。

（5）水利工程费。

（6）防空等特殊工程费。

二、设备安装工程费

（1）生产、动力、起重、运输、传动和医疗、实验费用、各种需要安装的机械设备的装配、装置工程费、与设备相连的工作台、梯子等装设费、附属于被安装设备的管线敷设费、被安装设备的绝缘、保温、油漆等费用。

（2）为测定安装工作质量，对单个设备进行的各种试车工作费用。

但这部分费用中，不包括被安装设备本身的价值，在施工现场制造、改造、修配的设备价值也不包括在内。

三、设备、工具、器具、生产家具购置费

这部分费用是指购置及在施工现场制造、改造、修配的达到固定资产要求的设备、工具、器具、生产家具等所支出的费用。但新建单位和扩建单位的新建车间购置或自制的全部设备、工具、器具、生产家具，不论是否达到固定资产标准，均计入该项费用之中。

四、工程建设其他费用

这部分费用是建设项目建设全过程中必须支出的。从其内容上看部分支出能使固定资产增加，如勘察设计费、征用上地费等；一部分支出属消耗性的，不增加固定资产，如生产人员培训费、施工单位迁移等。这部分费用，内容比较广泛，一般都有全国统一的规定，或部门、地方的统一规定，而且往往随时间的不同而增减变化。其内容主要包括：

（1）国家建设征用土地费。

（2）建设基金，如公用设施建设费、电源建设集资、供电贴费。

（3）建设单位管理费及其他。

第五节 基本建设工程概预算

一、基本建设概预算的概念

基本建设概预算（简称建设预算），是基本建设设计文件的重要组成部分，它是根据不同设计阶段的具体内容，国家规定的定额、指标和各项费用取费标准，预先计算和确定每项新建、扩建、改建和重建工程，从筹建至竣工验收全过程所需投资额的经济文件。它是国家对基本建设进行科学管理和监督的重要手段之一。

建筑安装工程概算和预算是建设预算的重要组成部分。它是根据不同设计阶段的具体内容，国家规定的定额、指标和各项费用取费标准，预先计算和确定基本建设中建筑安装工程部分所需要的全部投资额的文件。

建设预算所确定的每一个建设项目、单项工程或其中单位工程的投资额，实质上就是相应工程的计划价格。在实际工作中称为概算造价或预算造价。在基本建设中，用编制基本建设预算的方法来确定基建产品的计划价格，是由建筑工业产品及生产不同于一般工业的技术经济特点和社会主义商品经济规律所决定的。

二、基本建设概预算的分类及作用

根据我国的设计、概预算文件编制和管理方法，并结合建设工程概预算编制的顺序做如下分类。

1. 投资估算

投资估算，一般是指在项目建议书或可行性研究阶段，建设单位向国家或主管部门申请基本建设投资时，为了确定建设项目的投资总额而编制的经济文件。它是国家或主管部门审批或确定基本建设投资计划的重要文件。投资估算主要根据估算指标、概算指标或类似工程预（决）算等资料进行编制。

2. 设计概算

设计概算，是指在初步设计或扩大初步设计阶段，由设计单位根据初步设计图纸、概算定额或概算指标，设备预算价格，各项费用的定额或取费标准，建设地区的自然、技术经济条件等资料，预先计算建设项目由筹建至竣工验收、交付使用全部建设费用的经济文件。设计概算的主要作用如下：

（1）国家确定和控制建设项目总投资的依据。未经规定的程序批准，不能突破总概算的这一限额。

（2）编制基本建设计划的依据。每个建设项目，只有当初步设计和概算文件被批准后，才能列入基本建设计划。

（3）进行设计概算、施工图预算和竣工决算，"三算"对比的基础。

（4）实行投资包干和招标承包制的依据，也是银行办理工程贷款和结算，以及实行财政监督的重要依据。

（5）考核设计方案的经济合理性，选择最优设计方案的重要依据。利用概算对设计方案进行经济性比较，是提高设计质量的重要手段之一。

3. 修正概算

修正概算是指当采用三阶段设计时，在技术设计阶段，随着设计内容的具体化，建设规模、结构性质、设备类型和数量等方面内容与初步设计可能有出入，为此，设计单位应对投资进行具体核算，对初步设计的概算进行修正而形成的经济文件。

修正概算的作用与设计概算基本相同。一般情况下，修正概算不应超过原批准的设计概算。

4. 施工图预算

施工图预算是指在施工图设计阶段，设计全部完成并经过会审，单位工程开工之前，设计咨询或施工单位根据施工图纸，施工组织设计，预算定额或规范，人材机单价和各项费用取费标准，建设地区的自然、技术经济条件等资料，预先计算和确定单项工程和单位工程全部建设费用的经济文件。

施工图预算的主要作用如下：

（1）确定建筑安装工程预算造价的具体文件。

（2）签订建筑安装工程施工合同、实行工程预算包干、进行工程竣工结算的依据。

（3）银行借贷工程价款的依据。

（4）施工企业加强经营管理，搞好经济核算，实行对施工预算和施工图预算"两算对比"的基础，也是施工企业编制经营计划、进行施工准备的依据。

（5）建设单位编制标底和施工单位编制报价文件的依据。

5. 施工预算

施工预算是指施工阶段，在施工图预算的控制下，施工单位根据施工图计算的分项工程量、施工定额、单位工程施工组织设计等资料，通过工料分析，计算和确定拟建工程所需的人工、材料、机械台班消耗量及其相应费用的技术经济文件。

施工预算的主要作用如下：

（1）施工企业对单位工程实行计划管理，编制施工作业计划的依据。

（2）施工队向班组签发施工任务单，实行班组经济核算，考核单位用工；限额领料的依据。

（3）班组推行全优综合奖励制度，实行按劳分配的依据。

（4）施工企业开展经济活动分析，进行"两算"对比的依据。

6. 工程结算

工程结算，是指一个单项工程、单位工程、分部工程或分项工程完工，并经建设单位及有关部门验收或验收点交后，施工企业根据合同规定，按照施工时现场实际情况记录、设计变更通知书、现场签证、预算定额、工程量清单、人工材料机械单价和各项费用取费标准等资料，向建设单位办理结算工程价款并取得收入。它是用以补偿施工过程中的资金耗费，确定施工盈亏的经济文件。

工程结算一般有定期结算、阶段结算、竣工结算等方式。其作用如下：

（1）施工企业取得货币收入，用以补偿资金耗费的依据。

（2）进行成本控制和分析的依据。

7. 竣工决算

竣工决算是指在竣工验收阶段，当一个建设项目完工并经验收后，建设单位编制的从筹建到竣工验收、交付使用全过程实际支付的建设费用的经济文件。其内容由文字说明和决策报表两部分组成。

竣工决算的主要作用如下：

（1）国家或主管部门验收小组验收时的依据。

（2）全面反映基本建设经济效果、核定新增固定资产和流动资产价值、办理交付使用的依据。

综上所述，建设预算的各项技术经济文件均以价值形态贯穿整个基本建设过程之中，如图 1-2 所示。

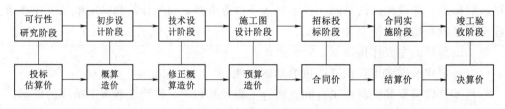

图 1-2　建筑工程计价过程

估算、概算、预算、结算、决算从申请建设项目，确定和控制基本建设投资，到确定基建产品计划价格，进行基本建设经济管理和施工企业经济核算，最后以决算形成企、事业单位的固定资产。总之，这些经济文件反映了基本建设中的主要经济活动。在一定意义上说，它们是基本建设经济活动的血液，这是一个有机的整体，缺一不可。申请项目要编估算，设计要编概算，施工要编预算，并在其基础上投标报价，签订工程合同；竣工时要编结算和决算。同时，国家要求决算不能超过预算，预算不能超过概算。

第六节 建筑产品及其价格特点

一、建筑产品的特点

1. 建筑产品的固定性

建筑产品有固定性的特点。它建筑在大地之上，基础构造受地质、水文条件的制约。生产集中在固定地点。建成后以特定的"验收交工"方式买卖，只能在特定的环境下使用，它的生产也只能是流动的。

2. 建筑产品的多样性

每项建筑产品都与其他建筑产品有区别，形成了建筑产品多样性的特点。多样性体现在建筑形式、建筑结构、建筑造价等多方面。多样性是根据多种使用功能要求、多种艺术要求及各种特殊地基条件等决定的。因此，需要单独进行设计，单件进行施工，逐件计算价格，逐项进行评价，无疑，多样性带来了建设工作和价格管理的难度。

3. 建筑产品的庞大性

建筑产品体积庞大，大于任何工业产品。由此决定了它的生产周期长，消耗资源多，露天作业等特点。它的价格计算也十分复杂和烦琐。建筑产品又是一个庞大的系统，由土建、水、电、热力、设备安装、室外市政工程等系统组成一个整体而发挥作用。

二、建筑产品的价格特点

1. 建筑产品是商品

商品是用来交换、能满足他人某种需要的产品。它具有使用价值和价值两种因素。建筑产品也是商品，建筑企业进行的生产是商品生产。

（1）建筑企业生产的建筑产品是为了满足建设或使用单位的需要的。由于建筑产品的固定性、多样性和庞大性，建筑企业必须从使用者（购买者）手中取得生产任务（承包），按使用者（发包者）的要求（或按设计）进行施工，建成后再移交给使用者。这实际上是一种"加工订做"方式。先有买主，再进行生产和交换。所以，建筑产品是一种特殊的商品，有特殊的交换关系。

（2）建筑产品也有使用价值和价值两种因素。其使用价值，表现在它能满足用户的需要，这是它的自然属性决定的。它是构成社会物质财富的物质内容之一。在商品经济条件下，建筑产品的使用价值是它的价值的物质承担者。

建筑产品的价值是指它凝结了物化劳动和活劳动成果，是物化了的人类劳动。正因为它具有价值，才使建筑产品可以进行交换，在交换中体现了价值量，并以货币形式表现为价格。

2. 建筑产品价格的特点

建筑产品作为商品，其价格与所有商品一样，是价值的倾向表现，是由成本、税金和利润组成的。在我国，商品的价格有计划价格和浮动价格两种定价形式。计划价格是由国家有关物价部门根据经济规律和价格政策制定的。浮动价格是由价值规律和供求关系决定的。然而建筑产品作为一种特殊的商品，其价格必然有它自身的特点，这些特点主要表现在以下两个方面：

（1）建筑产品的价格不能像工业产品那样有统一的价格，一般地都需要通过逐个编制工程预算文件进行估价。这是由于建筑产品的多样性和庞大性所决定的。实行招标承包的工程，价格经过竞争、决标，以签订承包合同的形式予以确定。建筑产品的价格是一次性的。

（2）建筑产品的价格具有地区差异性。这是由建筑产品的固定性特点决定的。建筑产品坐落的地区不同，材料的出厂价格、运输费用、水、电资源的供应费用都会有所不同，建筑职工的工资标准也有差异，建筑施工的某些取费标准也因地而异。由于建筑产品的价格是一种综合性价格，所以不同地区的价格水平必然存在着差异。

在社会主义市场经济条件下，定额价只起参考作用。编制概预算时必须根据市场价格进行调整，并对工程在施工期内的变动幅度对造价的影响作出预测。

习 题

1. 什么是基本建设？其内容是什么？
2. 基本建设的程序是什么？
3. 举例说明建设项目的划分。
4. 建设项目中有哪些费用组成？
5. 什么是基本建设概预算？如何进行分类？
6. 建筑产品及其价格特点是什么？

第二章 工程定额概述

第一节 工程定额的概念及分类

一、我国建筑工程定额的发展概况

新中国成立以来，为适应我国经济建设发展的需要，党和政府对建立和加强各种定额的管理工作十分重视，就我国建筑工程劳动定额而言，它是随着国家经济的恢复和发展而建立起来的，并结合我国工程建设的实际情况，在各个时期制定和实行了统一劳动定额。它的发展过程，是从无到有、从不健全到逐步健全的过程，在管理体制上，经历了从分散到集中、从集中到分散、又从分散到集中统一领导与分级管理相结合的过程。

早在 1955 年，劳动部和建筑工程部联合编制了《全国统一建筑安装工程劳动定额》，这是我国建筑业第一次编制的全国统一劳动定额。1962 年、1966 年建筑工程部先后两次修订并颁发了《全国建筑安装统一劳动定额》。这一时期是定额管理工作比较健全的时期，由于集中统一领导，执行定额认真，同时广泛开展技术测定，定额的深度和广度都有发展，当时对组织施工、改善劳动组织、降低工程成本，提高劳动生产率起到了有力的促进作用。

在"十年浩劫"中，行之有效的定额管理制度遭到了严重破坏，定额管理制度被取消，造成劳动无定额、核算无标准、效率无考核，施工企业出现严重亏损，给我国建筑业造成了不可弥补的损失。

党的十一届三中全会以来，随着全党工作重点的转移，工程定额在建筑业的作用逐步得到恢复和发展，国家建工总局为恢复和加强定额工作，1979 年编制并颁发了《建筑安装工作统一劳动定额》，之后，各省（自治区、直辖市）相继设立了定额管理机构，企业配备了定额人员，并在此基础上编制了本地区的《建筑工程施工定额》，使定额管理工作进一步适应各地区生产发展的需要，调动了广大建筑工人的生产积极性，对提高劳动生产率起到了明显的促进作用。为适应建筑业的发展和施工中不断涌现的新结构、新技术、新材料的需要，城乡建设环境保护部于 1985 年编制并颁发了《全国建筑安装工程统一劳动定额》。

随着工程预算制度的建立和发展，工程预算定额也相应产生并不断发展。1955 年建筑工程部编制了《全国统一建筑工程预算定额》，1957 年国家建委在此基础上进行了修订并颁发全国统一的《建筑工程预算定额》；之后，国家建委通知将建筑工程预算编制和管理工作，下放到省（自治区、直辖市）。各省（自治区、直辖市）于以后几年间先后组织编制了本地区的建筑安装工程预算定额，1981 年国家建委组织编制了《建筑工程预算定额》（修改稿）。各省（自治区、直辖市）在此基础上于 1984 年、1985 年先后编制了适合本地区的建筑安装工程预算，预算定额是预算制度的产物，它为各地区建筑产品价格的确定提供了重要依据。

　　以上定额的发展情况表明，新中国成立以来的定额工作，是在党和政府的领导下，由有关部委规定了一系列有关定额的方针政策，并在广大职工积极努力配合下，才迅速发展起来的，同时也看到几十年来，定额工作的开展不是一帆风顺的，既有经验也有教训。事实说明，只要按客观经济规律办事，正确发挥定额作用，劳动生产率才能提高，才有经济效益可言；反之，劳动生产率明显下降，经济效益就差。因此，实行科学的定额管理，充分认识定额在现代科学管理中的重要地位和作用，是社会主义生产发展的客观要求。

　　二、定额的概念

　　在工程施工中，为了完成某合格产品，就要消耗一定数量的人工、材料、机械台班及资金。

　　建筑工程定额是指在正常的施工条件下，完成一定计量单位的合格产品所必须消耗的劳动力、材料、机械台班的数量标准。正常的施工条件是指在生产过程中，按生产工艺和施工验收规范操作，施工条件完善，劳动组织合理，机械运转正常，材料储备合理。在上述条件下，对完成一定计量单位的产品进行定员（定工日）、定质量、定数量，同时规定了各分项工程中的工作内容和安全要求等。这种量的规定，反映出完成建筑工程中的某项合格产品与各种生产消耗之间特定的数量关系。例如，砌 $10m^3$ 砖内墙规定消耗（摘自某地区预算定额）如下。

　　人工：12.72 工日

　　材料：机砖 538 块

　　混合砂浆 M5.0：$2.3065m^3$

　　水：$1.0767m^3$

　　机械：灰浆搅拌机 200L：0.2900 台班

　　预算价值：3730.41 元/$10m^3$

　　定额是根据国家一定时期的管理体制和管理制度，根据定额的不同用途和适用范围，由国家规定的机构按照一定程序编制的，并按照规定的程序审批和颁发执行。在建筑工程中实行定额管理的目的，是为了在施工中力求最少的人力、物力和资金消耗量，生产出更多、更好的合格产品，取得最好的经济效益。

　　三、定额的分类

　　定额是一个综合概念，是工程中生产消耗性定额的总称。它包括的定额种类很多。为了对工程定额从概念上有一个全面的了解，按其内容、形式、用途和使用要求，可大致分为以下几类：

　　（1）按生产要素分类。可分为劳动消耗定额、材料消耗定额和机械台班消耗定额。

　　（2）按用途分类。可分为施工定额、预算定额、概算定额及概算指标等。

　　（3）按费用性质分类。可分为直接费定额、间接费定额等。

　　（4）按主编单位和执行范围分类。可分为全国统一定额、主管部定额、地方统一定额及企业定额。

　　工程通常包括一般土建工程、构筑物工程、电气照明工程、卫生技术（水暖通风）工程及工业管道工程等，都在建筑工程定额的总范围之内。因此，建筑工程定额在整个工程定额中是一种非常重要的定额，在定额管理中占有突出的位置。

设备安装工程一般包括机械设备安装和电气设备安装工程。

建筑工程和设备安装工程在施工工艺及施工方法上虽然有较大的差别。但它们又同是某项工程的两个组成部分。从这个意义上来讲，通常把建筑工程和安装工程作为一个统一的施工过程来看待，即建筑安装工程。所以，在工程定额中把建筑工程定额和设备安装工程定额合在一起，称为建筑安装工程定额。

工程定额分类如图 2-1 所示。

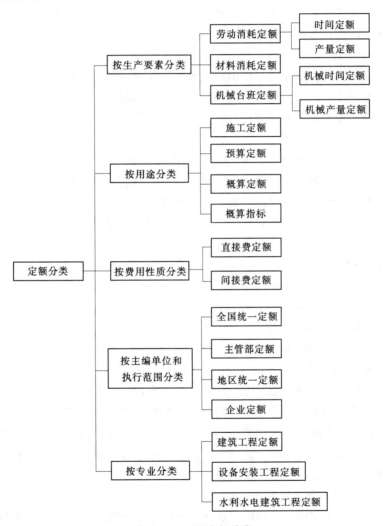

图 2-1 工程定额分类

第二节 定额的性质及作用

一、工程定额的性质

定额的性质决定于生产关系的性质。我国建筑工程定额具有科学性、法令性、群众

15

性、稳定性和时效性。

1. 定额的科学性

定额的科学性，表现为定额的编制是在认真研究客观规律的基础上，自觉遵循客观规律的要求，用科学方法确定各项消耗量标准，所确定的定额水平，是大多数企业和职工经过努力能够达到的平均先进水平。

2. 定额的法令性

定额的法令性是指定额一经国家、地方主管部门或授权单位颁发，各地区及有关施工企业单位，都必须严格遵守和执行，不得随意变更定额的内容和水平。定额的法令性保证了建筑工程统一的造价与核算尺度。

3. 定额的群众性

定额的拟定和执行，都要有广泛的群众基础。定额的拟定，通常采取工人、技术人员和专职定额人员三结合方式，使拟定定额时能够从实际出发，反映建筑安装工人的实际水平，并保持一定的先进性，使定额容易为广大职工所掌握。

4. 定额的稳定性和时效性

工程定额中的任何一种定额，在一段时期内都表现出稳定的状态。根据具体情况不同，稳定的时间有长有短，一般为5～10年。但是，任何一种工程定额，都只能反映一定时期的生产力水平，当生产力向前发展了，定额就会变得陈旧了。所以，定额在具有稳定性特点的同时，也具有显著的时效性。当定额不再起到它应有作用的时候，就要重新编制或重新修订了。

二、工程定额的作用

工程定额主要有以下几方面的作用。

1. 定额是编制计划的基础

无论国家还是企业编制计划时，都以各种定额作为计算人力、物力、财力等各项资源需要量的依据，所以定额是编制计划的基础。

2. 定额是确定建筑产品成本和造价的依据

建筑产品的生产所消耗的劳动力、材料、机械台班和资金的数量，是构成产品成本和造价的决定性因素，而它们的消耗量又是根据定额决定的，因此定额是确定产品成本和造价的依据。同时建筑产品由于采用不同设计方案，它们的经济效果是不一样的，因此就需要对设计方案进行技术经济比较，选择其经济合理的方案。而定额是比较和评价设计方案是否经济合理的尺度。

3. 定额是加强企业管理的重要工具

定额本身是一种法定标准，因此要求每一个编制定额的人，都必须严格遵守定额的要求，并在生产过程中进行监督，从而达到提高劳动生产率，降低工程成本的目的。

另外，企业在计算和平衡资源需要量、组织材料供应、编制施工进度计划和作业计划、组织劳动力、签发任务书、限额领料单、实行承包责任制等管理工作时，都需要以定额作为计算标准，因此它是加强企业管理的重要工具。

4. 定额是贯彻按劳分配的依据

由于工时消耗定额具体落实到每个劳动者身上，因此用定额来确定他所完成的劳动量，并以此来决定应支付给他的劳动报酬。

5. 定额是总结和推广先进生产方法的手段

定额是在先进合理的条件下，通过对生产过程的观察、实测、分析、研究、综合后制定的。它可以准确地反映出生产技术和劳动组织的先进合理程度。因此，可以用定额标定的方法为手段，对同一产品在同一操作条件下的不同的生产方法进行观察、分析和研究，从而总结出比较完善、合理的生产方法。然后再经过试验，在生产中进行推广运用。所以合理地制定定额、认真执行定额，在改善企业管理工作中具有重要的意义。

习　　　题

1. 什么是工程定额？如何进行分类？
2. 定额性质和作用是什么？

第三章 施 工 定 额

第一节 施 工 定 额 概 述

一、施工定额的概念

施工定额是直接用于施工管理中的定额，它是在正常的施工条件下，以施工过程为标定对象而规定的完成单位合格产品所需消耗的人工、材料和机械台班的数量标准。

施工定额由劳动定额、机械消耗定额和材料消耗定额三个相对独立的部分组成。为了适应组织施工生产和管理的需要，施工定额的项目划分很细，是建筑工程定额中分项最细、定额子目最多的一种定额，也是建筑工程定额中的基础性定额。在预算定额的编制过程中，施工定额的劳动、机械、材料消耗数量标准，是计算预算定额中劳动、机械、材料消耗数量标准的重要依据。

二、施工定额的作用

施工定额的作用主要表现在合理组织施工生产和按劳分配两个方面。认真执行施工定额，正确发挥施工定额在施工管理中的作用，对促进企业的发展有着重要的意义。其作用具体表现在以下几个方面：

(1) 施工定额是衡量工人劳动生产率的主要标准。

(2) 施工定额是施工企业编制施工组织设计和施工作业计划的依据。

(3) 施工定额是编制施工预算的主要依据。

(4) 施工定额是施工队向班组签发施工任务单和限额领料的基本依据。

(5) 施工定额是编制预算定额和单位估价表的基础。

(6) 施工定额是加强企业成本核算和实现施工投标承包制的基础。

三、施工定额的编制

（一）编制原则

(1) 施工定额应为平均先进水平。定额水平是指规定消耗在单位建筑产品上人工、材料和机械台班数量的多少。消耗量越多，说明定额水平越低。所谓平均先进水平，就是在正常条件下，多数工人和多数施工企业经过努力能够达到和超过的水平。它低于先进水平，略高于平均水平。定额水平既要反映先进，反映已经成熟并得到推广的先进技术和先进经验，又要从实际出发，认真分析各种有利和不利因素，做到合理可行。

(2) 施工定额的内容和形式要简明适用。施工定额的内容和形式要方便于定额的贯彻和执行，要有多方面的适应性。既要满足组织施工生产和计算工人劳动报酬等不同用途的需要，又要简单明了，容易为工人所掌握。要做到定额项目设置齐全、项目划分合理、定额步距适当。

所谓定额步距，是指同类一组定额相互之间的间隔。如砌筑砖墙的一组定额，其步距

可以按砖墙厚度分 $\frac{1}{4}$ 砖墙、$\frac{1}{2}$ 砖墙、$\frac{3}{4}$ 砖墙、1 砖墙、1 $\frac{1}{2}$ 砖墙、2 砖墙等。这样步距就保持在 $\frac{1}{4}\sim\frac{1}{2}$ 墙厚。

为了使定额项目划分和步距合理，对于主要工种、常用的工程项目，定额要划分细些、步距小一些，对于不常用的、次要项目，定额可划分粗一些、步距大一些。

施工定额的文字说明、注释等，要清楚、简练、易懂，计算方法力求简化，名词术语、计量单位的选择，应符合国家标准及通用的原则使其能正确地反映人工与材料的消耗量标准。定额手册中章、节的编排，尽可能同施工过程一致，做到便于组织施工、便于计算工程量、便于施工企业的使用。

（3）贯彻专业人员与群众相结合，并以专业人员为主的原则。施工定额编制工作量大，工作周期长，编制工作本身又具有很强的技术性和政策性。因此，不但要有专门的机构和专业人员组织把握方针政策，做经常性的积累资料和管理工作，还要有工人群众相配合。因为工人是施工定额的直接执行者，他们熟悉施工过程，了解实际消耗水平，知道定额在执行过程中的情况和存在的问题。

（二）施工定额的编制依据

（1）现行的全国建筑安装工程统一劳动定额、建筑材料消耗定额。

（2）现行的国家建筑安装工程施工验收规范、工程质量检查评定标准、技术安全操作规程等资料。

（3）有关的建筑安装工程历史资料及定额测定资料。

（4）建筑安装工人技术等级资料。

（5）有关建筑安装工程标准图。

（三）编制方法

施工定额的编制方法，目前全国尚无统一规定，都是各地区（企业）根据需要自己组织编制的。但总的归纳起来，施工定额有两种编制方法：一是实物法，即施工定额由劳动消耗定额、材料消耗定额、机械台班消耗定额三部分消耗量组成（劳动消耗定额、材料消耗定额、机械台班消耗定额的编制详见本章第二节）；二是实物单价法，即由劳动消耗定额、材料消耗定额和机械台班定额的消耗数量，分别乘以相应单价并汇总得出单位总价，称为施工定额单价表。

目前，施工定额中的劳动定额部分，是以全国建筑安装工程统一劳动定额为依据，实行统一领导、分级管理的办法。材料消耗定额和机械台班消耗定额则由各地区（企业）根据需要进行编制和管理。

1. 定额的册、章、节的编制

施工定额册、章、节的编排主要是依据劳动定额编排的。故其册、章、节的编排与现行全国统一劳动定额相似。现以北京市建筑工程局 1982 年编制的《建筑安装工程施工定额》土建工程部分为例，叙述如下：

土建工程施工定额分为 13 册：《材料运输及材料加工》《人力土方工程》《架子工程》《砖石工程》《抹灰工程》《手工木作工程》《模板工程》《钢筋工程》《混凝土及钢筋混凝土

工程》《防水工程》《油漆玻璃工程》《金属制品制作及安装工程》《暂设工程》等。各分册按不同分部和不同生产工艺划分为若干章。例如第六册《手工木作工程》，分为门窗工程、屋盖工程、楼地面、间隔墙、天棚、室内木装修及其他等。

每一章按构件的不同类别和材料以及施工操作方法的不同，又划分为若干节。例如《手工木作工程》分册的屋盖工程一章内，划分为屋架制作安装、屋面木基层及石棉瓦屋面共两节。各节内又设若干定额项目（或称定额子目）。

2. 定额项目的划分

（1）施工定额项目按构件类型及形、体划分。如混凝土及钢筋混凝土构件模板工程，由于构件类型的不同，其表面形状及体积也就不同。模板的支模方式及材料消耗量也不相同。例如现浇钢筋混凝土基础工程，按带形基础、满堂红基础、独立基础、杯形基础、桩承台等分别列项。而且，满堂红基础按箱式和无梁式、独立基础按 $2m^3$ 以内、$5m^3$ 以内、$5m^3$ 以外又分别列项，等等。

（2）施工定额按建筑材料的品种和规格划分。建筑材料的品种和规格的不同，对于劳动量影响很大。如镶贴块料面层项目，按缸砖、马赛克、瓷砖、预制水磨石等不同材料划分。

（3）按不同的构造做法和质量要求划分。不同的构造做法和质量要求，对单位产品的工时消耗、材料消耗有很大的差别。例如砌砖墙按双面清水、单面清水、混水内墙、混水外墙、空斗墙、花式墙等分别列项；并在此基础上还按 $\frac{1}{2}$ 砖、$\frac{3}{4}$ 砖、1 砖、$1\frac{1}{2}$ 砖、2 砖以上等不同墙厚又分别列项。

（4）按工作高度划分。施工的操作高度对工时影响很大。例如管道脚手架项目，按管道高在 5m、8m、12m、16m、20m、24m、28m 以内等分别列项。

（5）按操作的难易程度划分。施工操作的难易程度对工时影响很大。例如人工挖土，按土壤的类别分为一类土、二类土、三类土、四类土分别列项。

3. 选择定额项目的计量单位

定额项目计量单位要能够最确切地反映工日、材料以及建筑产品的数量，便于工人掌握，一般尽可能同建筑产品的计量单位一致。例如砌砖工程项目的计量单位，就要与砌体的计量单位一致为 m^3。又如，墙面抹灰工程项目的计量单位，就要同抹灰墙的计量单位一致，即按 m^2 计。

第二节 劳 动 定 额

一、劳动定额的概念

劳动定额，也称人工定额。劳动定额由于其表现形式不同，可分为时间定额和产量定额两种。

1. 时间定额

时间定额是指在一定的生产技术和生产条件下，某工种、某技术等级的工人班组或个人，完成单位合格产品所必须消耗的工作时间。定额时间包括工人的有效工作时间（准备与结束时间、基本工作时间、辅助工作时间)、不可避免的中断时间以及休息时间。

时间定额以工日为单位,每个工日工作时间按现行制度规定为 8h,其计算方法为

$$单位产品时间定额(工日) = \frac{1}{每工产量}$$

或

$$单位产品时间定额 = \frac{小组成员工数总和}{小组的台班产量}$$

2. 产量定额

产量定额是指在一定的生产技术和生产组织条件下,某工种、某种技术等级的工人班或个人,在单位时间内(工日)应完成合格产品的数量,其计算方法为

$$每工产量 = \frac{1}{单位产品时间定额}$$

或

$$台班产量 = \frac{小组成员工日数总和}{单位产品时间定额}$$

时间定额与产量定额在数值上互为倒数关系,即

$$时间定额 = \frac{1}{产量定额}$$

或

$$产量定额 = \frac{1}{时间定额}$$

定额表 3-1 采用复式表形式。横线上面数字表示单位产品时间定额,横线下方数字表示单位时间产量定额。

表 3-1　　　　　　　　　　　　每 1 台班的劳动定额　　　　　　　　　单位:100m³

项　　目			装　车			不　装　车			编号
			一、二类土	三类土	四类土	一、二类土	三类土	四类土	
正铲挖土机斗容量	50m³	挖土深度	1.5m 以内						
			$\frac{0.466}{4.29}$	$\frac{0.539}{3.71}$	$\frac{0.629}{3.18}$	$\frac{0.442}{4.52}$	$\frac{0.490}{4.08}$	$\frac{0.578}{3.46}$	94
			1.5m 以外						
			$\frac{0.444}{4.50}$	$\frac{0.513}{3.90}$	$\frac{0.612}{3.27}$	$\frac{0.422}{4.74}$	$\frac{0.466}{4.29}$	$\frac{0.563}{3.55}$	95
	75m³		2m 以内						
			$\frac{0.400}{5.00}$	$\frac{0.454}{4.41}$	$\frac{0.545}{3.67}$	$\frac{0.370}{5.41}$	$\frac{0.420}{4.76}$	$\frac{0.512}{3.91}$	96
			2m 以外						
			$\frac{0.382}{5.24}$	$\frac{0.431}{4.64}$	$\frac{0.518}{3.86}$	$\frac{0.353}{5.67}$	$\frac{0.400}{5.00}$	$\frac{0.485}{4.12}$	97
	100m³		2m 以内						
			$\frac{0.322}{6.21}$	$\frac{0.369}{5.42}$	$\frac{0.420}{4.76}$	$\frac{0.299}{6.69}$	$\frac{0.351}{5.70}$	$\frac{0.420}{4.76}$	98
			2m 以外						
			$\frac{0.307}{6.51}$	$\frac{0.351}{5.69}$	$\frac{0.398}{5.02}$	$\frac{0.285}{7.01}$	$\frac{0.334}{5.99}$	$\frac{0.398}{5.02}$	99
序　号			一	二	三	四	五	六	

注　定额表用复式形式表示,表中分子数据为人工时间定额,分母数据为每一台班产量定额。

时间定额和产量定额,虽然以不同的形式表示同一个劳动定额,但却有不同的用途。时间定额是以工日为计量单位,便于计算某分部(项)工程所需的总工日数,也易于核算工资和编制施工进度计划。产量定额是以产品数量为计量单位,便于施工小组分配任务,考核工人劳动生产率。现举例说明时间定额和产量定额的不同用途。

【例 3 - 1】 某工日有 120m³ 一砖基础，每天有 22 名专业工人投入施工，时间定额为 0.89 工日/m³，试计算完成该项工程的定额施工天数。

解： 完成砖基础需要的总工日数 0.89×120＝106.80（工日）

需要的施工天数 106.80÷22＝5（d）

即完成该项工程定额施工天数 5d。

【例 3 - 2】 某抹灰班有 13 名工人抹某住宅楼白灰砂浆墙面，施工 25d 完成抹灰任务。产量定额为 10.20m²/工日。试计算抹灰班应完成的抹灰面积。

解： 抹灰班完成的工日数量 13×25＝325（工日）

抹灰班应完成的抹灰面积 10.2×325＝3315（m²）

二、劳动定额的编制

（一）劳动定额编制前的准备工作

1. 施工过程的分类

施工过程是指在施工现场范围内所进行的建筑安装活动的生产过程。对施工过程的研究是制定劳动定额的基本环节。施工过程按其使用的工具、设备的机械化程度不同，分为手工施工过程、机械施工过程和机手并动施工过程；按施工过程组织上的复杂程度不同，可分为工序、工作过程和综合工作过程。

（1）工序。工序是指在组织上不可分割而在操作上属于同一类的施工过程。工序的基本特点是工人、工具和使用的材料均不发生变化。在工作时，若其中一个条件有了变化，那就表明已由一个工序转入了另一个工序。例如钢筋制作这一施工过程，是由调直（冷拉）、切断、弯曲工序组成，当冷拉完成后，钢筋由冷拉机转入切断机并开始工作时，由于工具的改变，冷拉工序就转入了切断工序。

（2）工作过程。工作过程是由同一工人或同一小组所完成的在技术操作上相互联系的工序的组合。其特点是人员编制不变，而材料和工具可以变换。例如，门窗油漆，属于个人施工过程；五人小组砌砖，属于小组工作过程。

（3）综合工作过程。又称复合施工过程，它是由几个在组织上有直接关系的并在同一时间进行的，为完成一个最终产品结合起来的几个工作过程所组成。例如，砖墙砌砖工程是由搅拌砂浆、运砖、运砂浆、砌砖等工作过程组成一个综合工作过程。

2. 施工过程的影响因素

在建筑安装施工过程中，影响单位产品所需工作时间消耗量的因素很多，主要归纳为以下三类：

（1）技术因素。

1）完成产品的类别、规格、技术特征和质量要求。

2）所有材料、半成品、构配件的类别、规格、性能和质量。

3）所有工具、机械设备的类别、型号、规格和性能。

各项技术因素数值的组合，构成了每一施工过程的特点。同时各个施工过程因其技术因素的不同，其单位产品的工时消耗也随之各不相同。如砌砖施工过程的技术因素包括砖墙的类别、厚度、门窗洞口的面积、墙面艺术形式、砖的种类及规格、砂浆的种类和使用的工具设备等。

（2）组织因素。

1）施工组织与管理水平。

2）施工方法。

3）劳动组织。

4）工人技术水平、操作方法及劳动态度。

5）工资分配形式和劳动竞赛开展情况。

研究和分析施工过程的技术因素和组织因素，对于确定定额的技术组织条件和单位产品工时消耗标准，是十分重要的。另外在生产过程中，可以充分利用有利因素，克服不利因素，使完成单位产品工时消耗减少，以促进劳动生产率的提高。

（3）其他因素。其他因素包括雨雪、大风、冰冻、高温及水、电供应情况等。此类因素与施工技术、管理人员和工人无直接关系，一般不作为确定单位产品工时消耗的依据。

3. 工人工作时间的分析

工人工作时间的分析如图 3-1 所示。

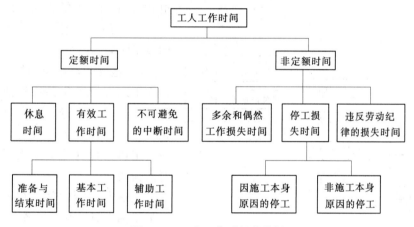

图 3-1 工人工作时间的分析

（1）定额时间。定额时间是指工人在正常的施工条件下，完成一定数量的产品所必须消耗的工作时间。它包括有效工作时间、不可避免的中断时间和休息时间。

1）有效工作时间。指与完成产品有直接关系的工作时间消耗。它包括准备与结束时间、基本工作时间和辅助工作时间。

准备与结束时间是指工人在执行任务前的准备工作和完成任务后的结束工作所需消耗的时间。如熟悉施工图纸、领取材料与工具、布置操作地点、保养机具、清理工作地点等。其特点是它与生产任务的大小无关，但和工作内容有关。

基本工作时间是指直接与施工过程的技术操作发生关系的时间消耗。例如砌砖墙工作中所需进行的校正皮数杆、挂线、铺灰、选砖、吊直、找平等技术操作所消耗的时间。

辅助工作时间是指为了保证基本工作进行而做的与施工过程的技术操作没有直接关系的辅助工作所需消耗的时间。如修磨工具、转移工作地点等所需消耗的时间。

2）不可避免的中断时间。指工人在施工过程中由于技术操作和施工组织的原因而引起的工作中断所需要消耗的时间。如汽车司机等候装货、安装工人等候起吊构件等所消耗的时间。

3）休息时间。指在施工过程中，工人为了恢复体力所必需的暂时休息，以及工人生理上的要求（如喝水、大小便等）所必须消耗的时间。

（2）非定额时间

1）多余和偶然工作的时间。指在正常的施工条件下不应发生的时间消耗，以及由于意外情况所引起的工作所消耗的时间。如质量不符合要求，返工所造成的多余的时间消耗。

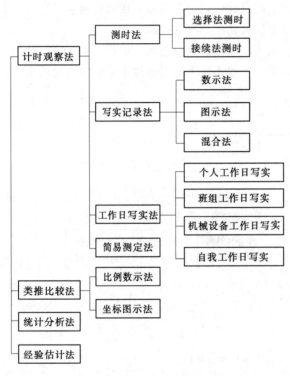

图 3-2 劳动定额编制方法

2）停工时间。指在施工过程中，由于施工或非施工本身的原因造成停工的损失时间。前者是由于施工组织和劳动组织不善，材料供应不及时，施工准备工作没法做好而引起的停工时间，后者是由于外部原因，例如水电供应临时中断以及由于气候条件（如大雨、风暴、酷热等）所造成的停工时间。

3）违反劳动纪律的损失时间。指工人不遵守劳动纪律而造成的损失时间，如迟到、早退、擅自离开工作岗位、工作时间聊天以及由个别人违反劳动纪律而使其他的工人无法工作的时间损失。

上述非定额时间，在确定单位产品加工标准时，都不予考虑。

（二）劳动定额的编制方法

劳动定额水平测定的方法较多，一般比较常用的方法有计时观察法、统计分析法、类推比较法和经验估计法四种，如图 3-2 所示。

1. 计时观察法

计时观察法是在正常的施工条件下，对施工过程各工序时间的各个组成要素，进行现场观察测定，分别测定出每一工序的工时消耗，然后对测定的资料进行分析整理来制定定额的方法，该方法是制定定额最基本的方法。

根据施工过程的特点和技术测定的目的、对象和方法的不同，计时观察法又分为测时法、写实记录法、工作日写实法和简易测定法四种。

（1）测时法。测时法主要用来观察研究施工过程某些重复的循环工作的工时消耗，它不研究工人休息、准备与结束及其他非循环性的工作时间。可为制定劳动定额提供单位产品所必需的基本工作时间的技术数据。按使用秒表和记录时间的方法不同，测时法又分为选择法测时和接续法测时两种。

1) 选择法测时是指不连续测定施工过程的全部循环组成部分，而是有选择地进行测定，测定开始时立即开动秒表，过程终止时立即停表，然后将所测定的时间记载下来，下一个组成部分开始时再将秒表拨到零重新记录。采用选择法测时，应特别注意掌握定时点，以免影响测时资料的准确性。观察结束后再进行整理，求出平均修正值。

2) 接续法测时是施工过程循环的组成部分进行不间断地连续测不定期。不能遗漏任何一个循环的组成部分。这种方法较复杂，但精确度高，比较准确完善。其特点是在工作进行中一直不停止秒表，根据各组成部分之间的定时点，记录它的终止时间。一般情况下，其观察次数越多，所获得组成部分的延续时间越正确。

（2）写实记录法。写实记录法是研究各种性质的工作时间消耗的方法。它包括基本工作时间、辅助工作时间、不可避免的中断时间、准备与结束时间、休息时间以及各种损失时间。通过写实记录，可以获得分析工时消耗和制定定额的全部资料。这种测定方法比较简便，易于掌握，并能保证必需的精度。因此，写实记录法在实际工作中得到广泛采用。

写时记录法按记录时间的方法不同又可分为数示法、图示法和混合法三种。

1) 数示法是指测定时直接用数字记录时间，填写在数示法写实记录中，这种方法可同时对两个以内的工人进行测定。适用于组成部分较少而且比较稳定的施工过程，记录时间的精确度为 5～10s。

2) 图示法是指用图表的形式记录时间，用线段表示施工过程各个组成部分的工时消耗的一种测定方法。它适用于观察三个以上的工人共同完成某一产品的施工过程，记录时间的精确度程度可达 0.5～1min。此种方法记录时间与数示法相比具有记录技术简单、时间记录一目了然、整理方便等优点。因此，在实际工作中，使用较为普遍。

3) 混合法是指用数字和图示分别表示施工过程各个组成部分的工时消耗和工人人数的一种方法。图示法的表格记录所测各个组成部分的延续时间，数示法的表格记录完成各个组成部分的人数。这种方法适用于同时观察三个以上工人工作时的集体写实记录。

（3）工作日写实法。工作日写实法是对工人在整个工作班内的全部工时利用情况，按照时间消耗的顺序进行实地的观察、记录和分析研究的一种测定方法。根据工作日写实的记录资料，可以分析哪些工时消耗是合理的、哪些工时消耗是无效的，并找出工时损失的原因，拟定措施，消除引起工时损失的因素，从而进一步促进劳动生产率的提高。因此工作日写实法是一种应用广泛而行之有效的方法。

（4）简易测定法。测时法、写实记录法和工作日写实法所得资料，对收集编制定额，研究工人操作方法和工作时间利用情况，分析损失时间的原因以及改进施工组织管理等，均能得到满足。但这些方法需要花费较大的人力和时间，有时往往受条件的限制，不容易实现。简易测定法是简化技术测定的方法，但仍然保持了现场实地观察记录的基本原则。将观察对象的组成部分简化，只测定额组成时间的基本工作时间或不可避免的中断时间等某一种定额时间，而其他时间则借助"工时消耗规范"来获得所需数据，然后利用计算公式，计算和确定出定额指标。它的优点是方法简便，速度快，容易掌握，时间和人力消耗少，在大量搜集定额水平资料情况下，这种方法最为适用。同时企业编制补充定额时也常用此方法。

根据测定的资料可运用下面的计算公式计算基本工作时间的消耗。

$$H_{基本} = \sum H_{工序}$$

式中　$H_{基本}$——基本工作时间；

　　　$H_{工序}$——工序基本工作时间消耗。

定额的其他时间可借助"定额工时消耗规范"取得。

定额时间可用以下公式计算。

$$定额时间 = \frac{基本工作时间}{1 - 规范时间\%}$$

【例 3-3】 测定一砖厚（24 墙）的基础墙，采用简易测定法，通过现场观察，记录、分析、整理，每平方米砌体基本工作时间为 0.29 工日，试求其时间定额与每工产量定额。

已知：基本工作时间为 0.29 工日；准备与结束时间占工作班时间比例为 5.45%；休息时间占工作班时间比例为 5.84%；不可避免中断时间占工作班时间比例为 2.49%。

解：

$$时间定额 = \frac{0.29}{1 - (5.45\% + 5.84\% + 2.49\%)}$$
$$= 0.34（工日）$$

$$每工产量 = \frac{1}{0.34} = 2.94（m^3）$$

2. 统计分析法

统计分析法是把过去一定时期内实际施工中的同类工程或生产同类产品的实际工时消耗和产品数量的统计资料（如施工任务书、考勤报表和其他有关的统计资料）与当前生产技术组织条件的变化结合起来，进行分析研究制定定额的方法。

统计分析法简便易行，节约人力与时间，有较多资料依据，能很好地反映生产实际情况。它适用于施工（生产）条件比较正常的、量大面广的常见工程。在统计工作制度健全的企业里，与技术测定法并用。但是由于原始统计资料只是施工过程中实耗工时的记录，在统计时并没有排除生产技术组织中不合理的因素，据此编制的定额，只能反映以往阶段的定额水平，不能预计今后施工水平的改进与发展，因此定额的可靠性较差。

过去的统计数据中，包含施工过程中某些不合理的因素。因而这个水平偏于保守，为了使定额水平保持平均先进性质，可采用"二次平均法"对统计资料进行整理，求出平均先进值，作为定额水平，计算步骤如下：

(1) 删除统计资料中特别偏高、偏低的明显不合理的数据。

(2) 计算出算术平均数或加权平均数。

算术平均数的计算公式为

$$\overline{X} = \frac{x_1 + x_2 + \cdots + x_n}{n} = \frac{\sum x}{n}$$

式中　n——数据个数；

　　　$\sum x$——各个数据之和。

加权平均数的计算公式为

$$\overline{X} = \frac{1}{\sum f} \sum fx = \frac{1}{n} \sum fx$$

式中 f——频数，即某一数值在数列中出现的次数；

$\sum f$——数列中每一数值出现的次数加总；

$\sum fx$——数列中每一数值与各自出现的次数相乘，然后把各个乘积加总。

（3）计算平均先进值。算术平均数（或加权平均数）与数列中小于平均数的各数值相加，再求其平均数，亦即第二次平均，即为确定定额水平的依据。

【例 3-4】 现有统计得来的工时消耗数据为 40、40、50、55、60、70、60、70、60、95，试用二次平均法计算其平均先进值。

解： ①上述数列中 95 明显是偏高的数据，直接删除。

②计算算术平均数

$$\overline{X} = \frac{1}{9} \times (40+40+50+55+60+70+60+70+60) = 56.1$$

或加权平均数

$$\overline{X} = \frac{1}{2+1+1+3+2} \times (2 \times 40+50+55+3 \times 60+2 \times 70) = 56.1$$

③数列中小于平均数 56.1 有 2 个 40、1 个 50、1 个 55。

则　　　　　　　　二次平均先进值 $= \dfrac{56.1+2 \times 40+50+55}{1+2+1+1} = 48.22$

此 48.22 即可作为这一级统计资料整理后的数值，用此作为确定定额水平的依据。

3. 类推比较法

类推比较法，又称"典型定额法"，它是以同类产品或工序定额作为依据，经过分析比较，以此推算出同一组定额中相邻项目定额的一种方法。

采用这种方法编制定额时，对典型定额的选择必须恰当。通常采用主要项目和常用项目作为典型定额比较类推。对用来对比的工序、产品的施工工艺和劳动组织等特征必须是"类似"或"近似"，这样才具有可比性，才可以做到提高定额的准确性。

这种方法简便，工作量小，适用于产品品种多、批量小的施工过程。类推比较法常用的方法有以下两种：

（1）比例数示法。比例数示法是在选择定额项目后，经过技术测定或统计资料确定出它们的定额水平以及和相邻项目的比例关系。再根据比例关系计算出同一组定额中其余相邻项目的定额水平的方法。例如表 3-2 中挖地槽、地沟时间定额水平的确定就采用了这种方法。

表中一类土各项目的时间定额和与二类土、三类土、四类土的比例关系，就是根据技术测定的数据确定的。二类土、三类土、四类土的时间定额则是根据一类土的时间定额按比例关系计算得来的。

表 3-2   挖地槽、地沟时间定额确定表

项 目	比例关系	挖地槽、地沟深在 1.5m 以内		
		上口宽在（m 以内）		
		0.8	1.5	3
一类土	1.00	0.167	0.144	0.133
二类土	1.43	0.238	0.205	0.192
三类土	2.50	0.417	0.357	0.333
四类土	3.76	0.629	0.538	0.500

其计算公式为

$$t = pt_0$$

式中　t——比较类推相邻定额项目的时间定额；

　　　t_0——典型项目的时间定额；

　　　p——比例系数。

【例 3-5】 已知挖地槽、地沟的一类土时间定额及各类土工时消耗的比例 p，试计算二类、三类、四类土的时间定额。

解： 当上口宽在 0.8m 以内时，由表 3-2 查得

一类土：$t = 0.167$

二类土：$t = 1.43 \times 0.167 = 0.238$

三类土：$t = 2.50 \times 0.167 = 0.417$

四类土：$t = 3.76 \times 0.167 = 0.628$

其余上口宽 1.5m，3m 的求解类同，见表 3-2。

（2）坐标图示法。坐标图示法以横坐标表示影响因素值的变化，纵坐标表示产量或工时消耗的变化。选择一种同类型的典型定额项目（一般为四项），并用技术测定或统计资料确定出各类型定额项目的水平，在坐标图上用"点"表示，连接各点或一曲线即是影响因素与工时或产量之间的变化关系。从曲线上可找出同类型全部项目的定额水平。

如：在确定机动翻斗车运石子、矿渣的劳动定额指标时，首先选出运距分别为 100m、400m、900m、1600m 等典型定额项目，再用技术测定法分别确定出它们的产量定额标准，依次分别为 4.63m³、3.6m³、2.84m³、2.25m³，根据这四组数据，绘出运石子、矿渣的曲线图（图 3-3）。

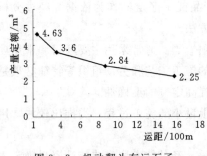

图 3-3　机动翻斗车运石子、
矿渣曲线图

根据图中曲线，可以类推出运距分别为 200m、600m、1200m 时的产量定额，依次分别为 4.2m³、3.3m³、2.55m³。

4. 经验估计法

经验估计法根据老工人、施工技术人员和定额员的实践经验，并参照有关技术资料，

结合施工图纸、施工工艺、施工组织条件和操作方法等进行分析、座谈讨论、反复平衡制定定额的方法。

由于估工人员的经验和水平的差异，同一项目往往提出一组不同的定额数据。此时应对提出的各种不同数据进行认真的分析处理，反复平衡，并根据统筹法原理，进行优化以确定出平均先进的指标，计算公式为

$$t = \frac{a + 4m + b}{6}$$

式中 t——定额优化时间（平均先进水平）；

a——先进作业时间（乐观估计）；

m——一般作业时间（最大可能）；

b——后进作业时间（保守估计）。

【例3-6】 某一施工过程单位产品的工时消耗，通过座谈讨论估计出了三种不同的工时消耗，分别是0.5工日、0.6工日、0.7工日，计算定额时间。

解：
$$t = \frac{0.5 + 4 \times 0.6 + 0.7}{6} = 0.6 \text{（工日）}$$

经验估计法具有制定定额的工作过程短、工作量较小、省时、简便易行的特点。但是其准确度在很大程度上取决于参加估工人员的经验，有一定的局限性。因此，它只适用于产品品种多、批量小、某些次要定额项目中使用。

上述几种测定定额的方法，可以根据施工过程的特点以及测定的目的分别选用，在实际工作中也可以互相结合起来使用。

第三节 材 料 消 耗 定 额

一、概念

材料消耗定额是指在节约与合理使用材料的条件下，生产单位合格产品所必须消耗的一定规格的建筑材料、半成品或配件的数量标准。

材料消耗定额是确定材料需要量、编制材料计划的基础，也是施工队向工人班组签发限额领料单、考核和分析材料利用情况的依据。

二、组成

单位合格产品所必须消耗的材料数量，由合格产品的材料净用量和在生产过程中合理的材料损耗量两部分组成。

（1）合格产品的材料净用量。指在不计废料和损耗的情况下，直接用于建筑物上的材料。

（2）在生产过程中合理的材料损耗量。指在施工过程不可避免的废料和损耗，其损耗范围是由现场仓库或露天堆放场地运到施工地点的运输损耗及施工操作，但不包括可以避免的浪费和损失的材料。

材料损耗量的计算方法有两种，材料总消耗量的计算方法也有两种。

1）材料损耗量的计算方法。

$$材料损耗量＝材料总消耗量×材料损耗率$$

$$材料损耗率＝材料损耗量材料总消耗量×100％$$

$$材料损耗量≈材料净用量×材料损耗率$$

$$材料损耗率≈材料损耗量材料净用量×100％$$

2）材料总消耗量的计算方法。

$$材料净用量＝材料总消耗量－材料损耗量$$

$$材料净用量＝材料总消耗量（1－损耗率）$$

$$材料总消耗量＝\frac{材料净用量}{1－材料损耗率}$$

$$材料净用量≈材料总耗用量－损耗量$$

$$材料总消耗量≈材料净用量×（1＋材料损耗率）$$

以上两种计算方法其差值很小，而第二种计算方法较为简便，因此一般材料消耗定额的编制中采用较多。

三、编制方法

（一）直接性材料消耗定额的编制方法

根据工程需要直接构成实体消耗材料，为直接性材料。材料消耗定额的制定方法，主要有观测法、试验法、统计法和计算法。

1. 观测法

观测法是在合理与节约使用材料的条件下，对施工过程中实际完成产品的数量与所消耗的各种材料数量进行现场观察、测定，通过分析整理和计算确定建筑材料消耗定额的方法。这种方法最适宜用来制定材料的损耗定额，因为只有通过现场观察和测定才能区别出哪些属于不可避免的损耗，哪些是可以避免的损耗，不应计入定额内。

2. 试验法

试验法是通过专门的试验仪器和设备，在试验室内进行观察和测定，再通过整理计算出材料消耗定额的一种方法。此方法能够更深入、详细地研究各种因素对材料消耗的影响，保证原始材料的准确性。由于这种方法是在试验室条件下进行的，从而难以充分估计到现场施工中某些因素对材料消耗量的影响。因此，要求试验室条件尽量符合施工过程的正常施工条件，同时在测定以后还要用观察法进行审核和修正。

3. 统计法

统计法，也称统计分析法，是以现场积累的分部分项工程拨付材料数量、完成产品数量、完成工作后材料的剩余数量的统计资料为基础，经分析，计算出单位产品的材料消耗量的方法。此法比较简单易行，不需要组织专人测定或试验，但是其精确程度受统计资料和实际使用材料的影响。所以要注意统计资料的真实性和系统性，要有准确的领退料统计数字和完成工程量的统计资料，同时要有较多的统计资料作为依据，统计对象也应认真选择。

4. 计算法

计算法也称理论计算法，是根据施工图纸和其他技术资料用理论计算公式制定材料消耗定额的方法。

计算法主要用于制定块状、板类建筑材料（如砖、钢材、玻璃、油毡等）的消耗定额。因为这些材料，只要根据图纸及材料规格和施工验收规范，就可以通过公式计算出材料消耗数量。

采用计算法计算材料消耗定额时首先计算出材料的净用量，而后算出材料的损耗量，两者相加即得材料总消耗量。

例如：每立方米砖砌体材料消耗量的计算：

$$砖净用量（块）=\frac{墙厚砖数×2}{墙厚×（砖长＋灰缝）×（砖厚＋灰缝）}$$

$$砖消耗量=砖净用量（1＋损耗率）$$

$$砂浆消耗量（m^3）=（1－砖净用量×每块砖体积）×（1＋损耗率）$$

【例 3－7】　计算标准砖墙每立方米砌体砖和砂浆的消耗量（砖和砂浆损耗率均为 1%）。

解：
$$砖净用量=\frac{1.5×2}{0.365×（0.24＋0.01）×（0.053＋0.01）}$$

$$=522（块）$$

$$砖消耗量=522×（1＋0.01）=527（块）$$

$$砂浆消耗量=（1－522×0.24×0.115×0.053）×（1＋0.01）$$

$$=0.239（m^3）$$

（二）周转性材料消耗量的确定

在建筑工程施工中，除了构成产品实体的直接性消耗材料外，还有另一类周转性材料。周转材料是指在施工中不是一次性消耗的材料，它是随着多次使用而逐渐消耗的材料，并在使用过程不断补充，多次重复使用，如脚手架、挡土板、临时支撑、混凝土工程的模板等。因此，周期性材料的消耗量，应按照多次使用、分次摊销的方法进行计算。周转性材料指标分别用一次使用量和摊销量两个指标表示。

一次使用量是指材料在不重复使用的条件下的一次使用量。一般供建设单位和施工企业申请备料和编制施工作业计划之后。

摊销量是按照多次使用，应分摊到每一计量单位分项工程或结构构件上的材料消耗数量。下面介绍模板摊销量的计算。

1. 现浇结构模板摊销量的计算

$$摊销量=周期使用量－回收量$$

其中
$$周转使用量=\frac{一次使用量＋（一次使用量）（周转次数－1）×损耗率}{周转次数}$$

$$=一次使用量×\frac{1＋（周转次数－1）×损耗率}{周转次数}$$

$$回收量=\frac{一次使用量－（一次使用量×损耗率）}{周转次数}$$

$$=一次使用量×\frac{1－损耗率}{周转次数}$$

周转次数是指新的周转材料从第一次使用（假定不补充新料）起，到材料不能再使用时的使用次数。

2. 预制构件模板摊销量的计算

预制钢筋混凝土构件模板虽然多次使用，反复周转，但与现浇构件计算方法不同，预制钢筋混凝土构件按多次使用平均摊销的计算方法，不计算每次周转损耗率（即补充损耗率）。因此计算预制构件模板摊销量时，只需要确定其周转次数，按图纸计算出模板的一次使用量后，摊销量按下列公式计算：

$$摊销量=\frac{一次使用量}{周转次数}$$

【例 3-8】 某工程现浇钢筋混凝土大梁，查施工材料消耗定额得知需一次使用模板料 1.77m^3，支撑料 2.47m^3 周转 6 次，每次周转损耗 15%，计算施工定额摊销量是多少。

解：
$$模板回收量=\frac{1.775-1.775\times15\%}{6}$$
$$=0.2515(\text{m}^3)$$
$$支撑回收率=\frac{2.475-2.475\times15\%}{6}$$
$$=0.3506(\text{m}^3)$$
$$模板周转使用量=1.775\times\frac{1+(6-1)\times15\%}{6}$$
$$=0.5177(\text{m}^3)$$
$$支撑周转使用量=2.475\times\frac{1+(6-1)\times15\%}{6}$$
$$=0.7219(\text{m}^3)$$
$$模板摊销量=0.5177-0.2515=0.2662(\text{m}^3)$$
$$支撑摊销量=0.7219-0.3506=0.3713(\text{m}^3)$$

第四节 机械台班使用定额

一、概念

1. 定义

在工程施工中，有些工程项目是由人工完成的，有些工程是由机械完成的，有些则由人工和机械共同完成的。在人工完成的产品中所必须消耗的时间就是人工时间定额，由机械完成的或由人工机械共同完成的产品，就有一个完成单位合格产品机械所消耗的工作时间。

在合理使用机械和合理的施工组织条件下，完成单位合格产品所必须消耗的机械台班的数量标准，就称为机械台班消耗定额，也称为机械台班使用定额。

所谓"台班"，就是一台机械工作一个工作班（即 8h）称为一个台班。如两台机械共同工作一个工作班，或者一台机械工作两个工作班，则称为两个台班。

2. 表示形式

（1）机械时间定额。该定额是在正常的施工条件和劳动组织的条件下，使用某种规定的机械，完成单位合格产品所必须消耗的台班数量，即

$$机械时间定额 = \frac{1}{机械台班产量定额}（台班）$$

（2）机械台班产量定额。该定额是在正常的施工条件和劳动组织条件下，某种机械在一个台班时间内必须完成的单位合格产品数量，即

$$机械台班产量定额 = \frac{1}{机械时间定额}$$

机械的时间定额与机械台班产量定额之间互为倒数。

（3）机械和人工共同工作时的人工定额。

1）$时间定额 = \dfrac{机械台班内工人的工日数}{机械的台班产量}$

2）$机械台班产量定额 = \dfrac{机械台班内工人的工日数}{时间定额}$

【例 3 - 9】 用 6t 塔式起重机吊装某种混凝土构件，由 1 名吊车司机、7 名安装起重工、2 名电焊工组成的综合小组共同完成，已知机械台班产量定额为 40 块，试求吊装每一块构件的机械时间定额和人工时间定额。

解：计算步骤为：

①吊装每一块混凝土构件的机械时间定额。

$$机械时间定额 = \frac{1}{机械台班产量定额} = \frac{1}{40} = 0.025（台班）$$

②吊装每一块混凝土构件的人工时间定额。

（a）分工种计算。

$$吊装司机时间定额 = 1 \times 0.025 = 0.025（工日）$$
$$安装起重工时间定额 = 7 \times 0.025 = 0.175（工日）$$
$$电焊工时间定额 = 2 \times 0.025 = 0.050（工日）$$

（b）按综合小组计算。

$$人工时间定额 = (1 + 7 + 2) \times 0.025 = 0.25（工日）$$

或

$$人工时间定额 = \frac{1 + 7 + 2}{40} = 0.25（工日）$$

二、编制

1. 机械工作时间的分析

机械工作时间的分析如图 3 - 4 所示。

（1）机械的定额时间。机械的定额时间包括有效工作时间、不可避免的无负荷时间和不可避免的中断时间三部分。

1）有效工作时间。包括正常负荷下的工作时间和降低负荷下的工作时间。正常负荷下的工作时间是指机械与说明书规定的负荷相等的正常负荷下进行工作的时间。降低负荷下的工作时间是在个别情况下由于技术上的原因，造成机械在低于其规定的负荷下工作的

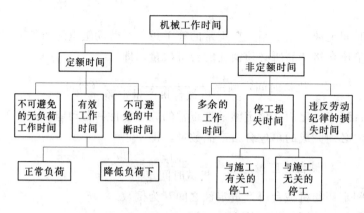

图 3-4 机械工作时间的分析

时间。如汽车装运货物，其重量轻体积大，而不能充分利用汽车的载重吨位，这种情况下也视为有效工作时间。

2）不可避免的中断时间是指由于操作和施工过程的特性，而造成的机械工作中断时间。

与操作有关的不可避免中断时间：如汽车装、卸货的停歇时间。

与机械有关的不可避免中断时间是指用机械工作的工人在准备与结束工作时机械暂停的中断时间。

工人休息时间是指因工人必需的休息时间而引起的机械中断时间。

3）不可避免的无负荷工作时间是指由于施工过程的特性和机械的特点所造成的机械无负荷工作时间，如铲运机返回到铲土地点。

（2）机械的非定额时间。

1）多余的工作时间是指可以避免的机械无负荷（如工人没及时给混凝土搅拌机装料）而引起的机械空转，或者在负荷下的多做工作（如搅拌机搅拌混凝土时超过了规定搅拌时间）。

2）停工损失时间按其性质分为由于施工本身造成的停工时间和非施工本身造成的停工时间。前者是由于施工组织不善、机械维护不良而引起的停工时间；后者指的是如水源、电源中断以及气候条件（暴雨、大风等）的影响而引起的机械停工时间。

3）违反劳动纪律的损失时间是指由于工人迟到早退及其他违反劳动纪律的行为而引起的机械停歇时间。

2．机械台班定额的编制方法

施工机械台班定额是施工机械生产效率的反映。编者按制机械定额的程序及方法如下：

（1）确定正常的工作地点。就是将施工地点、机械、材料和构件堆放的位置及工人从事操作的条件作出科学合理的平面布置和空间的安排，使之有利于机械运转和工人操作，减轻工人的劳动强度，充分利用工时，以便最大限度地发挥机械的生产效率。

（2）拟定正常的工人编制。根据施工机械性能和设计能力及工人的专业分工和劳动工效，合理地确定操作机械的工人（如司机、维修工等）和直接参加机械化施工过程的工人（如混凝土搅拌机装料、卸料工人）的配备，确定正常的工人编制人数。

（3）确定机械一小时纯工作的正常生产效率（N）。机械一小时纯工作正常生产效率是指在正常的施工条件下，由具备机械操作知识和技术技能的工人驾驶机械，机械一小时内应达到的生产效率。

建筑机械可分为循环和连续动作两种类型，下面以确定循环机械一小时纯工作正常生产效率为例，步骤如下：

1）确定循环组成部分的延续时间。根据机械说明书计算出来的延续时间和计时观察所得到的延续时间，或者根据技术规范和操作规程，确定其循环组成部分的延续时间。

2）确定整个循环一次的正常延续时间。它等于机械该循环各组成部分的正常延续时间之和（$t_1 + t_2 + t_3 + \cdots + t_n = t$）。

3）确定机械一小时纯工作时间的正常循环次数（n）。

可由下列公式计算（时间单位：s）：

$$n = \frac{3600}{t_1 + t_2 + t_3 + \cdots + t_n}$$

（4）确定机械一小时纯工作的正常生产率（N_n），可由下式计算：

$$N_n = nm$$

式中　N_n——机械一小时纯工作的正常生产率；

　　　　n——机械一小时纯工作时间的正常循环次数；

　　　　m——机械每循环一次的产品的数量。

【例 3-10】 塔式起重机吊装大模板到五层就位，每次吊装一块，循环的各组成部分的延续时间如下：

解： 挂钩时的停车时间：12s

　　　　上升回转时间：63s

　　　　下落就位时间：46s

　　　　脱钩时间：13s

　　　　空钩回转下降时间：43s

　　　　合计：177s

纯工作一小时的循环次数 n 为

$$n = 3600 \div 177 = 20.34 \text{（次）}$$

塔吊纯工作一小时的正常生产率 N_n 为

$$N_n = 20.34 \times 1 \text{ 块/次} = 20.34 \text{（块）}$$

（5）拟定机械台班产量定额（N 台班）。

计算公式如下：

$$N_{台班} = N_n T K_B$$

式中　$N_{台班}$——机械台班产量定额；

　　　　N_n——机械一小时纯工作的正常生产率；

　　　　T——工作班延续时间（一般为 8h）；

　　　　K_B——机械时间利用系数，即

$$K_B = \frac{\text{工作班内机械纯工作时间}}{T}$$

【例 3 - 11】 JG250 型混凝土搅拌机，正常生产率为 $6.25\text{m}^3/\text{h}$，工作班为 8h，工作班内机械纯工作时间为 7.2h，则

解： 　　　　　机械时间利用系数 $(K_B) = 7.2 \div 8 = 0.9$

混凝土搅拌机台班产量定额（N 台班）$= 8 \times 6.25 \times 0.9 = 45$（$\text{m}^3$）

混凝土搅拌机时间定额 $= 1 \div 45 = 0.022$（台班）

习 题

1. 什么是施工定额？其作用是什么？

2. 施工定额的编制原则是什么？

3. 施工定额的内容是什么？

4. 什么是劳动定额？其表现形式是什么？

5. 什么是定额时间？什么是非定额时间？

6. 劳动定额的编制有哪些方法？

7. 什么是材料消耗定额？它是由什么组成的？

8. 材料消耗定额有哪些编制方法？

9. 什么是机械台班使用定额？其表现形式是什么？

10. 什么是机械定额时间和非定额时间？举例说明。

第四章 预 算 定 额

第一节 预 算 定 额 概 述

一、预算定额的概念

建筑工程预算定额是确定一定计量单位的分项工程或结构构件的人工、材料和机械台班消耗数量标准。

二、预算定额的作用

(1) 是编制建筑工程施工图预算,合理确定建筑工程预算造价的依据。

(2) 对实行招标投标的工程,建筑工程预算定额是计算确定工程标底和投标报价的依据。

(3) 是建设单位和建筑施工企业进行工程结算和决算的依据。

(4) 是编制建筑工程预算定额和概算指标的依据。

(5) 是编制建筑工程概算定额和核算指标的依据。

(6) 是建筑施工企业编制施工计划、组织施工、进行经济核算加强经营管理的重要工具。

三、编制预算定额的原则和依据

1. 原则

建筑工程预算定额是确定建筑工程产品生产消耗量的一个标准。在颁发使用范围内,定额的使用具有法令性,使本地区内所有建筑工程的设计施工有一个统一的核算标准,所以预算定额的编制工作是一项严肃的经济立法工作,必须正确贯彻党和国家的方针政策,在广泛调查研究的基础上,总结一阶段预算定额执行中的经验教训和存在问题,使新编或修订的预算定额能正确反映当前的社会生产力水平,成为基本建设的经济管理的有效工具。

编制预算定额必须遵循以下各项原则。

(1) 技术先进、平均合理的原则。技术先进是指定额各项指标确定是以行之有效的、技术上比较先进和成熟的施工方法、结构构造和材料的使用为依据,不应该反映技术比较落后、消耗较大的设计和施工方法。所谓平均合理是指定额指标的确定是按社会必要劳动消耗量来确定定额水平。建筑安装工程也是一种商品。预算定额就是用以确定建筑产品的消耗和价格,必须依据全社会、同行业各生产企业在正常的生产组织和经营管理状态下的平均生产水平。

预算定额与施工定额的水平是不同的。施工定额反映的是平均先进水平,预算定额反映的是社会平均水平,是大多数企业能够达到和超过的水平,也就是预算定额的水平要稍低于施工定额的水平。

(2)"简明、准确、适用"的原则。计算一个工程的实物消耗与造价，一定要准确、完整。但工程的结构构造、材料品种、施工方法是非常复杂的，定额不可能包罗万象地全面反映，否则使用、计算过于复杂，也难免仍有挂一漏万的可能。因此，定额项目要简明扼要，数量不能太多。为使定额项目能较完整地反映常用的工程构造，少留活口，要做必要的简化和合并，通过细算粗编的办法，达到定额项目比较少，但内容全面完整，适用于各种不同情况。对影响造价较大的因素，如混凝土、砂浆强度等级、钢筋用量等可通过换算的办法，对价值较低的构件和材料项目，通过测算，定额综合反映其平均值，但不允许换算。这样，使定额的项目简明，计算准确，使用方便。

(3)集中领导、分级管理的原则。定额的制订与管理应由中央主管部门加以领导，统一确定编制定额的原则、编制的方案和办法，领导定额的编制与修订，颁发有关的规章制度和条例细则，颁发全国统一的定额和费用标准等。

我国幅员辽阔，各地区的自然条件、交通运输条件、材料资源条件等存在很大的差别，由此影响各地区性的工业发展水平不平衡，反映在建筑工程中建筑结构构造、使用的材料品种、施工方法、技术水平等也有一定的差异。因此有必要在全国统一编制原则的基础上，结合本地区的技术经济条件，作适当的修订调整，编制成地区性预算定额。各地区性的工资标准、材料预算价格、机械台班费等也是不同的，定额单价表更无法统一，所以目前我国的建筑工程预算定额与单位估价表由各省（自治区、直辖市）颁发，由各省（自治区、直辖市）的基本建设主管部门管理。

2. 依据

预算定额的编制要依据以下各种文件和资料：

(1)现行的设计规范、施工及验收规范、质量评定标准及安全操作规程等建筑技术法规。

(2)通用标准图集和定型设计图纸及有代表性的设计图纸和图集。

(3)现行的全国统一劳动定额、各地区现行预算定额、材料消耗定额和施工机械台班定额。

(4)各地区现行的人工工资标准、材料预算价格和施工机械台班费。

(5)较成熟的新技术、新结构、新材料的数据和资料。

第二节 预算定额的编制

一、预算定额的编制程序

(1)制订预算定额的编制方案。预算定额的编制方案主要内容包括：建立相应的机构，确定编制定额的指导思想、编制原则和编制进度；明确定额的作用、编制的范围和内容；确定人工、材料、机械消耗定额的计算基础和收集有关的基础资料进行分析整理，使其资料系统化。

(2)确定定额项目及其工作内容。划分定额项目是以施工定额为基础，合理确定预算定额的步距，进一步考虑其综合性。尽量做到项目齐全、粗细适度、简明适用。在划分项目的同时，应确定各工程项目的工程内容和范围。

（3）确定分项工程的定额消耗指标。确定分项工程的定额消耗指标，应在选择计量单位、确定施工方法、计算工程量及含量测算的基础上进行。

1）选择计量单位。预算定额的计量单位应使用方便，并与工程项目内容相适应，能反映分项工程量最终产品形态和实物量。计量单位一般根据结构构件或分项工程的特征及变化规律来确定。

2）确定施工方法。不同的施工方法，会直接影响预算定额中的人工、材料和施工机械台班的消耗指标。因此在编制定额时，必须以本地区的施工（生产）技术组织条件、施工验收规范、安全操作规程以及已经推广和成熟的新工艺、新结构、新材料和新的操作方法等为依据。合理地确定施工方法，使其正确反映当时社会生产力的水平。

3）计算工程量及含量的测算。工程量计算应选择有代表性的图纸、资料和已经确定的定额项目、计量单位，按照工程量计算规则进行计算。

计算中应特别注意预算定额项目的工作内容范围及其所包括内容在该项目所占的比例，即含量的测算。通过含量的测算，保证定额项目的合理性，使定额内的人工、材料、机械台班的消耗做到相对准确。

4）确定人工、材料、机械台班消耗量指标。

5）编制定额项目表。

6）修改定稿，颁发执行。

初稿编出后，应与以往相应定额进行对比，对新定额进行水平测算，然后根据测算结果，分析影响新定额水平提高或降低的因素，最后对初稿进行合理的修订。

在测算和修改的基础上，组织有关部门进行讨论并征求意见，定稿后连同编制说明书呈报上级主管部门审批。经批准后，在正式颁发执行前，要向各有关部门进行政策性和技术性的交底，以利于定额的正确贯彻执行。

二、定额项目人工、材料、施工机械消耗指标的确定

（一）人工消耗指标的确定

1. 人工消耗指标的组成

预算定额中人工消耗指标是由基本用工和其他用工两部分组成。

（1）基本用工。基本用工是指为完成某个分项工程所需的主要用工量。例如砌筑各种墙体工程中的砌砖、调制砂浆以及运转和运砂浆的用工量。此外，还包括属于预算定额项目工作内容范围一些基本用量，如在墙体工程中的门窗洞口、砌砖石旋、垃圾道、预留抗震柱孔、附墙烟囱等工作内容。

（2）其他用工。其他用工是辅助基本用工消耗的工日，按其工作内容分为以下三类：

1）人工幅度差别用工。指在劳动定额中未包括的，而在一般正常施工中不可避免的，但又无法计量的用工，其内容包括：在正常施工组织的情况下，土建各工种间的工序搭接及土建工程与水电工程之间的交叉配合所需的停歇时间；场内施工机械，在单位工程之间交换位置及临时水电线路在施工中不可避免的工人操作间歇时间；工程质量检查及隐蔽工程验收而影响工人的操作时间；场内单位工程操作地点的转移而影响工人的操作时间；施工过程中，工种之间交叉作业造成损失所需要的修理费用工；施工中不可避免的少量零星用工。

2）超运距用工。指超过劳动定额规定的材料、半成品运距的用工数量。

3）辅助用工。指材料需要在现场加工的用工数量，如筛砂子、淋石灰膏、冲洗石子、混凝土养护、草袋场内运输等增加的用工量。

2. 各种用工数量及平均工资等级的计算

（1）用工量计算。

1）基本工。

$$基本工＝\sum（工序工程量 \times 时间定额）$$

2）超运距用工。

$$超运距＝预算定额规定的运距－劳动定额规定的运距$$
$$超运距用工＝\sum（材料数量 \times 超运距的时间定额）$$

3）材料加工用工。

$$材料加工用工＝\sum（加工材料数量 \times 时间定额）$$

4）人工幅度差用工。

$$人工幅度差用工＝（基本工超运距工＋材料加工用工）\times 人工幅度差系数$$

5）定额用工合计。

$$定额用工量＝基本工＋超运距用工＋材料加工用工＋人工幅度差用工$$

（2）平均等级计算。以上用工指标包含基本工、超运距用工、材料加工用工与幅度用工等，它们的等级各不相同，为了计算该定额项目的人工费，应计算出该用工指标的平均等级。计算方法如下：

1）基本工工资等级总系数。

$$基本工平均工资等级系数＝\frac{\sum（小组等级工人数 \times 相应的工资等级系数）}{小组人数之和}$$

其他超运距、材料加工等平均工资等级系数求法相同。

$$基本工工资等级总系数＝基本工工日数 \times 基本工平均工资等级系数$$

2）超运距用工工资等级总系数。

$$超运距用工工资等级总系数＝超运距用工工日数 \times 超运距工平均工资等级系数$$

3）材料加工工资等级总系数。

$$材料加工用工工资等级总系数＝材料加工用工工日数 \times 材料加工平均工资等级系数$$

4）幅度差用工工资等级总系数。

$$幅度差用工平均工资等级系数＝\frac{基本工超运距工材料加工工资等级总系数之和}{基本工超运距工材料加工用工工日数之和}$$

$$幅度差用工工资等级总系数＝幅度差用工量 \times 幅度差用工平均工资等级系数$$

5）预算定额项目平均工工资等级系数。

$$预算定额项目平均工工资等级系数＝\frac{各种用工工资等级总系数之和}{各种用工工日数之和}$$

根据该项目平均工资等级系数，即可求出相应的平均系数。

（二）材料消耗指标的确定

1. 材料消耗指标的组成

预算定额中的材料用量是由材料的净用量和材料的损耗量组成。

预算定额内的材料，按其使用性质、用途和用量大小可划分为以下三类。

（1）主要材料。指直接构成工程实体而且用量较大的材料。

（2）周转性材料。又称工具性材料，施工中可多次使用，但不构成工程实体的材料，如模板、脚手架等。

（3）次要材料。指用量不多，价值不大的材料。可采用估算法计算，一般将此类材料合并为"其他材料费"其计量单位用"元"来表示。

2. 材料消耗指标的计算

材料消耗指标是在编制预算定额方案中已经确定的有关因素（如工程项目的划分、工程内容的范围计量单位和工程量计算）的基础上，分别采用观测法、试验法、统计法和计算法，首先确定出材料的净用量，而后确定材料的损耗率计算出材料的消耗量，并结合测定的资料，采用加权平均的方法计算确定出材料的消耗指标，材料损耗率见表4-1。

表4-1 材料、成品、半成品损耗率参考表

材料名称	工程项目	损耗率/%	材料名称	工程项目	损耗率/%
标准砖	基础	0.4	石灰砂浆	抹墙及墙裙	1
标准砖	实砖墙	1	水泥砂浆	抹天棚	2.5
标准砖	方砖柱	3	水泥砂浆	抹墙及墙裙	2
白瓷砖		1.5	水泥砂浆	地面、屋面	1
陶瓷锦砖	（马赛克）	1	混凝土（现制）	地面	1
铺地砖	（缸砖）	0.8	混凝土（现制）	其余部分	1.5
砂	混凝土工程	1.5	混凝土（预制）	桩基础、梁、柱	1
砾石		2	混凝土（预制）	其余部分	1.5
生石灰		1	钢筋	现、预制混凝土	2
水泥		1	铁件	成品	1
砌筑砂浆	砖砌体	1	钢材		6
混合砂浆	抹墙及墙裙	2	木材	门窗	6
混合砂浆	抹天棚	3	玻璃	安装	3
石灰砂浆	抹天棚	1.5	沥青	操作	1

（1）采用理论计算法算主要材料消耗量。

例如：用理论计算法计算每立方米各种不同厚度砖墙的用砖数和砂浆量。

砖块数净用量公式

$$A = \frac{1}{墙厚（砖长＋灰缝）（砖厚＋灰缝）} \times 2K$$

式中　A——砖的净用量；

　　　K——墙厚的砖数（0.5、1、1.5、2、…）。

砂浆净用量公式

$$B = 1 - A \times 每块砖的体积$$

式中 B——砂浆净利用量。

若标准黏土砖规格为 240mm×115mm×53mm，每块砖的体积为 $0.0014628m^3$，横直灰缝为 1cm，则一砖厚的砖墙 $1m^3$ 砖和砂浆的净用量为

$$A = \frac{1}{0.24 \times (0.24+0.01) \times (0.053+0.01)} \times 2 \times 1$$
$$= 529（块）$$
$$B = 1 - 529 \times 0.0014628 = 0.226（m^3）$$

预算定额是一个综合性的定额，为了使工程量计算工作简单、方便，预算定额中材料净用量的确定应根据各分项工程的特点和相应的方法综合进行计算。预算定额砖墙工程量计算规则中指明：不扣除 $0.3m^2$ 以下的孔洞、梁头、梁垫、嵌入外墙的混凝土楼板头等所占的面积；也不增加突出墙面的窗台虎头砖、压顶线、山墙泛水、门窗套、三皮砖以下腰线的面积，这样计算墙身工程量简便。但在编制墙身预算定额砖和砂浆材料净用量时，除按理论计算方法计算出砖和砂浆的用量外，还必须测算几个工程，如墙壁体内重叠梁头、垫块、凸出墙面等按比例综合取定。

在上例中，一砖外墙理论计算砖的块数为 529 块，砂浆为 $0.226m^3$。在此基础上经过对五个工程砖墙砌体的测算，综合了以下几个系数：

凸出部分占 0.336%；

$0.3m^2$ 以内孔洞占 0.01%；

梁头占 0.058%。

增减相抵后为 0.336%－0.010%－0.058%＝0.268%。

在以上基础上考虑了施工现场材料运输、操作损耗率，砖取定 1%，砂浆 1%，则预算定额砖块净用量计算如下：

每 $1m^3$ 一砖外墙：

$$529 \times (1+0.00268) \times 1.01 = 536（块）$$

每 $10m^3$ 砌体：

$$536 \times 10 = 5360（块）$$

预算定额砂浆净用量计算如下：

$$0.226 \times (1+0.00268) \times 1.01 = 0.229（m^3）$$

每 $10m^3$ 砌体：

$$0.229 \times 10 = 2.29（m^3）$$

（2）周转性材料消耗量的确定。

以模板为例：

1）现浇结构模板用量的计算。

每 $1m^3$ 混凝土的模板一次使用量＝每 $1m^3$ 混凝土构件模板接触面积（m^2）

$$\times 每 1m^2 接触面积模板用量 \times (1+损耗率)$$

$$周转使用量 = 一次使用量 \times \frac{1+（周转次数-1）\times 补损率}{周转次数}$$

$$= 一次使用量 \times K_1$$

式中　K_1——周转使用系数。

周转使用量＝周转使用量－回收折旧系数×回收量＝一次使用量×K_2

式中　K_2——摊销量系数。

$$K_2 = K_1 - \frac{(1-补损率)\times回收折价率}{周转次数\times(1+间接费率)}$$

$$回收量 = \frac{一次使用量\times(1-补损率)}{周转次数}$$

$$回收折旧系数 = \frac{回收折价率}{1+间接费率}$$

K_1、K_2 均按不同的周转次数和补损率（表4－2）。式中及表中的一次使用量是指周转材料在不重复使用条件下的一次使用量。补损率是指周转性材料在第二次和以后各次周转中，为了补充难以避免的损耗所补充的数量。以每周转一次平均补损率来表示。周转次数是指周转性材料重复使用的次数。周转使用量是指每周转一次的平均使用量。回收量是指每周一次平均可回收的数量。摊销量是指定额规定的平均一次消耗量。

表4－2　　　　　　　　　　周转次数、补损率、K_1、K_2 的关系

周转次数	补损率	周转使用系数 K_1	摊销量系数 K_2	周转次数	补损率	周转使用系数 K_1	摊销量系数 K_2
4	15	0.3625	0.2669	6	15	0.2917	0.2280
5	10	0.2800	0.1990	8	10	0.2125	0.1619
5	15	0.3200	0.2435	8	15	0.2563	0.2085
6	10	0.2500	0.1825	10	10	0.1900	0.1495

2）预制构件模板用量计算。

$$摊销量 = \frac{一次使用量}{周转次数}$$

（三）机械台班消耗指标的确定

1. 编制依据

预算定额中的机械台班消耗指标是以台班为单位，每个台班按8h计算。其中：

（1）以手工操作为主的工人班组所配备的施工机械（如砂浆、混凝土搅拌机、垂直运输用的塔式起重机）为小组配合使用，因此应以小组产量计算机械台班量。

（2）机械施工过程（如机械化土石方工程、打桩工程、机械化运输及吊装工程所用的大型机械及其他专用机械）应在劳动定额中台班定额的基础上另加机械幅度差。

2. 机械幅度差

机械幅度差是指在劳动定额中机械台班耗用量中未包括的，而机械在合理的施工组织条件下所必需的停歇时间，这些因素会影响机械的生产效率，因此应另外增加一定的机械幅度差的因素。其内容包括：

（1）施工机械转移工作面及配套机械互相影响损失的时间。

（2）在正常施工情况下，机械施工中不可避免的工序间歇。

（3）工程结尾工作量不饱满所损失的时间。

（4）检查工程质量影响机械操作的时间。

（5）临时水电线路在施工过程中不可避免的工序间歇。

（6）冬季施工期发动机械操作的时间。

（7）不同厂牌机械的工效差。

（8）配合机械的人工在人工幅度差范围内的工人间歇，而且影响机械操作时间。

机械幅度差系数，一般根据测定和统计资料取定。大型机械幅度差系数规定为：土方机械为 1.25，打桩机械为 1.33，吊装机械为 1.3；其他分项工程机械，如木作、蛙式打夯机、水磨石机等专用机械，均为 1.1。

3. 预算定额中机械台班消耗指标的计算方法

（1）按工人小组配用的机械应按工人小组日产量计算机械台班量，不另增加机械幅度差。计算公式如下：

$$分项定额机械台班使用量 = \frac{预算定额项目计量单位值}{小组总产量}$$

其中 小组总产量＝小组总人数×∑（分项计算取定的比重×劳动定额每工综合产量）

（2）按机械台班产量计算：

$$分项定额机械台班使用量 = \frac{预算定额项目计量单位值}{机械台班产量} × 机械幅度差系数$$

【例 4-1】 砌一砖厚内墙，定额单位 10m^3，其中：单面清水墙占 20%，双面混水墙占 80%，瓦工小组成员 22 人，定额项配备砂浆搅拌机一台，2～6t 塔式起重机一台，分别确定砂浆搅拌机和塔式起重机的台班产量。

解：   小组总产量＝22×（0.2×1.04＋0.8×1.24）＝26.4（m^3）

$$砂浆搅拌机 = \frac{10}{26.4} = 0.379（台班）$$

$$塔式起重机 = \frac{10}{26.4} = 0.379（台班）$$

以上两种机械均不增加机械幅度差。

习 题

1. 什么是预算定额？其作用是什么？

2. 编制预算定额的原则和依据是什么？

3. 如何进行预算定额的编制？

4. 如何确定材料消耗量指标？

5. 什么是人工幅度差？

6. 什么是机械幅度差？

7. 某一砖半内墙长 258m，高 16m，计算砖和砂浆的用量。

第五章　概算定额与概算指标

第一节　概　算　定　额

一、概算定额的概念及其作用

1. 概念

概算定额，也称为扩大结构定额。它规定了完成一定计量单位的扩大结构构件或扩大分项工程的人工、材料和机械台班的数量标准。

概算定额是在综合定额的基础上适当地再一次综合扩大或者改变部分计算单位，达到简化工程量计算和概算编制的目的。如：钢筋混凝土基础还包括场内运土方，楼板还包括天棚和天棚抹灰；层架不用立方米体积计算，而利用屋面平方米面积计算；采用标准设计图纸部分的结构，如烟囱、水塔、水池等，可以以 1 为单位；对于工程项目或整个建筑物的工程造价影响不大的零星工程，可以不计工程量，按占主要工程的百分比计算，如便槽、搁板、水盘脚等。

2. 作用

概算定额是编制初步设计概算和技术设计修正概算的依据，是进行设计方案经济比较和编制概算指标的依据；也可作为编制工程建设总投资及主要材料申请计划的依据。

二、概算定额的编制

1. 编制原则

（1）相对预算定额或综合定额而言，概算定额应本着扩大综合和简化计算的原则进行编制。简化计算是指在综合的内容、工程量计算、活口处理和不同项目的换算等方面，力求简化。

（2）概算定额应做到简明适用。"简明"就是在章节的划分、项目的排列、说明、附注、定额内容和表现形式等方面，清晰醒目、一目了然，"适用"就是面对本地区，综合考虑到各种情况都能适用。

（3）为保证概算定额的质量，必须把定额水平控制在一定的幅度之内，使预算定额与概算定额之间幅度差的极限值控制在 5% 以内，一般控制在 3% 左右。

（4）细算粗编。"细算"是指含量的取定上，一定要正确地选择有代表性且质量高的图纸和可靠的资料，精心计算，全面分析。"粗编"是指综合内容时，贯彻以主代次的指导思想，以影响水平较大的项目为主，并将影响水平较小的项目综合项目。

2. 编制依据

（1）现行的设计标准及规范，施工验收规范。

（2）现行的建筑工程预算定额或综合预算定额。

（3）经过批准的标准设计和有代表性的设计图纸。

（4）人工工资标准、材料预算价格和机械台班费用等。

（5）现行的概算定额。

（6）本地区标准的编制步骤及方法。

3. 编制步骤及方法

概算定额的编制步骤一般分为三个阶段、即准备工作阶段、编制概算定额初稿阶段和审查定稿阶段。

在编制概算定额初稿阶段，应根据所制定的编制方案和定额项目，在收集资料和整理分析各种测算资料的基础上，根据选定有代表性的工程图纸计算出工程量。套用预算定额中的人工、材料和机械消耗量，再用加权平均得出概算项目的人工、材料、机械的消耗指标，并计算出概算项目的基价。

在审查定稿阶段，要对概算定额和预算定额水平进行测算，以保证两者在水平上的一致性。如与预算定额水平不一致或幅度差不合理，则需对概算定额做必要的修改，经定稿批准后，颁发执行。

第二节　概　算　指　标

一、概算指标的概念及作用

1. 概念

概算指标通常是以整个建筑物和构筑物为对象，以建筑面积、体积或万元造价为计量单位而规定的人工、材料及造价的定额指标。概算指标是比概算定额更为综合的指标。

2. 作用

（1）在设计深度不够的情况下，一般用概算指标来编制初步设计概算。

（2）概算指标是建设单位确定工程造件、申请投资拨款、编制基本建设计划和申请主要材料的依据。

（3）概算指标是设计单位进行设计方案比较，分析投资经济效果的尺度。

二、概算指标的编制依据

（1）标准设计图纸和各类工程典型设计。

（2）国家颁发的建筑标准、设计和施工规范。

（3）不同结构的造价指标及各类工程概算和结算资料。

（4）现行的概算指标、概算定额和预算定额。

（5）材料预算价格、人工工资标准和其他价格资料。

三、概算指标的内容

概算指标的主要内容有以下几点：

（1）总说明。包括概算指标的作用、编制依据、适用范围、工程量计算规则及使用方法等。

（2）经济指标。包括造价指标、人工和材料消耗量指标。

（3）结构特征及工程量指标。

（4）建筑物结构示意图。

四、概算指标的编制

概算指标编制可按以下步骤进行：

（1）填写资料审查意见表，主要填写设计资料名称、设计单位、设计日期、建筑面积及结构情况，提出审查和修改意见。

（2）在设计工程量的基础上编写单位工程预算书或概算书，以确定每 $100m^2$ 建筑面积及结构构造情况，以及人工、材料的消耗量指标和单位造价的经济指标。

五、示例

某砖混结构教学楼概算指标。

（1）结构特征及适用范围见表 5-1。

表 5-1 　　　　　　　　　 **砖混结构教学楼结构特征及适用范围**

项 目	内 容
建筑面积及层数	$1458m^2$，长 53.12m，宽 6.37m，局部 20.71m，3 层，南向挑廊
地耐力、地震设防	$14t/m^3$，圈梁三道，抗震柱
基础构造及深度	毛石基础，深 1.8m
开间进深层高	开间：8.4m/3.6m；进深：5.7m、4.8m；层高：3.1m
地面构造	混凝土垫层 8cm 厚，水泥砂浆抹面
楼层构造	预应力空心板，4cm 厚细石混凝土，内设双向钢筋网片，水泥砂浆抹面
内墙构造	1 砖墙占 87.36%，0.5 砖墙占 12.64%
外墙构造	1.5 砖墙
门窗构造	木门、木窗占 10.37%，双层钢窗 89.63%
内装修	教室、厕所水泥墙裙，走廊、厕所油漆墙裙，墙面纸筋灰、喷白
外装修	水刷石外墙裙、窗间墙及檐下墙，外墙勾缝
挑廊作法	现浇平板、抹水泥砂浆，预制栏板，水刷石预制磨石扶手，挑廊 $154.05m^2$
屋面作法	预应力空心板，冷底子油二道，热沥青一道，炉渣找坡，水泥蛭石保温层 10cm，水泥砂浆找平层，二毡三油一砂
天棚作法	刷火碱水一道，刷素水泥浆一道，抹白灰砂浆

（2）每 $100m^2$ 建筑面积经济指标见表 5-2。

表 5-2 　　　　　　　　　 **经 济 指 标** 　　　　　　单位：$100m^2$ 建筑面积

项 目	直 接 费	人 工 费	材 料 费	机 械 费
费用/元	185098	37020	138821	9257

（3）每 $100m^2$ 建筑面积分项工程量指标及价值百分比指标，见表 5-3。

（4）$100m^2$ 建筑面积人工及主要材料消耗指标，见表 5-4。

表 5 - 3　　　　　　　　　　分项工程量指标及价值百分比　　　　　　　单位：100m² 建筑面积

项　　目	单位	工程量	%	项　　目	单位	工程量	%
1. 基础工程			10.19	木窗	m²	1.93	0.85
土方	m³	69.58	2.26	黑板等			2.52
毛石基础	m³	20.78	6.32	5. 楼地面工程			4.97
混凝土柱基	m³	0.52	0.41	混凝土垫层	m³	1.97	0.71
砖基础	m³	0.66	0.19	细石混凝土垫层	m³	2.11	1.50
砖地沟	m³	2.68	1.01	抹地面	m³	83	1.53
2.墙体工程			13.68	台阶、散水、厕所			1.23
1.5 砖外墙	m²	73.5	8.60	垫层及抹石			
1 砖内墙	m²	43.35	2.59	6. 屋面工程			6.96
0.5 砖内墙	m²	6.57	0.33	热沥青二道、冷底	m²	46.44	1.28
零星砌体			2.02	子油、找平层			
墙体加筋	t	0.05	0.32	炉渣找坡	m³	3.65	0.30
3. 混凝土工程			30.34	水泥蛭石保温层	m³	4.57	2.96
构造柱	m³	0.77	1.29	二毡三油一砂	m²	47.19	2.04
圈梁	m³	2.25	3.27	铁皮排水			0.38
过梁	m³	2.22	3.34	装饰工程			7.12
平板	m³	0.29	0.34	墙裙	m²	200.5	2.68
预应力空心板	m³	6.86	8.90	墙裙油漆	m²	29.5	0.37
楼梯	m²	8.41	3.66	水刷石	m²	49.96	1.51
挑廊	m²	10.57	3.40	抹水泥砂浆	m²	20.64	0.71
挑檐、雨篷及其他			5.60	其他抹面			0.47
钢筋调整	t	0.08	0.54	天棚抹灰	m²	81	1.38
4. 木结构工程			7.08	金属结构工程			16.23
木门	m²	9.56	3.71	其他工程			3.25

表 5 - 4　　　　　　　　　　人工及主要材料消耗指标　　　　　　　　单位：100m² 建筑面积

材料名称	单　位	数　量	材料名称	单　位	数　量
人工	工日	482	中（粗）砂	m³	51.0
水泥 32.5	kg	8669	砾石	m³	24.4
水泥 42.5	kg	7822	毛石	m³	22.9
木料	m²	0.82	石灰膏	m³	4.3
红砖	千块	18.1			

习　题

1. 概算定额的概念及作用是什么？
2. 概算定额的编制原则与依据是什么？
3. 概算指标的概念及作用是什么？
4. 概算指标包括哪些内容？

第六章　建筑工程项目费用计算

第一节　建筑工程费用项目组成

建筑产品的生产，除直接用于工程本体上的人工、材料和施工机械的耗用量以外，还要为组织和管理工程正常有序的施工，消耗一定的人力、物力和财力。除此以外，还要支付一些既非直接费又非管理费的其他费用，如临时设施、利润和税金等。

一、建筑安装工程费按照费用构成要素划分

建筑安装工程费按照费用构成要素划分，由人工费、材料（包含工程设备，下同）费、施工机具使用费、企业管理费、利润、规费和税金组成，见图 6-1。

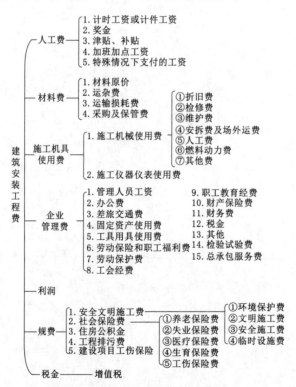

图 6-1　建筑安装工程费用项目组成表（按费用项目要素划分）

（一）人工费

人工费是指按工资总额构成规定，支付给从事建筑安装工程施工的生产工人和附属生产单位工人的各项费用。内容包括：

（1）计时工资或计件工资：是指按计时工资标准和工作时间或对已做工作按计件单价

支付给个人的劳动报酬。

（2）奖金：是指对超额劳动和增收节支支付给个人的劳动报酬。如节约奖、劳动竞赛奖等。

（3）津贴、补贴：是指为了补偿职工特殊或额外的劳动消耗和因其他特殊原因支付给个人的津贴，以及为了保证职工工资水平不受物价影响支付给个人的物价补贴。如流动施工津贴、特殊地区施工津贴、高温（寒）作业临时津贴、高空津贴等。

（4）加班加点工资：是指按规定支付的在法定节假日工作的加班工资和在法定日工作时间外延时工作的加点工资。

（5）特殊情况下支付的工资：是指根据国家法律、法规和政策规定，因病、工伤、产假、计划生育假、婚丧假、事假、探亲假、定期休假、停工学习、执行国家或社会义务等原因按计时工资标准或计时工资标准的一定比例支付的工资。

（二）材料费

材料费是指施工过程中耗费的原材料、辅助材料、构配件、零件、半成品或成品的费用。材料费的内容包括：

（1）材料原价：是指材料、设备的出厂价格或商家供应价格。

（2）运杂费：是指材料、设备自来源地运至工地仓库或指定堆放地点所发生的全部费用。

（3）材料运输损耗费：是指材料在运输装卸过程中不可避免的损耗费用。

（4）采购及保管费：是指采购、供应和保管材料、设备过程中所需要的各项费用。包括采购费、仓储费、工地保管费、仓储损耗。

材料的单价按下式计算：

材料单价＝[（材料原价＋运杂费）×（1＋材料运输损耗率）]×（1＋采购保管费率）

（三）施工机具使用费

施工机具使用费是指施工作业所发生的施工机械、施工仪器仪表的使用费或其租赁费。

1. 施工机械使用费

由下列 7 项费用组成：

（1）折旧费：指施工机械在规定的耐用总台班内，陆续收回其原值的费用。

（2）检修费：指施工机械在规定的耐用总台班内，按规定的检修间隔进行必要的检修，以恢复其正常功能所需的费用。

（3）维护费：指施工机械在规定的耐用总台班内，按规定的维护间隔进行各级维护和临时故障排除所需的费用。

维护费包括：保障机械正常运转所需替换设备与随机配备工具附具的摊销费用，机械运转及日常维护所需润滑与擦拭的材料费用及机械停滞期间的维护费用等。

（4）安拆费及场外运费：安拆费是指施工机械在现场进行安装与拆卸所需的人工、材料、机械和试运转费用以及机械辅助设施的折旧、搭设、拆除等费用。场外运费是指施工机械整体或分体自停放地点运至施工现场、或由一施工地点运至另一施工地点的运输、装卸、辅助材料等费用。

（5）人工费：指机上司机（司炉）和其他操作人员的人工费。

（6）燃料动力费：指施工机械在运转作业中所耗用的燃料及水、电等费用。

（7）其他费：指施工机械按照国家规定应缴纳的车船税、保险费及检测费等。

2. 施工仪器仪表使用费

由下列 4 项费用组成：

（1）折旧费：指施工仪器仪表在耐用总台班内，陆续收回其原值的费用。

（2）维护费：指施工仪器仪表各级维护、临时故障排除所需的费用及保证仪器仪表正常使用所需备件（备品）的维护费用。

（3）校验费：指按国家与地方政府规定的标定与检验的费用。

（4）动力费：指施工仪器仪表在使用过程中所耗用的电费。

（四）企业管理费

企业管理费是指施工企业组织施工生产和经营管理所需的费用。内容包括：

（1）管理人员工资：是指按规定支付给管理人员的计时工资、奖金、津贴补贴、加班加点工资及特殊情况下支付的工资等。

（2）办公费：是指企业管理办公用的文具、纸张、账表、印刷、邮电、书报、办公软件、现场监控、会议、水电、烧水和集体取暖降温（包括现场临时宿舍取暖降温）等费用。

（3）差旅交通费：是指职工因公出差、调动工作的差旅费、住勤补助费，市内交通费和误餐补助费，职工探亲路费，劳动力招募费，职工退休、退职一次性路费，工伤人员就医路费，工地转移费以及管理部门使用的交通工具的油料、燃料等费用。

（4）固定资产使用费：是指管理和试验部门及附属生产单位使用的属于固定资产的房屋、设备、仪器等的折旧、大修、维修或租赁费。

（5）工具用具使用费：是指企业施工生产和管理使用的不属于固定资产的工具、器具、家具、交通工具和检验、试验、测绘、消防用具等的购置、维修和摊销费。

（6）劳动保险和职工福利费：是指由企业支付的职工退职金、按规定支付给离休干部的经费，集体福利费、夏季防暑降温、冬季取暖补贴、上下班交通补贴等。

（7）劳动保护费：是企业按规定发放的劳动保护用品的支出。如工作服、手套、防暑降温饮料以及在有碍身体健康的环境中施工的保健费用等。

（8）工会经费：是指企业按《工会法》规定的全部职工工资总额比例计提的工会经费。

（9）职工教育经费：是指按职工工资总额的规定比例计提，企业为职工进行专业技术和职业技能培训，专业技术人员继续教育、职工职业技能鉴定、职业资格认定以及根据需要对职工进行各类文化教育所发生的费用。

（10）财产保险费：是指施工管理用财产、车辆等的保险费用。

（11）财务费：是指企业为施工生产筹集资金或提供预付款担保、履约担保、职工工资支付担保等所发生的各种费用。

（12）税金：是指企业按规定缴纳的房产税、车船使用税、土地使用税、印花税、城市维护建设税、教育费附加及地方教育附加、水利建设基金等。

（13）其他：包括技术转让费、技术开发费、投标费、业务招待费、绿化费、广告费、公证费、法律顾问费、审计费、咨询费、保险费等。

（14）检验试验费：是指施工企业按照有关标准规定，对建筑以及材料、构件和建筑安装物进行一般鉴定、检查所发生的费用，包括自设试验室进行试验所耗用的材料等费用。

一般鉴定、检查是指按相应规范所规定的材料品种、材料规格、取样批量，取样数量，取样方法和检测项目等内容所进行的鉴定、检查。例如，砌筑砂浆配合比设计、砌筑砂浆抗压试块、混凝土配合比设计、混凝土抗压试块等施工单位自制或自行加工材料按规范规定的内容所进行的鉴定、检查。

（15）总承包服务费：是指总承包人为配合、协调发包人根据国家有关规定进行专业工程发包、自行采购材料、设备等进行现场接收、管理（非指保管）以及施工现场管理、竣工资料汇总整理等服务所需的费用。

（五）利润

利润是指施工企业完成所承包工程获得的盈利。

（六）规费

规费是指按国家法律、法规规定，由省级政府和省级有关权力部门规定必须缴纳或计取的费用。包括：

1. 安全文明施工费

（1）环境保护费：是指施工现场为达到环保部门要求所需要的各项费用。

（2）文明施工费：是指施工现场文明施工所需要的各项费用。

（3）安全施工费：是指施工现场安全施工所需要的各项费用。

（4）临时设施费：是指施工企业为进行建设工程施工所必须搭设的生活和生产用的临时建筑物、构筑物和其他临时设施费用。临时设施包括办公室、加工场（棚）、仓库、堆放场地、宿舍、卫生间、食堂、文化卫生用房与构筑物，以及规定范围内的道路、水、电、管线等临时设施和小型临时设施。临时设施费包括临时设施的搭设、维修、拆除、清理费或摊销费等。

2. 社会保险费

（1）养老保险费：是指企业按照规定标准为职工缴纳的基本养老保险费。

（2）失业保险费：是指企业按照规定标准为职工缴纳的失业保险费。

（3）医疗保险费：是指企业按照规定标准为职工缴纳的基本医疗保险费。

（4）生育保险费：是指企业按照规定标准为职工缴纳的生育保险费。

（5）工伤保险费：是指企业按照规定标准为职工缴纳的工伤保险费。

3. 住房公积金

住房公积金是指企业按规定标准为职工缴纳的住房公积金。

4. 工程排污费

工程排污费是指按规定缴纳的施工现场的工程排污费。

5. 建设项目工伤保险

在工程开工前向社会保险经办机构交纳，应在建设项目所在地参保。

按建设项目参加工伤保险的，建设项目确定中标企业后，建设单位在项目开工前将工伤保险费一次性拨付给总承包单位，由总承包单位为该建设项目使用的所有职工统一办理工伤保险参保登记和缴费手续。

按建设项目参加工伤保险的房屋建筑和市政基础设施工程，建设单位在办理施工许可手续时，应当提交建设项目工伤保险参保证明，作为保证工程安全施工的具体措施之一。安全施工措施未落实的项目，住房城乡建设主管部门不予核发施工许可证。

（七）税金

税金是指国家税法规定应计入建筑安装工程造价内的增值税。其中甲供材料、甲供设备不作为增值税计税基础。

二、建筑工程费用按造价形成划分

建筑工程费按照工程造价形成由分部分项工程费、措施项目费、其他项目费、规费、税金组成，分部分项工程费、措施项目费、其他项目费包含人工费、材料费、施工机具使用费、企业管理费和利润，见图6-2。

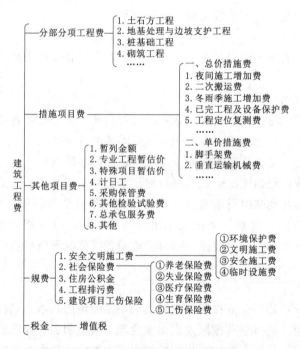

图6-2　建筑工程费用组成（按造价形式）

（一）分部分项工程费

分部分项工程费是指按现行国家计量规范、或现行消耗量定额对各专业工程划分的项目。如房屋建筑与装饰工程划分的土石方工程、地基处理与边坡支护工程、桩基础工程、砌筑工程、钢筋及混凝土工程等。

（二）措施项目费

措施项目费是指为完成工程项目施工，发生于该工程施工准备和施工过程中的技术、生活、安全、环境保护等方面的项目费用。

1. 总价措施费

总价措施费是指省建设行政主管部门根据建筑市场状况和多数企业经营管理情况、技术水平等测算发布了费率的措施项目费用。

总价措施费的主要内容包括：

（1）夜间施工增加费：是指因夜间施工所发生的夜班补助费、夜间施工降效、夜间施工照明设备摊销及照明用电等费用。

（2）二次搬运费：是指因施工场地条件限制而发生的材料、构配件、半成品等一次运输不能到达堆放地点，必须进行二次或多次搬运所发生的费用。

施工现场场地的大小，因工程规模、工程地点、周边情况等因素的不同而各不相同，一般情况下，场地周边围挡范围内的区域，为施工现场。

若确因场地狭窄，按经过批准的施工组织设计，必须在施工现场之外存放材料、或必须在施工现场采用立体架构形式存放材料时，其由场外到场内的运输费用、或立体架构所发生的搭设费用，按实另计。

（3）冬雨季施工增加费：是指在冬季或雨季施工需增加的临时设施、防滑、排除雨雪，人工及施工机械效率降低等费用。

冬雨季施工增加费不包括混凝土、砂浆的骨料炒拌、提高强度等级以及掺加于其中的早强、抗冻等外加剂的费用。

（4）已完工程及设备保护费：是指竣工验收前，对已完工程及设备采取的必要保护措施所发生的费用。

（5）工程定位复测费：是指工程施工过程中进行全部施工测量放线和复测工作的费用。

2. 单价措施费

单价措施费是指消耗量定额中列有子目、并规定了计算方法的措施项目费用。如建筑与装饰工程单价措施项目包括脚手架、垂直运输机械、混凝土模板及支护、大型机械进出场和施工降排水等。

（三）其他项目费

（1）暂列金额是指建设单位在工程量清单中暂定、并包括在工程合同价款中的一笔款项，用于施工合同签订时尚未确定或不可预见的材料、设备、服务的采购，施工中可能发生的工程变更、合同约定调整因素出现时工程价款的调整以及发生的索赔、现场签证等费用。暂列金额包含在投标总价和合同总价中，但只有施工过程中实际发生了，并且符合合同约定的价款支付程序，才能纳入竣工结算价款中。暂列金额，扣除实际发生金额后的余额，仍属于建设单位所有。

暂列金额一般可按分部分项工程费的 10%～15% 估列。

（2）专业工程暂估价是指建设单位根据国家相应规定、预计需由专业承包人另行组织施工、实施单独分包（总承包人仅对其进行总承包服务），但暂时不能确定准确价格的专业工程价款。

专业工程暂估价，应区分不同专业，按有关计价规定估价，并仅作为计取总承包服务费的基础，不计入总承包人的工程总造价。

（3）特殊项目暂估价是指未来工程中肯定发生、其他费用项目均未包括，但由于材料、设备、或技术工艺的特殊性，没有可参考的计价依据、事先难以准确确定其价格、对造价影响较大的项目费用。

（4）计日工是指在施工过程中，承包人完成建设单位提出的工程合同范围以外的、突发性的零星项目或工作，按合同中约定的单价计价的一种方式。计日工，不仅指人工，零星项目或工作使用的材料、机械均应计列于本项之下。

（5）采购保管费：定义同前。

（6）其他检验试验费：检验试验费，不包括相应规范规定之外要求增加鉴定、检查的费用，新结构、新材料的试验费用，对构件做破坏性试验及其他特殊要求检验试验的费用，建设单位委托检测机构进行检测的费用。此类检测发生的费用，在该项中列支。

建设单位对施工单位提供的、具有出厂合格证明的材料要求进行再检验、经检测不合格的，该检测费用由施工单位支付。

（7）总承包服务费：定义同前。

总承包服务费＝专业工程暂估价(不含设备费)×相应费率

（8）其他：包括工期奖惩、质量奖惩等，均可计列于本项之下。

（四）规费

定义同前，具体包括

（1）安全文明施工费：

安全文明施工措施项目清单，如施工现场围挡、企业标志、宣传栏、五版一图等费用。

（2）社会保险费：定义同前。

（3）住房公积金：定义同前。

（4）工程排污费：定义同前。

（5）建设项目工伤保险：定义同前。

（五）税金

定义同前。

第二节　建筑工程费用费率

一、工程类别划分标准

工程类别划分标准，是根据不同的单位工程，按其施工难易程度，结合地区建筑市场的实际情况确定的。工程类别划分标准是根据工程施工难易程度计取有关费用的依据；同时也是企业编制投标报价的参考。

（一）建筑工程确定类别时，应首先确定工程类型

建筑工程的工程类型，按工业厂房工程、装饰工程民用建筑工程、构筑物工程、桩基础工程、单独土石方工程等6个类型分列。

（1）工业厂房工程，指直接从事物质生产的生产厂房或生产车间。

工业建筑中，为物质生产配套和服务的实验室、化验室、食堂、宿舍、医疗、卫生及管理用房等独立建筑物，按民用建筑工程确定工程类别。

（2）装饰工程，指建筑物主体结构完成后，在主体结构表面进行抹灰、镶贴、铺挂面层等，以达到建筑设计效果的装饰工程。

（3）民用建筑工程，指直接用于满足人们物质和文化生活需要的非生产性建筑物。

（4）构筑物工程，指与工业或民用建筑配套、并独立于工业与民用建筑之外，如：烟囱、水塔、贮仓、水池等工程。

（5）桩基础工程，是浅基础不能满足建筑物的稳定性要求、而采用的一种深基础工艺，主要包括：各种现浇和预制混凝土桩，以及其他材质的桩基础。桩基础工程适用于建设单位直接发包的桩基础工程。

（6）单独土石方工程：指建筑物、构筑物、市政设施等基础土石方以外的，挖方或填方工程量大于 $5000m^3$、且需要单独编制概预算的土石方工程。包括：土石方的挖、运、填等。

同一建筑物工程类型不同时，按建筑面积大的工程类型、确定其工程类别。

（二）房屋建筑工程的结构形式

（1）钢结构，是指柱、梁（屋架）、板等承重构件用钢材制作的建筑物。

（2）混凝土结构，是指柱、梁（屋架）、板等承重构件用现浇或预制的钢筋混凝土制作的建筑物。

（3）同一建筑物结构形式不同时，按建筑面积大的结构形式、确定其工程类别。

（三）工程特征

（1）建筑物的檐高，指设计室外地坪至檐口滴水（或屋面板板顶）的高度。突出建筑物主体屋面楼梯间、电梯间、水箱间部分高度不计入檐口高度。

（2）建筑物的跨度，指设计图示轴线间的宽度。

（3）建筑物的建筑面积，按建筑面积计算规范的规定计算。

（4）构筑物高度，指设计室外地坪至构筑物主体结构顶坪的高度。

（5）构筑物的容积，指设计净容积。

（6）桩长，指设计桩长（包括桩尖长度）。

（四）与建筑物配套的零星项目

如：水表井、消防水泵接、合器井、热力入户井、排水检查井、雨水沉砂池等，按相应建筑物的类别确定工程类别。

其他附属项目，如：场区大门、围墙、挡土墙、庭院甬路、室外管道支架等，按建筑工程Ⅲ类确定工程类别。

（五）工业厂房的设备基础

单体混凝土体积大于 $1000m^3$，按构筑物工程Ⅰ类；单体混凝土体积大于 $600m^3$，按构筑物工程Ⅱ类；单体混凝土体积不大于 $600m^3$、且大于 $50m^3$，按构筑物工程Ⅲ类；不大于 $50m^3$，按相应建筑物或构筑物的工程类别确定工程类别。

（六）强夯工程，按单独土石方工程Ⅱ类确定工程类别

建筑工程类别划分标准见表6-1。

表 6 - 1　　　　　　　　　　　　　建筑工程类别划分标准

工程特征				单位	工程类别		
					I	II	III
工业厂房工程	钢结构		跨度	m	＞30	＞18	≤18
			建筑面积	m²	＞25000	＞12000	≤12000
	其他结构	单层	跨度	m	＞24	＞18	≤18
			建筑面积	m²	＞15000	＞10000	≤10000
		多层	檐高	m	＞60	＞30	≤30
			建筑面积	m²	＞20000	＞12000	≤12000
民用建筑工程	钢结构		檐高	m	＞60	＞30	≤30
			建筑面积	m²	＞30000	＞12000	≤12000
	混凝土结构		檐高	m	＞60	＞30	≤30
			建筑面积	m²	＞20000	＞10000	≤10000
	其他结构		层数	层	—	＞10	≤10
			建筑面积	m²	—	＞12000	≤12000
	别墅工程（≤3层）		栋数	栋	≤5	≤10	＞10
			建筑面积	m²	≤500	≤700	＞700
构筑物工程	烟囱		混凝土结构高度	m	＞100	＞60	≤60
			砖结构高度	m	＞60	＞40	≤40
	水塔		高度	m	＞60	＞40	≤40
			容积	m³	＞100	＞60	≤60
	筒仓		高度	m	＞35	＞20	≤20
			容积（单体）	m³	＞2500	＞1500	≤1500
	贮池		容积（单体）	m³	＞3000	＞1500	≤1500
桩基础工程			桩长	m	＞30	＞12	≤12
单独土石方工程			土石方	m³	＞30000	＞12000	5000＜体积≤12000

装饰工程类别划分标准见表 6 - 2。

表 6 - 2　　　　　　　　　　　　　装饰工程类别划分标准

工程特征	工程类别		
	I	II	III
工业与民用建筑	特殊公共建筑，包括观演展览建筑、交通建筑、体育场馆、高级会堂等	一般公用建筑，包括办公建筑、文教卫生建筑、科研建筑、商业建筑等	居住建筑、工业厂房工程
	四星级及以上宾馆	三星级宾馆	二星级以下宾馆
单独外墙装饰（包括幕墙、各种外墙干挂工程）	幕墙高度＞50m	幕墙高度＞30m	幕墙高度≤30m
单独招牌、灯箱、美术字等工程	—	—	单独招牌、灯箱、美术字等工程

二、建筑工程费用费率

建筑工程费用费率见表6-3和表6-4。

表6-3　　　　　　　　　　企业管理费、利润费率表　　　　　%

费用名称及类别 专业名称	企业管理费						利润					
	Ⅰ		Ⅱ		Ⅲ		Ⅰ		Ⅱ		Ⅲ	
	一般	简易	一般	简易	一般	简易	一般	简易	一般	简易	一般	简易
建筑工程	43.4	43.2	34.7	34.5	25.6	25.4	35.8	35.8	20.3	20.3	15.0	15.0
装饰工程	66.2	65.9	52.7	52.4	32.2	32.0	36.7	36.7	23.8	23.8	17.3	17.3
构筑物工程	34.7	34.5	31.3	31.2	20.8	20.7	30.0	30.0	24.2	24.2	11.6	11.6
单独土石方工程	28.9	28.8	20.8	20.7	13.1	13.0	22.3	22.3	16.0	16.0	6.8	6.8
桩基础工程	23.2	23.1	17.9	17.9	13.1	13.0	16.9	16.9	13.1	13.1	4.8	4.8

注　企业管理费费率中，不包括总承包服务费费率。总承包服务费费率为3%，材料采购保管费费率为2.5%。

表6-4　　　　　　　　　措施费、规费、增值税费率表　　　　　%

费用名称	工程名称	建筑工程		装饰工程	
		一般计税	简易计税	一般计税	简易计税
措施费	夜间施工费	2.55	2.80	3.64	4.00
	二次搬运费	2.18	2.40	3.28	3.60
	冬雨季施工增加费	2.91	3.20	4.10	4.50
	已完工程及设备保护费	0.15	0.15	0.15	0.15
规费	安全文明施工费	3.70	3.52	4.15	3.97
	其中　（1）安全施工费	2.34	2.16	2.34	3.16
	（2）环境保护费	0.11	0.11	0.12	0.12
	（3）文明施工费	0.54	0.54	0.10	0.10
	（4）临时设施费	0.71	0.71	1.59	1.59
	社会保障费	1.52	1.40	1.52	1.40
	住房公积金	3.80	3.80	3.80	3.80
	工程排污费	0.30	0.30	0.30	0.30
	建设项目工伤保险	0.177	0.164	0.177	0.164
增值税		10.00	3.00	10.00	3.00

注　措施费中人工费含量：夜间施工增加费、冬雨季施工增加费及二次搬运费为25%；已完工程及设备保护费为10%，其计费基础为省价人材机之和，其中，住房公积金、工程排污费和建设项目工伤保险为工程所在地设区相关费率规定。

第三节　建筑工程费用计算程序

一、定额计价计算程序

建筑工程定额计价计算程序见表6-5。

表 6 – 5　　　　　　　　　　　建筑工程定额计价计算程序

序号	费用名称	计算方法
一	分部分项工程费	$\sum\{[$定额$\sum($工日消耗量×人工单价$)+\sum($材料消耗量×材料单价$)+\sum($机械台班消耗量×台班单价$)]$×分部分项工程量$\}$
	计费基础 JD_1	见表 6 – 7 计费基础说明
二	措施项目费	2.1＋2.2
	2.1 单价措施费	$\sum\{[$定额$\sum($工日消耗量×人工单价$)+\sum($材料消耗量×材料单价$)+\sum($机械台班消耗量×台班单价$)]$×单价措施项目工程量$\}$
	2.2 总价措施费	JD_1×相应费率
	计算基础 JD_2	见表 6 – 7 计费基础说明
三	其他项目费	3.1＋3.3＋…＋3.8
	3.1 暂列金额	
	3.2 专业工程暂估价	
	3.3 特殊项目暂估价	
	3.4 计日工	按相应规定计算
	3.5 采购保管费	
	3.6 其他检验试验费	
	3.7 总承包服务费	
	3.8 其他	
四	企业管理费	$(JD_1＋JD_2)$×管理费费率
五	利润	$(JD_1＋JD_2)$×利润率
六	规费	6.1＋6.2＋6.3＋6.4＋6.5
	6.1 安全文明施工费	（一＋二＋三＋四＋五）×费率
	6.2 社会保险费	（一＋二＋三＋四＋五）×费率
	6.3 住房公积金	按工程所在地设区市相关规定计算
	6.4 工程排污费	按工程所在地设区市相关规定计算
	6.5 建设项目工伤保险	按工程所在地设区市相关规定计算
七	设备费	$\sum$（设备单价×设备工程量）
八	税金	（一＋二＋三＋四＋五＋六＋七）×税率
九	工程费用合计	一＋二＋三＋四＋五＋六＋七＋八

二、工程量清单计价计算程序

工程量清单计价计算程序见表 6 – 6。

表 6 – 6　　　　　　　　　　　工程量清单计价计算程序

序号	费用名称	计算方法
一	分部分项工程费	$\sum(Ji$×分部分项工程量$)$
	分部分项工程综合单价	$Ji=1.1＋1.2＋1.3＋1.4＋1.5$
	1.1 人工费	每计量单位$\sum$（工日消耗量×人工单价）

续表

序号	费用名称	计算方法
一	1.2 材料费	每计量单位Σ（材料消耗量×材料单价）
	1.3 施工机械使用费	每计量单位Σ（机械台班消耗量×台班单价）
	1.4 企业管理费	JQ_1×管理费费率
	1.5 利润	JQ_1×利润率
	计费基础 JQ_1	见表6-7计费基础说明
二	措施项目费	2.1＋2.2
	2.1 单价措施费	$\Sigma\{[$每计量单位Σ（工日消耗量×人工单价）＋Σ（材料消耗量×材料单价）＋Σ（机械台班消耗量×台班单价）＋JQ_2×（管理费费率＋利润率）]×单价措施项目工程量$\}$
	计费基础 JQ_2	见表6-7计费基础说明
	2.2 总价措施费	$\Sigma[(JQ_1$×分部分项工程量）×措施费费率＋$(JQ_1$×分部分项工程量）×省发措施费费率×H×（管理费费率＋利润率）]
三	其他项目费	3.1＋3.3＋…＋3.8
	3.1 暂列金额	
	3.2 专业工程暂估价	
	3.3 特殊项目暂估价	
	3.4 计日工	按相应规定计算
	3.5 采购保管费	
	3.6 其他检验试验费	
	3.7 总承包服务费	
	3.8 其他	
四	规费	4.1＋4.2＋4.3＋4.4＋4.5
	4.1 安全文明施工费	（一＋二＋三）×费率
	4.2 社会保险费	（一＋二＋三）×费率
	4.3 住房公积金	按工程所在地设区市相关规定计算
	4.4 工程排污费	按工程所在地设区市相关规定计算
	4.5 建设项目工伤保险	按工程所在地设区市相关规定计算
五	设备费	Σ（设备单价×设备工程量）
六	税金	（一＋二＋三＋四＋五）×税率
七	工程费用合计	一＋二＋三＋四＋五＋六

三、计费基础说明

建筑工程计费基础说明见表6-7。

表 6－7 计 费 基 础 说 明

计费基础			计 算 方 法
人工费	定额计价	JD_1	分部分项工程的省价人工费之和
			$\sum$[分部分项工程定额$\sum$(工日消耗量×省人工单价)×分部分项工程量]
		JD_2	单价措施项目的省价人工费之和＋总价措施费中的省价人工费之和
			$\sum$[单价措施项目定额$\sum$(工日消耗量×省人工单价)×单价措施项目工程量]＋$\sum(JD_1$×省发措施费费率×$H)$
		H	总价措施费中人工费含量（％）
	工程量清单计价	JQ_1	分部分项工程每计量单位的省价人工费之和
			分部分项工程每计量单位（工日消耗量×省人工单价）
		JQ_2	单价措施项目每计量单位的省价人工费之和
			单价措施项目每计量单位$\sum$（工日消耗量×省人工单价）
		H	总价措施费中人工费含量（％）

第四节　建 筑 工 程 价 目 表

一、建筑工程价目表的概念

建筑工程价目表也称为工程定额单位估价表，它是以货币形式表示消耗量定额中各分项工程或结构件的预算价值的计算表，又称单价表。它是一个地区或一个城市范围内，根据统一的消耗量定额、地区建筑安装工人日工资标准、材料预算价格和施工机械台班预算价格，即用货币形式金额数（元）表达一个子目的单价，是消耗量定额在该地区的具体表现形式，是用货币形式将消耗量定额的单位产品价格表现出来，即预算单价。用公式表达为

$$每一定额项目单价＝\sum（该项目工、料、机消耗指标×相应预算价格）$$
$$＝定额项目人工费＋定额项目材料费＋定额项目机械费$$

其中
$$人工费＝\sum（定额工日数×平均等级的日工资标准）$$
$$材料费＝\sum（定额材料数量×相应的材料预算价格）$$
$$施工机械费＝\sum（定额台班使用量×相应机械台班费）$$

二、建筑工程价目表的组成

建筑工程价目表主要由定额编号、工程项目名称、单价、人工费、材料费和机械费组成。价目表的表现形式见表 6－8。

表 6－8 建 筑 工 程 价 目 表

定额编号	项 目 名 称	定额单位	增值税（简易计税）				增值税（一般计税）			
			单价（含税）	人工费	材料费（含税）	机械费（含税）	单价（除税）	人工费	材料费（除税）	机械费（除税）
一、现浇混凝土										
5-1-1	C30 桩承台　独立	10m³	4553.41	587.10	3961.16	5.15	4412.01	587.10	3820.36	4.55
5-1-2	C30 桩承台　带形	10m³	4555.21	640.30	3909.76	5.15	4421.16	640.30	3776.31	4.55

定额编号	项 目 名 称	定额单位	增值税（简易计税）				增值税（一般计税）			
			单价（含税）	人工费	材料费（含税）	机械费（含税）	单价（除税）	人工费	材料费（除税）	机械费（除税）
5-1-3	C30 带型基础　毛石混凝土	10m³	4162.64	675.45	3482.81	4.38	4044.75	675.45	3365.43	3.87
5-1-4	C30 带型基础　混凝土	10m³	4530.11	639.35	3885.61	5.15	4399.54	639.35	3755.64	4.55
5-1-5	C30 独立基础　毛石混凝土	10m³	4226.74	694.45	3527.91	4.38	4102.35	694.45	3404.03	3.87
5-1-6	C30 独立基础　混凝土	10m³	4527.56	593.75	3928.66	5.15	4390.81	593.75	3792.51	4.55
5-1-7	C30 混凝土满堂基础　有梁式	10m³	4740.70	712.50	4022.06	6.14	4590.48	712.50	3872.56	5.42
5-1-8	C30 混凝土满堂基础　无梁式	10m³	4613.53	577.60	4029.98	5.95	4462.16	577.60	3879.31	5.25
5-1-9	C30 混凝土杯形基础	10m³	4552.42	589.00	3958.32	5.10	4411.44	589.00	3817.94	4.50
5-1-10	C30 设备基础　毛石混凝土	10m³	4337.98	414.20	3919.41	4.37	4156.79	414.20	3738.73	3.86

建筑工程价目表中的单价、人工费、材料费和机械费，分别与工程量相乘就可得出每个子项工程的直接工程费、人工费、材料费和机械费。

三、建筑工程价目表的使用

1. 建筑工程价目表使用说明

（1）《山东省建筑工程价目表》（以下简称"价目表"）是依据《山东省建筑工程消耗量定额》中的人工、材料、机械台班消耗数量，计入现行人工、材料、机械台班单价计算而成。

（2）本价目表中的项目名称、编号与《山东省建筑工程消耗量定额》相对应，使用时与《山东省建筑工程消耗量定额》《山东省建筑工程费用项目构成及计算规则》配套使用。

（3）本价目表应作为措施费、企业管理费、利润等各项费用的计算基础；也是招标控制价编制、投标报价、工程结算等工程计价活动的重要参考。

（4）本价目表中的人工工日单价按 95 元计入。

【例6-1】 某住宅工程混凝土带型基础（C30 现浇碎石混凝土）120m³，试确定该分项工程的定额编号及单价，计算完成该分项工程的人工、材料、机械费及预算价格。

解： ①确定定额编号及单价。

查《山东省建筑工程消耗量定额》或价目表，第五章"钢筋及混凝土工程"第一节"现浇混凝土"的第4子目"混凝土带型基础"定额，其定额单位为10m³，定额编号5-1-4。查《山东省建筑工程价目表》（2017）5-1-4可知，完成10m³混凝土柱（C30）的单价为4530.11元/10m³（含税）。

其中　　　　　　　　　　　　人工费＝639.35元/10m³

材料费＝3885.61元/10m³（含税）

机械费＝5.15元/10m³（含税）

②计算完成该分项工程的人工、材料、机械费及预算价格。

混凝土柱的预算价格＝4530.11×120/10＝54361.32（元）

其中 人工费用＝639.35×120/10＝7672.2(元)

材料费用＝3885.61×120/10＝46627.2(元)

机械费用＝12.00×120/10＝144.0(元)

2. 定额单价的换算调整

工程项目要求与定额单价不完全相符合，不能直接套用价目表，应根据不同情况分别加以换算，但必须符合计价的有关规定，在允许范围内进行。

(1) 半成品单价换算。实际工程中的半成品如砌筑砂浆、混凝土强度等级和现浇保温材料等，有时在定额内无法查到，根据定额规定可以进行半成品单价换算，此种换算半成品用量不变，只调整半成品单价即可，其换算公式为

换算后定额基价＝原定额基价＋(换入半成品单价－换出半成品单价)

×相应半成品定额用量

【例6-2】 某工程毛石混凝土基础，设计要求使用 M7.5 水泥砂浆，试确定其定额单价。

解：查《山东省建筑工程消耗量定额》(2017)，毛石混凝土基础，定额编号为 4-3-1，定额单位为 10m³，用于换算的水泥砂浆 M5.0 定额用量为 3.9862m³/10m³；查《山东省建筑工程价目表》(2017)，M5.0 水泥砂浆毛石基础单价为 3020.59 元/10m³ (含税)。再查《山东省建筑工程人工、材料机械单价表》(2017) 配合比材料，M7.5 水泥砂浆单价为 209.99 元/m³ (含税)，M5.0 水泥砂浆单价为 199.18 元/m³ (含税)。

换算后单价(4-3-1换)＝3020.59＋3.9862×(209.99－199.18)＝3063.68(元/10m³)

(2) 系数调整。在消耗量定额中，由于施工条件和方法不同，某些项目可以乘以系数调整。调整系数分定额系数和工程量系数。定额系数是指人工、材料、机械等乘系数；工程量系数是用在计算工程量上。其换算公式为

直接工程费＝工程量×(人工费×调整系数＋材料费＋机械费×调整系数)

或 直接工程费＝工程量×[单价＋(人工费＋机械费)×(调整系数－1)]

【例6-3】 某住宅楼采用水泥粉喷桩 (水泥掺量 10%) 进行地基处理。按消耗量定额工程量计算规则计算，工程量为 86m³，试计算分项工程费。

解：由价目表查得定额编号为 2-1-90，该项目工程量 86m³ 小于单位工程打桩工程量 100m³，相应定额人工及机械乘以系数 1.25，其分项工程费为

分项工程费＝8.6×(456.95×1.25＋922.29＋456.44×1.25)＝17750.64(元)(含税)

或 分项工程费＝8.6×[1835.68＋(456.95＋456.44)×0.25]＝17750.64(元)(含税)

(3) 运距调整。在消耗量定额中，对各种项目运输距离，一般分为基本运距和增加运距，即超过基本运距时，另行计算超运距费用。

分项工程费＝工程量×(基本运距费用＋超运距费用×倍数)

【例6-4】 某工程产生 480m³ 石渣，先用拖拉机运输，运输距离 3km，计算分项工程费用。

解：根据项目资料，查得消耗量定额编号为 1-3-44 (石渣运距 1km 以内)、1-3-45 (石渣每增运距 1km 以内)，分项工程费用为

直接工程费＝48×(356.70＋41.34×2)＝21090.24(元)(含税)

（4）厚度调整。消耗量定额中以面积为工程量的项目，由于分项工程厚度的不同，消耗量大多规定允许调整其厚度，如找平层、面层厚度调整和墙面厚度调整等。这种基本厚度加附加厚度的方法，大量减少定额项目的同时，也提高了计算的精度。

$$直接工程费＝工程量×（基本厚度费用＋增加厚度费用×倍数）$$

【例 6-5】　某工程水泥砂浆找平层 30mm 厚，按定额工程量计算规则计算，工程量为 430m²，计算分项工程费用。

解：根据项目资料，查得 2017 年山东省建筑价目表 11-1-1、价目表 11-1-3，其分项工程费用为

$$分项工程费＝43×（157.50＋26.25×2）＝9030（元）（含税）$$

习　　题

1. 何谓建筑工程价目表？
2. 定额人工费包括哪些？
3. 材料费由哪几部分组成？
4. 施工机械台班费由哪几部分费用组成？
5. 工程类别标准是如何划分的？
6. 何谓措施费、规费？各有哪些费用组成？
7. 企业管理费率、利润率和部分措施费率应该如何确定？
8. 比较定额工程量计价和清单工程量计价的区别。
9. 某工程毛石混凝土墙，设计要求使用 M5.0 水泥砂浆，试确定其定额单价。

第七章 建筑工程消耗量定额工程量计算

第一节 建筑工程消耗量定额概述

基本建设是指国民经济各部门的新建、扩建和恢复工程及设备等的购置活动。因为它是一种经济活动或固定资产投资活动，其结果是形成固定资产，为发展社会生产力建立物质技术基础。

随着市场经济的发展，建筑市场逐步规范和完善，在建筑产品生产的组织过程中，必须制定一套合理的用工用料数量标准对生产消耗进行控制，以降低生产成本，提高劳动生产力，这种标准就是现代定额的前身。现代意义上的工程定额起源于19世纪的英国，延续至今。目前，在市场经济较为发达的国家中，定额仍然作为确定工程造价的一个重要依据，其管理上的区别仅限于制定和发布的机构不同。在国际上存在两种定额管理模式：英美模式和日本模式。在英美模式中，定额由政府委托行业协会和社会中介机构制定发布，如英国皇家特许测量师学会制定的《建筑工程工程量计算规则》；由造价咨询公司发布的美国《工程新闻纪录》，此外，美国的地方政府也自行制定了一些相关的标准和规则供政府投资工程使用，如华盛顿综合开发局制定的《小时人工单价》《人工材料单价表》，加利福尼亚州政府发行的《建设成本指南》。在日本模式中，政府统一发布定额标准，如日本建设省制定发布《建筑工事积算基准》《建筑工程标准定额》《建筑工程量计算基准》等。

在我国，定额在不同时期对建筑经济的发展都发挥了重要作用。在计划经济体制下，我国实行指令性定额管理模式，把定额简单地视为一种行政规定。当时建筑资源短缺，建筑市场未臻完善的情况下，采用计划调配、价格固定等形式的指令性定额管理制度对我国的工程建设起到了重要的作用。但是，随着我国的改革开放和市场经济的发展，建筑行业不但吸取和学习了国外先进的管理经验和管理模式，而且建筑业自身也在改革中不断进步、完善。面对市场经济中的优胜劣汰，原有的定额管理模式逐渐变得不能适应当前建筑行业的发展，必须进行改革。随着经济体制的改变，使用过去"量价合一"的定额为工程计价，难免出现与市场的脱节，工程价格脱离价值，遏制了竞争。因此，工程造价改革的一个重点就是理顺定额的属性，实现消耗量和价格的分离，完成从"量价合一"到"量价分离"的过渡。分离出来的"消耗量标准"继续由政府管理，进一步发挥它在控制质量、节约物耗、提高生产力等方面的基础作用；而"定价"的权利归还给企业，通过市场竞争形成合理的工程造价，这个"消耗量标准"即是政府指导下的"消耗量定额"。

消耗量定额目前在我国有其不可替代的地位和作用，是作为编制工程量清单，进行项目划分和组合的基础，是招标工程标底、企业投标报价的计算基础。就目前我国建筑产业的发展状况来看，大部分企业还不具备建立和拥有自己的报价定额。因此，消耗量定额仍然是企业进行投标报价时不可或缺的计算依据之一，是调节和处理工程造价纠纷的重要依据，是衡量投标报价中消耗量合理与否的主要参考，是合理确定行业成本的重要基础。

第二节 建 筑 面 积 计 算

建筑面积在建筑工程造价管理方面起着重要的作用，是建筑房屋计算工程量的主要指标，是计算单位工程每平方米预算造价的主要依据，是统计部门汇总发布房屋建筑面积完成情况的基础。目前，建设部和国家质量技术监督局颁发的《房产测量规范》的房产面积计算，以及《住宅设计规范》中有关面积计算，均依据的是《建筑面积计算规则》。随着我国建筑市场发展，建筑的新结构、新材料、新技术、新的施工方法层出不穷，为了解决建筑技术的发展产生的面积计算问题，使建筑面积的计算更加科学合理，完善和统一建筑面积的计算范围和计算方法，对市场发挥更大的作用，因此，对原《建筑面积计算规则》予以修订。考虑到《建筑面积计算规则》的重要作用，此次将修订的《建筑面积计算规则》改为《建筑工程建筑面积计算规范》（GB/T 50353—2005）。适用范围是新建、扩建、改建的工业与民用建筑工程的建筑面积的计算，包括工业厂房、仓库、公共建筑、居住建筑，农业生产使用的房屋、粮种仓库、地铁车站等的建筑面积的计算。

一、计算建筑面积的范围

1. 单层建筑物

单层建筑物的建筑面积，应按其外墙勒脚以上结构外围水平面积计算，并应符合下列规定：

（1）单层建筑物高度在 2.20m 及以上者应计算全面积；高度不足 2.20m 者应计算 1/2 面积。

（2）利用坡屋顶内空间时净高超过 2.10m 的部位应计算全面积；净高在 1.20～2.10m 的部位应计算 1/2 面积；净高不足 1.20m 的部位不应计算面积。

单层建筑物内设有局部楼层者，局部楼层的二层及以上楼层，有围护结构的应按其围护结构外围水平面积计算，无围护结构的应按其结构底板水平面积计算。层高在 2.20m 及以上者应计算全面积；层高不足 2.20m 者应计算 1/2 面积。如图 7-1 所示。

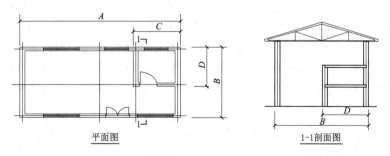

图 7-1 单层建筑物内带有部分楼层图示

单层建筑物应按不同的高度确定其面积的计算。其高度指室内地面标高至屋面板板面结构标高之间的垂直距离。遇有以屋板找坡的平屋顶单层建筑物，其高度指室内地面标高至屋面板最低处板面结构标高之间的垂直距离。

建筑面积：$A \times B + C \times D$

【例 7-1】　根据图 7-2 计算其建筑面积（墙厚为 240mm）。

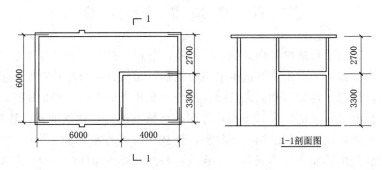

图 7-2　某设有局部楼层的单层建筑

解：
底层建筑面积＝$(6.0+4.0+0.24) \times (3.30+2.70+0.24)$
$＝10.24 \times 6.24＝63.90(m^2)$

楼隔层建筑面积＝$(4.0+0.24) \times (3.30+0.24)＝4.24 \times 3.54＝15.01(m^2)$

总建筑面积＝$63.90+15.01＝78.91(m^2)$

2. 多层建筑物

（1）多层建筑物首层应按其外墙勒脚以上结构外围水平面积计算；二层及以上楼层应按其外墙结构外围水平面积之和计算。层高在 2.20m 及以上者应计算全面积；层高不足 2.20m 者应计算 1/2 面积。

（2）多层建筑坡屋顶内和场馆看台下，当设计加以利用时净高超过 2.10m 的部位应计算全面积；净高在 1.20～2.10m 的部位应计算 1/2 面积；当设计不利用或室内净高不足 1.20m 时不应计算面积。室内单独设置的有围护设施的悬挑看台，应按看台结构底板水平投影面积计算建筑面积。有顶盖无围护结构的场馆看台应按其顶盖水平投影面积的 1/2 计算面积。

多层建筑物的建筑面积计算应按不同的层高分别计算。层高是指上下两层楼面结构标高之间的垂直距离。建筑物最底层的层高，有基础底板的按基础底板上表面结构至上层楼面的结构标高之间的垂直距离；没有基础底板指地面标高至上层楼面的结构标高之间的垂直距离，最上一层的层高是其楼面结构标高至屋面板板面结构标高之间的垂直距离，遇有以屋面板找坡的屋面，层高指楼面结构标高至屋面板最低处板面结构标高之间的垂直距离。

【例 7-2】　某五层楼房一层平面图如图 7-3 所示，二到五层与一层结构相同，请计算其建筑面积。

解：$S＝(21.44 \times 12.24+1.5 \times 3.54+0.37 \times 0.24 \times 2-0.6 \times 1.56 \times 2-0.9 \times 8) \times 5$
$＝1294.21(m^2)$

3. 地下室、半地下室

（1）地下室、半地下室应按其结构外围水平面积计算。结构层高在 2.20m 及以上的，应计算全面积；结构层高在 2.20m 以下的，应计算 1/2 面积。出入口外墙外侧坡道有顶盖的部位，应按其外墙结构外围水平面积的 1/2 计算面积。

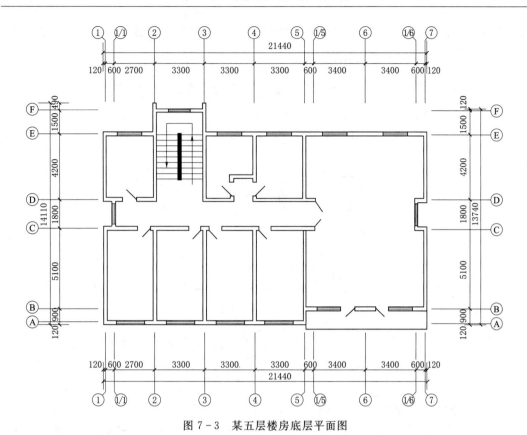

图 7-3 某五层楼房底层平面图

【例 7-3】 计算图 7-4 所示地下室建筑面积，层高 2.2m。

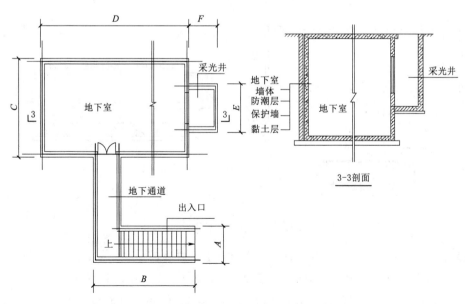

图 7-4 某地下室平面图

解： 地下室建筑面积为：$C \times D + A \times B$

【例7-4】 请计算图7-5中地下室的建筑面积,已知地下室层高2m,出入口无顶盖。

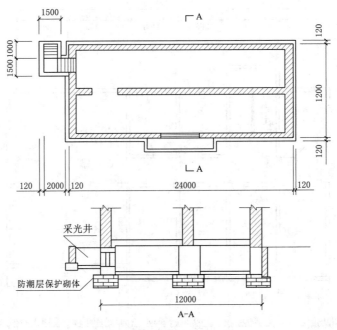

图7-5 某地下室平面图

解:地下室建筑面积:$12 \times 24 \div 2 = 144 (\mathrm{m}^2)$。

【例7-5】 计算如图7-6所示地下室的建筑面积,地下室出口为现浇钢筋混凝土顶盖。

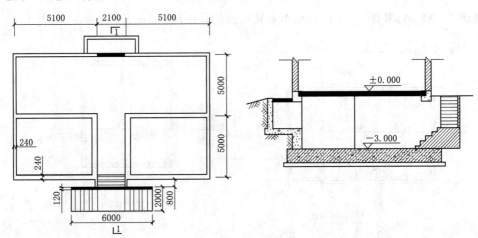

图7-6 某工程地下室

解:

$$S = 地下室建面 + 出入口建面$$

$$地下室建面 = (12.30 + 0.24) \times (10.00 + 0.24) = 128.41 (\mathrm{m}^2)$$

$$出入口建面 = 2.10 \times 0.80 + 6.00 \times 2.00 = 13.68 (\mathrm{m}^2)$$

$$S = 128.41 + 13.68 = 142.09 (\mathrm{m}^2)$$

(2)建筑物架空层及坡地建筑物吊脚架空层,应按其顶板水平投影计算建筑面积。层高在 2.20m 及以上的部位应计算全面积；层高不足 2.20m 的部位应计算 1/2 面积。设计加以利用、无围护结构的建筑吊脚架空层，应按其利用部位水平面积的 1/2 计算；设计不利用的坡地吊脚架空层、多层建筑坡屋顶内、场馆看台下的空间不应计算面积。如图 7-7、图 7-8 所示。

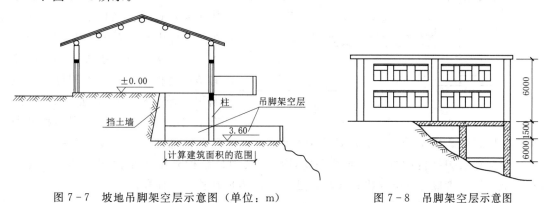

图 7-7 坡地吊脚架空层示意图（单位：m）　　　图 7-8 吊脚架空层示意图

4. 门厅、大厅、架空走廊、库房等

（1）建筑物的门厅、大厅按一层计算建筑面积。门厅、大厅内设有回廊时，应按其结构底板水平投影面积计算。层高在 2.20m 及以上者应计算全面积；层高不足 2.20m 者应计算 1/2 面积。

【例 7-6】 请计算图 7-9 中设有回廊的建筑物的建筑面积。

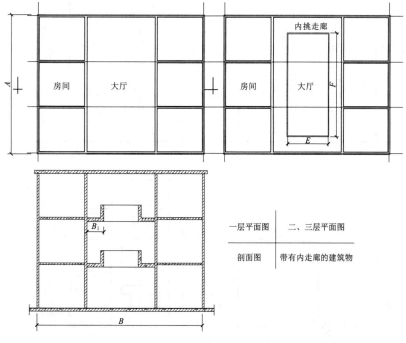

图 7-9 设有回廊的建筑物

解：$S = 3 \times A \times B - 2 \times E \times F$。

71

（2）对于建筑物间的架空走廊，有顶盖和围护设施的，应按其围护结构外围水平面积计算全面积；无围护结构、有围护设施的，应按其结构底板水平投影面积计算 1/2 面积。如图 7 - 10 所示。

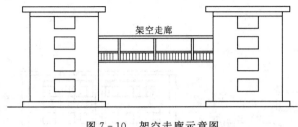

图 7 - 10 架空走廊示意图

（3）立体书库、立体仓库、立体车库，有围护结构的，应按其围护结构外围水平面积计算建筑面积；无围护结构、有围护设施的，应按其结构底板水平投影面积计算建筑面积。无结构层的应按一层计算，有结构层的应按其结构层面积分别计算。层高在 2.20m 及以上者应计算全面积；层高不足 2.20m 者应计算 1/2 面积。

（4）有围护结构的舞台灯光控制室，应按其围护结构外围水平面积计算。层高在 2.20m 及以上者应计算全面积；层高不足 2.20m 者应计算 1/2 面积。

5. 走廊、眺望间、凸（飘）窗、门廊、雨棚、阳台等

（1）建筑物外有围护结构的落地橱窗、门斗，应按其围护结构外围水平面积计算。层高在 2.20m 及以上者应计算全面积；层高不足 2.20m 者应计算 1/2 面积。

（2）有围护设施的室外走廊（挑廊），应按其结构底板水平投影面积计算 1/2 面积；有围护设施（或柱）的檐廊，应按其围护设施（或柱）外围水平面积计算 1/2 面积。

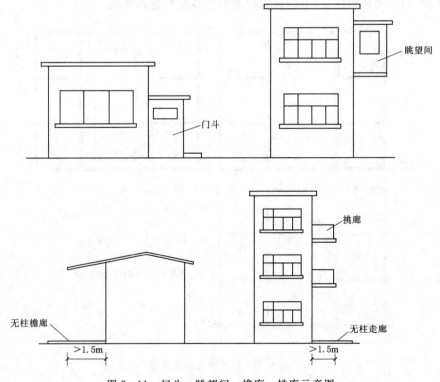

图 7 - 11 门斗、眺望间、檐廊、挑廊示意图

（3）窗台与室内楼地面高差在 0.45m 以下且结构净高在 2.10m 及以上的凸（飘）窗，应按其围护结构外围水平面积计算 1/2 面积。

（4）建筑物顶部有围护结构的楼梯间、水箱间、电梯机房等，层高在 2.20m 及以上者应计算全面积；层高不足 2.20m 者应计算 1/2 面积。

（5）围护结构不垂直于水平面的楼层，应按其底板面的外墙外围水平面积计算。结构净高在 2.10m 及以上的部位，应计算全面积；结构净高在 1.20m 及以上至 2.10m 以下的部位，应计算 1/2 面积；结构净高在 1.20m 以下的部位，不应计算建筑面积。

（6）建筑物内的室内楼梯间、电梯井、观光电梯井、提物井、管道井、通风排气竖井、垃圾道、附墙烟囱应按建筑物的自然层计算。有顶盖的采光井应按一层计算面积，且结构净高在 2.10m 及以上的，应计算全面积；结构净高在 2.10m 以下的，应计算 1/2 面积。如图 7-12 所示。

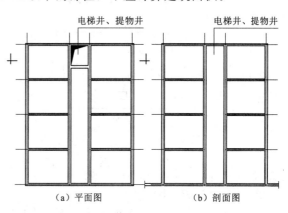

图 7-12　垂直井道图示

（7）门廊应按其顶板的水平投影面积的 1/2 计算建筑面积；有柱雨篷应按其结构板水平投影面积的 1/2 计算建筑面积；无柱雨篷的结构外边线至外墙结构外边线的宽度在 2.10m 及以上的，应按雨篷结构板的水平投影面积的 1/2 计算建筑面积。如图 7-13 所示。

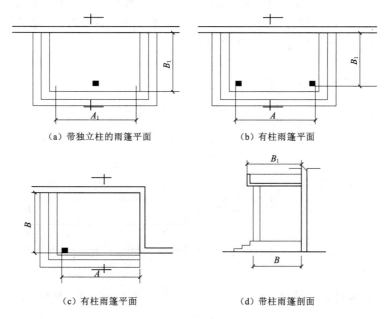

图 7-13　各种雨篷图示

【例 7-7】　根据图 7-14 所示，请计算下列雨篷的建筑面积。

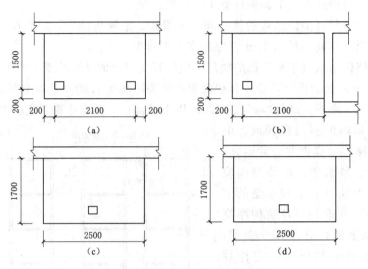

图 7-14　四种不同形式的雨篷

解：图（a）和（b）中：

$$有柱雨篷的建筑面积＝1.50×2.1＝3.15（m^2）$$

图（c）中：

$$独立柱雨篷的建筑面积＝1.7×2.5×0.5＝2.125（m^2）$$

图（d）中：挑雨篷不计建筑面积。

（8）室外楼梯应并入所依附建筑物自然层，并应按其水平投影面积的 1/2 计算建筑面积。

（9）在主体结构内的阳台，应按其结构外围水平面积计算全面积；在主体结构外的阳台，应按其结构底板水平投影面积计算 1/2 面积。

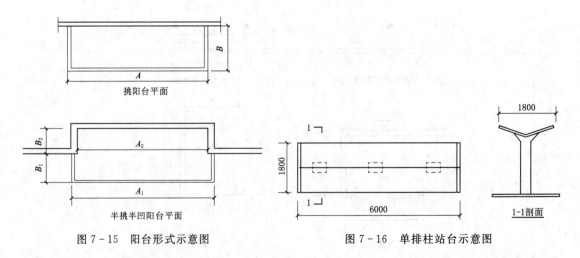

图 7-15　阳台形式示意图　　　　　图 7-16　单排柱站台示意图

（10）有顶盖无围护结构的车棚、货棚、站台、加油站、收费站等，应按其顶盖水平投影面积的 1/2 计算。

6. 其他

（1）高低联跨的建筑物，应以高跨结构外边线为界分别计算建筑面积；高低跨内部连通时，其变形缝应计算在低跨面积内。高低联跨的单层建筑物，按外围水平面积计算；如果高低跨结构不同，材料不同或高度悬殊太大，需分别计算建筑面积时，应以结构外边线为界分别计算，即高低跨交界处墙或柱所占水平面积，应并入高跨内计算。如图 7-17 所示。

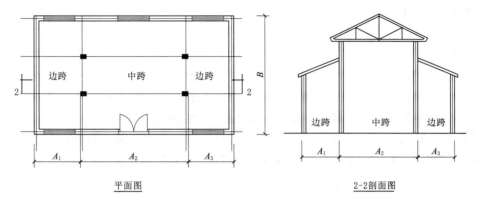

平面图　　　　　　　　　　　2-2剖面图

图 7-17　高低跨单层建筑物图示

如上图建筑物的建筑面积：$(A_1+A_2+A_3)\times B$

其中：左边跨：$A_1\times B$；右边跨：$A_3\times B$；中间跨：$A_2\times B$

（2）以幕墙作为围护结构的建筑物，应按幕墙外边线计算建筑面积。

（3）建筑物外墙外侧有保温隔热层的，应按保温隔热层外边线计算建筑面积。

（4）建筑物内的变形缝，应按其自然层合并在建筑物面积内计算。

（5）对于建筑物内的设备层、管道层、避难层等有结构层的楼层，结构层高在 2.20m 及以上的，应计算全面积；结构层高在 2.20m 以下的，应计算 1/2 面积。

二、不计算建筑面积的范围

1. 建筑物通道

（1）骑楼、过街楼底层的开放公共空间和建筑物通道。如图 7-18 所示。

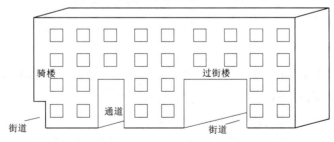

图 7-18　建筑物通道、骑楼、过街楼示意图

（2）与建筑物内不相连通的建筑部件。

2. 屋顶水箱、操作平台等

（1）舞台及后台悬挂幕布、布景的天桥、挑台等。

（2）屋顶水箱、花架、凉棚、露台、露天游泳池。

（3）建筑物内的操作平台、上料平台、安装箱和罐体的平台。

（4）勒脚、附墙柱、垛、台阶、墙面抹灰、装饰面、镶贴块料面层、装饰性幕墙，主体结构外的空调室外机搁板（箱）、构件、配件，挑出宽度在 2.10m 以下的无柱雨篷和顶盖高度达到或超过两个楼层的无柱雨篷。

（5）窗台与室内地面高差在 0.45m 以下且结构净高在 2.10m 以下的凸（飘）窗，窗台与室内地面高差在 0.45m 及以上的凸（飘）窗。

（6）室外爬梯、室外专用消防钢楼梯。

3. 观光电梯、构筑物

（1）无围护结构的观光电梯。

（2）建筑物以外的地下人防通道，独立烟囱、烟道、地沟、油（水）罐、气柜、水塔、贮油（水）池、贮仓、栈桥、地下人防通道、地铁隧道。

【例 7-8】 某 6 层砖混结构住宅楼，2～6 层结构平面均相同，如图 7-19 所示，阳台为不封闭阳台，首层无阳台，其他均与二层相同。请计算其建筑面积（注：阳台尺寸中 1500mm 为墙体轴线到阳台外围距离）。

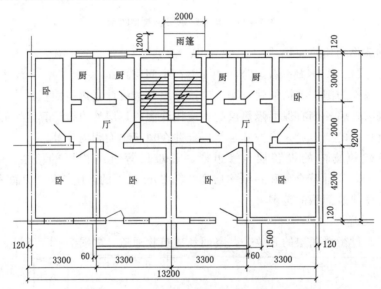

图 7-19　某建筑 2～6 层平面图

解： 首层建筑面积：$S_1 = (13.20 + 0.24) \times (9.20 + 0.24) = 126.87 (\text{m}^2)$

二层建筑面积：$S_2 = S_{2\text{主体}} + S_{2\text{阳台}}$

$S_{2\text{主体}} = S_1 = 126.87 (\text{m}^2)$

$S_{2\text{阳台}} = (3.30 \times 2 + 0.06 \times 2) \times (1.50 - 0.12) \times 1/2 = 4.64 (\text{m}^2)$

$S_2 = 126.87 + 4.64 = 131.51 (\text{m}^2)$

因 2～6 层结构平面相同，故有

建筑面积：$S = S_1 + S_2 \times 5 = 126.87 + 136.14 \times 5 = 784.42 (\text{m}^2)$

【例 7-9】 某二层建筑物如图 7-20 所示，计算其建筑面积。

解： 建筑面积为：$9.24 \times 12.84 \times 2 = 237.28 (\text{m}^2)$

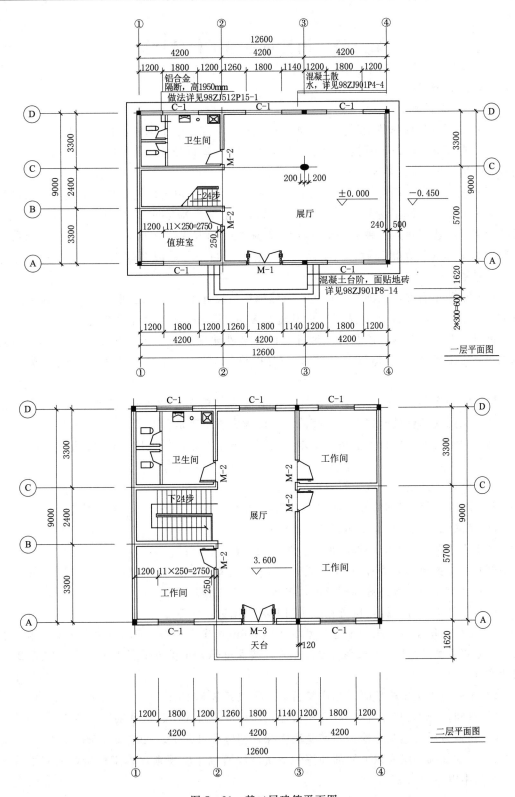

图 7-20　某二层建筑平面图

第三节 消耗量定额工程量计算

一、土石方工程

（一）定额说明

（1）本部分包括单独土石方、基础土石、基础石方、平整场地及其他等内容。

（2）本部分土壤及岩石按普通土、坚土、松石、坚石分类，其具体分类见《建筑工程消耗量定额》"土壤分类表"和"岩石分类表"。

（3）人工土方定额是按干土编制的。干湿土的划分，以地质勘测资料的地下常水位为界，以上为干土，以下为湿土。地表水排出后，土壤含水率注 25％时为湿土。人工挖、运湿土时，相应子目人工乘以系数 1.18；机械挖、运湿土时，相应子目人工、机械乘以系数 1.15。采取降水措施后，人工挖、运土相应子目人工乘以系数 1.09，机械挖、运土不再乘系数。

（4）单独土石方定额项目，适用于自然地坪与设计室外地坪之间，且挖方或填方工程量大于 5000m^3 的土石方工程。本章其他定额项目，适用于设计室外地坪以下的土石方（基础土石方）工程，以及自然地坪与设计室外地坪之间小于 5000m^3 的土石方工程。单独土石方定额项目不能满足需要时，可以借用基础土石方定额子目，但应乘以系数 0.9。

【例 7-10】 某工程设计室外地坪以上有石方（松石）5290m^3 需要开挖，因周围有建筑物，采用液压锤破碎岩石，计算液压锤破碎岩石工程量。

解： 单独土石方项目不能满足要求，借用其他土石方定额项目，乘以系数 0.9。

$$工程量 = 5290 \times 0.9 = 4761.00(m^3)$$

（5）沟槽、地坑、一般土石方的划分：

1）底宽（设计图示垫层或基础的底宽，下同）≤3m，且底长＞3 倍底宽为沟槽。

2）坑底面积≤20m^2，且底长≤3 倍底宽为地坑。

超出上述范围，又非平整场地的，为一般土石方。

（6）小型挖掘机，系指斗容量≤0.30m^3 的挖掘机，适用于基础（含垫层）底宽≤1.20m 的沟槽土方工程或底面积≤8m^2 的地坑土方工程。

（7）下列土石方工程，执行相应子目时乘以系数：

1）工挖一般土方、沟槽土方、基坑土方，6m＜深度≤7m 时，按深度运 6m 相应子目人工乘以系数 1.25；7m＜深度≤8m 时，按深度运 6m 相应子目人工乘以系数 1.25^2；以此类推。

2）土板下人工挖槽坑时，相应子目人工乘以系数 1.43。

3）桩间挖土不扣除桩体和空孔所占体积，相应子目人工、机械乘以系数 1.50。

4）在强穷后的地基上挖土方和基底钎探，相应子目人工、机械乘以系数 1.15。

5）满堂基础垫层底以下局部加深的槽坑，按槽坑相应规则计算工程量，相应子目人工、机械乘以系数 1.25。

6）人工清理修整，系指机械挖土后，对于基底和边坡遗留厚度≤0.30m 的土方，由人工进行的基底清理与边坡修整。

机械挖土、以及机械挖土后的人工清理修整，按机械挖土相应规则一并计算挖方总量。其中，机械挖土按挖方总量执行相应子目，乘以表7-1规定的系数；人工清理修整，按挖方总量执行表7-1规定的子目并乘以相应系数。

表7-1　　　　　　　　　　　机械控土及人工清理修整系数表

基础类型	机 械 挖 土		人 工 清 理 修 整	
	执行子目	系数	执行子目	系数
一般土方	相应子目	0.95	1-2-3	0.063
沟槽土方		0.90	1-2-8	0.125
地坑土方		0.85	1-2-13	0.188

注　人工挖土方，不计算人工清底修边。

7）推土机推运土（不含平整场地）、装载机装运土土层平均厚度≤0.30m时，相应子目人工、机械乘以系数1.25。

8）挖掘机挖筑、维护、挖掘施工坡道（施工坡道斜面以下）土方，相应子目人工、机械乘以系数1.50。

9）挖掘机在垫板上作业时，相应子目人工、机械乘以系数1.25。挖掘机下铺设垫板、汽车运输道路上铺设材料时，其人工、材料、机械按实另计。

10）场区（含地下室顶板以上）回填，相应子目人工、机械乘以系数0.90。

（8）土石方运输。

1）土石方运输，按施工现场范围内运输编制。在施工现场范围之外的市政道路上运输，不适用本定额。弃土外运以及弃土处理等其他费用，按各地市有关规定执行。

2）土石方运输的运距上限，是根据合理的施工组织设计设置的，不适用超出运距上限的土石方运输。自卸汽车、拖拉机运输土石方子目，定额虽未设定运距上限，但仅限于施工现场范围内增加运距。

3）土石方运距，按挖土区重心至填方区（或堆放区）重心间的最短运输距离计算。

4）人工、人力车、汽车的负载上坡（坡度≤15%）降效因素已综合在相应运输子目中，不另计算。

推土机、装载机、铲运机负载上坡时，其降效因素按坡道斜长乘以表7-2规定的系数计算。

表7-2　　　　　　　　　　　负载上坡降效系数表

坡度/%	≤10	≤15	≤20	≤25
系数	1.75	2.00	2.25	2.50

（9）平整场地，是指建筑物（构筑物）所在现场厚度在±30cm以内的就地挖、填及平整。挖填土方厚度超过30cm时，全部厚度按一般土方相应规定另行计算，但仍应计算平整场地。平整场地示意图如图7-21所示。

（10）竣工清理，是指建筑物（构筑物）内、外围四周2m范围内建筑垃圾的清理、

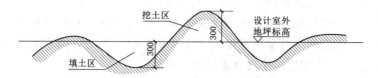

图 7-21　平整场地示意图

场内运输和场内指定地点的集中堆放，建筑物（构筑物）竣工验收前的清理、清洁等工作内容。

（二）工程量计算规则

1. 土石方的挖、填、运

（1）土石方开挖、运输，均按开挖前的天然密实体积计算。土方回填，按回填后的竣工体积计算。不同状态的土石方体积，按表 7-3 换算。

表 7-3　　　　　　　　　　　　　　土石方体积换算系数表

名　称	虚方	松填	天然密实	夯填
土方	1.00	0.83	0.77	0.67
	1.20	1.00	0.92	0.80
	1.30	1.08	1.00	0.87
	1.50	1.25	1.15	1.00
石方	1.00	0.85	0.65	—
	1.18	1.00	0.76	
	1.54	1.31	1.00	
块石	1.75	1.43	1.00	1.67（码方）
砂夹石	1.07	0.94	1.00	—

（2）自然地坪与设计室外地坪之间的单独土石方，依据设计土方竖向布置图，以体积计算。

2. 基础土石方计算

（1）基础土石方的开挖深度。按基础（含垫层）底标高至设计室外地坪之间的高度计算。交付施工场地标高与设计室外地坪不同时，应按交付施工场地标高计算。岩石爆破时，基础石方的开挖深度，还应包括岩石爆破的允许超挖深度。

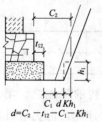

$$d = C_2 - t_{12} - C_1 - Kh_1$$

图 7-22　工作面宽度示意图

（2）基础施工工作面宽度。基础的工作面宽度，是指基础的各个台阶（各种材料）要求的工作面宽度的最大者，在考查基础上一个台阶的工作面宽度时，要考虑到由于下一个台阶的厚度所带来的土方放坡宽度（Kh_1），如图 7-22 所示。

基础施工工作面宽度按设计规定计算，设计无规定时，按施工组织设计（经过批准，下同）规定计算；设计、施工组织设计均无规定时，自基础（含垫层）外沿向外，按下列规定计算：

1）基础材料不同或做法不同时，其单面工作面宽度按表 7-4 计算。

表 7-4 基础施工单面工作面宽度计算表

基 础 材 料	单面工作面宽度/mm
砖基础	200
毛石、方整石基础	250
混凝土基础（支模板）	400
混凝土基础垫层（支模板）	150
基础垂直面做砂浆防潮层	400（自防潮层外表面）
基础垂直面做防水层或防腐层	1000（自防水、防腐层外表面）
支挡土板	100（在上述宽度外另加）

2）基础施工需要搭设脚手架时，其工作面宽度，条形基础按 1.50m 计算（只计算一面）；独立基础按 0.45m 计算（四面均计算）。

3）基坑土方大开挖需做边坡支护时，其工作面宽度均按 2.00m 计算。

4）基坑内施工各种桩时，其工作面宽度均按 2.00m 计算。

5）管道施工的单面工作面宽度按表 7-5 计算。

表 7-5 管道施工单面工作面宽度计算表

管道材质	管道基础宽度/mm（无基础时指管道外径）			
	≤500	≤1000	≤2500	>2500
混凝土管、水泥管	400	500	600	700
其他管道	300	400	500	600

（3）基础土方放坡。

1）土方放坡的起点深度和放坡坡度，设计、施工组织设计无规定时按表 7-6 计算。

表 7-6 土方放坡起点深度和放坡坡度表

土壤类别	起点深度（>m）	放 坡 坡 度			
		人工挖土	机 械 挖 土		
			基坑内作业	基坑上作业	槽坑上作业
普通土	1.20	1:0.50	1:0.33	1:0.75	1:0.50
坚土	1.70	1:0.30	1:0.20	1:0.50	1:0.30

2）基础土方放坡，自基础（含垫层）底标高算起，如图 7-23 所示。

3）混合土质的基础土方，其放坡的起点深度和放坡系数，按不同土类厚度加权平均计算。如图 7-24 所示，计算公式如下：

（a）综合放坡系数：

$$m = (m_1h_1 + m_2h_2 + \cdots + m_nh_n)/(h_1 + h_2 + \cdots + h_n)$$

（b）综合放坡起点深度：

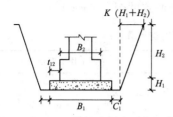 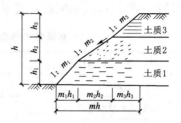

图 7-23　放坡起点示意图　　　图 7-24　综合放坡示意图

$$m=1.2(h_{普通土1}+h_{普通土2}+\cdots+h_{普通土m})+1.7(h_{坚土1}+h_{坚土2}+\cdots+h_{坚土n})/$$
$$[(h_{普通土1}+h_{普通土2}+\cdots+h_{普通土m})+(h_{坚土1}+h_{坚土2}+\cdots+h_{坚土n})]$$

4）计算基础土方放坡时，不扣除放坡交叉处的重复工程量。

5）基础土方支挡土板时，土方放坡不另计算。

3. 基础石方爆破时，槽坑四周及底部的允许超挖量

设计、施工组织设计无规定时，按松石 0.20m、坚石 0.15m 计算。

4. 沟槽土石方

按设计图示沟槽长度乘以沟槽断面积，以体积计算。

（1）条形基础的沟槽长度，设计无规定时按下列规定计算：

1）外墙条形基础沟槽，按外墙中心线长度计算。

2）内墙条形基础沟槽，按内墙条形基础的垫层（基础底坪）净长度计算。如图 7-25 所示。

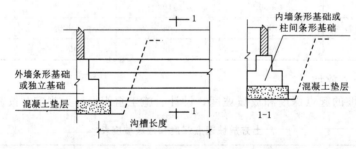

图 7-25　内墙（柱间）条形基础的沟槽长度

3）框架件条形基础沟槽，按框架间条形基础的垫层（基础底坪）净长度计算。

4）突出墙面的墙垛的沟槽，按墙垛突出墙面的中心线长度，并入相应工程量内计算。

（2）管道的沟槽长度，按设计规定计算，设计无规定时，以设计图示管道垫层（无垫层时，按管道）中心线长度计算。

（3）沟槽的断面面积，应包括工作面、土方放坡或石方允许超挖量的面积。沟槽土方体积的计算公式如下：

1）等坡沟槽

$$V=(B+2C+KH)HL$$

式中：B 为设计图示条形基础（含垫层）的宽度，m；C 为基础（含垫层）工作面宽度，m；H 为沟槽开挖深度，m；L 为沟槽长度，m；K 为土方综合放坡系数（等坡）；V 为

沟槽土方体积，m^3。

2）混合土质沟槽，如图 7-26 所示。

$$V_坚=(B+2C+KH_1)H_1L$$
$$V_普=(B+2C+2KH_1+KH_2)H_2L$$

式中　H_1——坚土深度，m；

H_2——普通土深度，m。

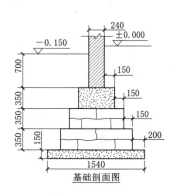

图 7-26　混合土质沟槽计算断面

【例 7-11】　某工程如图 7-27 所示，土质为坚土，采用人工挖土，试计算条形基础土石方工程量。

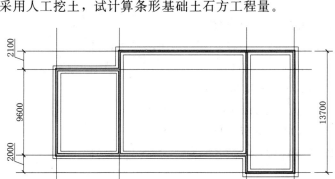

图 7-27　某条形基础平面图、断面图

解：

①开挖深度：$H=0.7+0.35\times3+0.15=1.90$（m）$>1.70$m，所以需要放坡。

②沟槽断面积：$S=[(1.54+0.15\times2)+0.3\times1.90]\times1.90=4.579$（$m^2$）

③沟槽长：　　$L_中=(7.2+14.4+5.4+13.7)\times2=81.40$（m）

　　　　　　　$L_净=9.6-1.54+9.6+2.1-1.54=18.22$（m）

④挖方工程量：　$V_挖=(81.4+18.22)\times4.579=456.16$（$m^3$）

【例 7-12】　某工程基础平面图及详图如图 7-28 所示。土类为混合土质，其中普通土深 1.4m，下面是坚土，常地下水位为 -2.40m。J_1 基础宽度 0.9m，垫层宽度 1.1m；J_2 基础宽度 1.1m，垫层宽度 1.3m。试计算人工开挖土方的工程量。

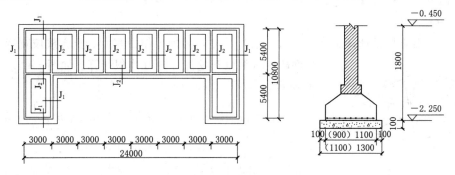

图 7-28　某工程基础平面图及详图

解：①放坡起点深度：$(1.2×1.4+1.7×0.5)/(1.4+0.5)=1.33$(m)

②本工程开挖深度：$H=0.1+1.8=1.9$(m)>1.33m，所以需要放坡

③放坡深度为：$h=1.9$m，土类为混合土质，开挖深度大于1.5m，故基槽开挖需要放坡，放坡坡度按综合放坡系数计算。

④综合放坡系数　$k=(k_1h_1+k_2h_2)/(h_1+h_2)$
$$=(0.5×1.4+0.3×0.5)/(1.4+0.5)=0.47$$

⑤计算沟槽土方工程量

（a）普通土：

J_1断面：　　　　$S_{1普通}=(B+2C+2KH_1+KH_2)H_2$
$$=(1.1+2×0.15+2×0.47×0.5+0.47×1.4)×1.4$$
$$=3.54(m^2)$$
$$L_中=24+(10.8+3+5.4)×2=62.4(m)$$
$$V_{1普通土}=S_{1普通}×L_中=3.54×62.4=220.90(m^3)$$

J_1断面：　　　　$S_{2普通}=(B+2C+2KH_1+KH_2)H_2$
$$=(1.3+2×0.15+2×0.47×0.5+0.47×1.4)×1.4$$
$$=3.82(m^2)$$

J_2断面：　　　　　　　　$L_中=3×6=18(m)$
$$L_净=[5.4-1.1/2-1.3/2]×7+[3-1.1/2-(1.1+1.3)/4]×2$$
$$=33.10(m)$$
$$L=18+33.1=51.1(m)$$
$$V_{2普通土}=S_{2普通土}×L=3.82×51.1=195.20(m^3)$$

沟槽普通土土方工程量合计：
$$V_{普通土}=V_{1普通土}+V_{2普通土}=220.90+195.20=416.10(m^3)$$

（b）坚土：

$V_{坚土}=(B+2C+KH_1)H_1L$
$$=(1.1+2×0.15+0.47×0.50)×0.50×62.4+(1.3+2×0.15+0.47×0.50)$$
$$×0.50×51.1$$
$$=51.01+46.88=97.89(m^3)$$

沟槽土方工程量合计：$V_挖=416.10+97.89=513.99(m^3)$

5. 地坑土石方

地坑土石方按设计图示基础（含垫层）尺寸，另加工作面宽度、土方放坡宽度或石方允许超挖量乘以开挖深度，以体积计算。如图7-29、图7-30所示。

$$V_挖=(a+2c+mh)×(b+2c+mh)×h+\frac{1}{3}m^2h^3$$

$$V_挖=\pi(r^2+R^2+Rr)h/3$$

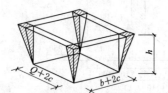

图7-29　无垫层
放坡地坑（一）

6. 一般土石方

一般土石方，按设计图示基础（含垫层）尺寸，另加工

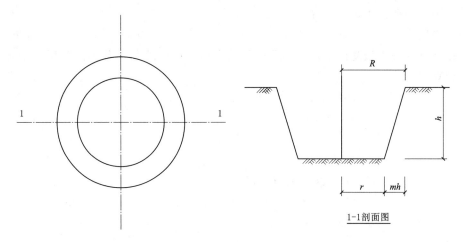

图 7-30 无垫层放坡地坑（二）

作面宽度、土方放坡宽度或石方允许超挖量乘以开挖深度，以体积计算。

机械施工坡道土石方的工程量，并入相应工程量内计算。

7. 桩孔土石方

桩孔土石方，按桩（含桩壁）设计断面面积乘以桩孔中心线深度，以体积计算。

8. 平整场地

按设计图示尺寸，以建筑物首层建筑面积（或构筑物首层结构外围内包面积）计算建筑物（构筑物）地下室结构外边线突出首层外边线时，其突出部分的建筑面积（结构外围内包面积）合并计算。

【例 7-13】 某单身宿舍楼的基础平面和基础剖面如图 7-31 所示，普通土，墙厚 240mm，室外地坪标高为 -0.15m。试计算：（1）场地平整工程量；（2）人工挖地槽工程量。

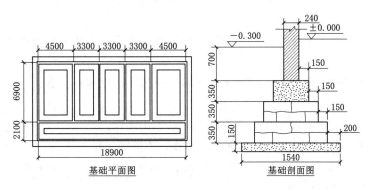

基础平面图 基础剖面图

图 7-31 某建筑基础尺寸图

解：

①场地平整工程量：

$$S = (6.9 + 2.1 + 0.24) \times (4.5 \times 2 + 3.3 \times 3 + 0.24)$$
$$= 176.85(\text{m}^2)$$

②人工挖地槽工程量：

槽底深度为 $0.7+0.35\times3+0.15=1.90(\text{m})>1.2\text{m}$，故应计算放坡。外墙条形基础沟槽，按外墙中心线长度计算，内墙条形基础沟槽，按内墙条形基础的垫层（基础底坪）净长度计算

$$L_{外}=(6.9+2.1+18.9)\times2$$
$$=55.8(\text{m})$$
$$L_{净}=(6.9-1.54)\times4+(18.9-1.54)$$
$$=38.8(\text{m})$$
$$V_{地槽}=(B+2C+KH)HL$$
$$=(1.54+2\times0.15+0.5\times1.90)\times1.9\times(55.8+38.8)$$
$$=483.50(\text{m}^3)$$

9. 竣工清理

按设计图示尺寸，以建筑物（构筑物）结构外围内包的空间体积计算。

10. 基底钎探

按垫层（或基础）底面积计算。

11. 毛砂过筛

按砌筑砂浆、抹灰砂浆等各种砂浆用砂的定额消耗量之和计算。

12. 原土夯实与碾压

按设计或施工组织设计规定的尺寸，以面积计算。

13. 回填

按下列规定，以体积计算：

（1）槽坑回填，按挖方体积减去设计室外地坪以下建筑物（构筑物）、基础（含垫层）的体积计算。

（2）房心（含地下室内）回填，按主墙间净面积（扣除连续底面积大于 2m^2 的设备基础等面积）乘以平均回填厚度计算。

（3）场区（含地下室顶板以上）回填，按回填面积乘以平均回填厚度计算。

14. 土方运输

按挖土总体积减去回填土（折合天然密实）总体积，以体积计算。

15. 钻孔桩泥浆运输

按桩设计断面尺寸乘以桩孔中心线深度，以体积计算。

【例 7-14】某工程如图 7-32 所示，计算竣工清理工程量。

解：工程量 $=14.64\times(5.00+0.24)\times(3.2+1.50\div2)+14.64\times1.40\times2.70$
$$=358.36(\text{m}^3)$$

二、地基处理与边坡支护工程

（一）定额说明

本部分定额包括地基处理、基坑与边坡支护、排水与降水。

1. 地基处理

（1）垫层。

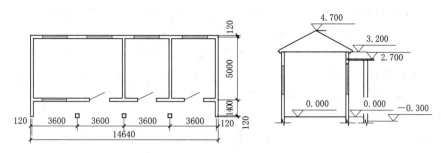

图 7-32 某单层建筑示意图

1）机械碾压垫层定额适用于厂区道路垫层采用压路机械的情况。

2）垫层定额按地面垫层编制。若为基础垫层，人工、机械分别乘以下列系数：条形基础 1.05，独立基础 1.10，满堂基础 1.00。若为场区道路垫层，人工乘以系数 0.9。

3）在原土上打夯（碾压）者另按本定额"土石方工程"相应项目执行。垫层材料配合比与定额不同时，可以调整。

4）灰土垫层及填料加固夯填灰土就地取土时，应扣除灰土配比中的黏土。

5）褥垫层套用本节相应项目。

（2）填料加固定额用于软弱地基挖土后的换填材料加固工程。

（3）土工合成材料定额用于软弱地基加固工程。

（4）强夯。

1）强夯定额中每单位面积夯点数，指设计文件规定单位面积内的夯点数量，若设计文件中夯点数与定额不同时，采用内插法计算消耗量。

2）强夯的夯击击数系指强夯机械就位后，夯锤在同一夯点上下起落的次数（落锤高度应满足设计夯击能量的要求，否则按低锤满拍计算）。

3）强夯工程量应区别不同夯击能量和夯点密度，按设计图示夯击范围及夯击遍数分别计算。

（5）注浆地基。

1）注浆地基所用的浆体材料用量与定额不同时可以调整。

2）注浆定额中注浆管消耗量为摊销量，若为一次性使用，可按实际用量进行调整。废泥浆处理及外运套用本定额"土石方工程"相应项目。

（6）支护桩。

1）桩基施工前场地平整、压实地表、地下障碍物处理等，定额均未考虑，发生时另行计算。

探桩位已综合考虑在各类桩基定额内，不另行计算。

2）支护桩已包括桩体充盈部分的消耗量。其中灌注砂、石桩还包括级配密实的消耗量。

3）深层水泥搅拌桩定额已综合了正常施工工艺需要的重复喷浆（粉）和搅拌。空搅部分按相应定额的人工及搅拌桩机台班乘以系数 0.5 计算。

4）水泥搅拌桩定额按不掺添加剂（如石膏粉、木质素硫酸钙、硅酸钠等）编制，如设计有要求，定额应按设计要求增加添加剂材料费，其余不变。

5）深层水泥搅拌桩定额按 1 喷 2 搅施工编制，实际施工为 2 喷 4 搅时，定额的人工、机械乘以系数 1.43；2 喷 2 搅、4 喷 4 搅分别按 1 喷 2 搅、2 喷 4 搅计算。

6）三轴水泥搅拌桩的水泥掺入量按加固土重（1800kg/m³）的 18％考虑，如设计不同时按深层水泥搅拌桩每增减 1％定额计算；三轴水泥搅拌桩定额按二搅二喷施工工艺考虑，设计不同时，每增（减）一搅一喷按相应定额人工和机械费增（减）40％计算。空搅部分按相应定额的人工及搅拌桩机台班乘以系数 0.5 计算。

7）三轴水泥搅拌桩设计要求全断面套打时，相应定额的人工及机械乘以系数 1.5，其余不变。

8）高压旋喷桩定额已综合接头处的复喷工料；高压旋喷桩中设计水泥用量与定额不同时可以调整。

9）打、拔钢板桩，定额仅考虑打、拔施工费用，未包含钢工具桩制作、除锈和刷油，实际发生时另行计算。打、拔槽钢或钢轨，其机械用量乘以系数 0.77。

10）钢工具桩在桩位半径小于 15m 内移动、起吊和就位，已包括在打桩子目中。桩位半径＞15m 时的场内运输按构件运输小于 1km 子目的相应规定计算。

11）单位（群体）工程打桩工程量少于表 7-7 者，相应定额的打桩人工及机械乘以系数 1.25。

表 7-7　　　　　　　　　　　　　　打 桩 工 程 量 表

桩　类	工 程 量	桩　类	工 程 量
碎石桩、砂石桩	60m³	水泥搅拌桩	100m³
钢板桩	50t	高压旋喷桩	100m³

12）打桩工程按陆地打垂直桩编制。设计要求打斜桩时，斜度小于 1∶6 时，相应定额人工、机械乘以系数 1.25；斜度大于 1∶6 时，相应定额人工、机械乘以系数 1.43。

13）桩间补桩或在地槽（坑）中及强夯后的地基上打桩时，相应定额人工、机械乘以系数 1.15。

14）单独打试桩、锚桩，按相应定额的打桩人工及机械乘以系数 1.5。

15）试验桩按相应定额人工、机械乘以系数 2.0。

2. 基坑与边坡支护

（1）挡土板定额分为疏板和密板。疏板是指间隔支挡土板，且板间净空小于 150cm 的情况；密板是指满堂支挡土板或板间净空小于 30cm 的情况。

（2）钢支撑仅适用于基坑开挖的大型支撑安装、拆除。

（3）土钉与锚喷联合支护的工作平台套用本定额"脚手架工程"相应项目。锚杆的制作与安装套用本定额"钢筋及混凝土工程"相应项目。

（4）地下连续墙适用于黏土、砂土及冲填土等软土层；导墙土方的运输、回填，套用本定额"土石方工程"相应项目；废泥浆处理及外运套用本定额"土石方工程"相应项目；钢筋加工套用本定额"钢筋及混凝土工程"相应项目。

3. 排水与降水

（1）抽水机集水井排水定额，以每台抽水机工作 24h 为一台日。

（2）井点降水分为轻型井点、喷射井点、大口径井点、水平井点、电渗井点和射流泵井点。井管间距应根据地质条件和施工降水要求，依据设计文件或施工组织设计确定。设计无规定时，可按轻型井点管距 0.8～1.6m，喷射井点管距 2～3m 确定。井点设备使用套的组成如下：轻型井点 50 根/套、喷射井点 30 根/套、大口径井点 45 根/套、水平井点 10 根/套、电渗井点 30 根/套，累计不足一套者按一套计算。井点设备使用，以每昼夜 24h 为一天。

（3）水泵类型、管径与定额不一致时，可以调整。

（二）工程量计算规则

（1）垫层。

1）地面垫层按室内主墙间净面积乘以设计厚度，以体积计算。计算时应扣除凸出地面的构筑物、设备基础、室内铁道、地沟以及单个面积大于 $0.3m^2$ 的孔洞、独立柱等所占体积；不扣除间壁墙、附墙烟囱、墙垛以及单个面积小于 $0.3m^2$ 的孔洞等所占体积，门洞、空圈、暖气壁龛等开口部分也不增加。

$$地面垫层工程量＝（S_{房心}－0.3m^2 以上孔洞、独立柱、构筑物）×垫层厚度$$

$$S_{房心}＝S_{建筑}－\sum L_{外墙中心线长}×外墙厚－\sum L_{内墙净长}×内墙厚$$

2）基础垫层按下列规定，以体积计算。

（a）条形基础垫层，外墙按外墙中心线长度、内墙按其设计净长度乘以垫层平均断面面积以体积计算。柱间条形基础垫层，按柱基础（含垫层）之间的设计净长度，乘以垫层平均断面面积以体积计算。

$$条形基础垫层工程量＝（\sum L_{外墙中心线长}＋\sum L_{垫层净长}）×垫层断面$$

（b）独立基础垫层和满堂基础垫层，按设计图示尺寸乘以平均厚度，以体积计算。

$$独立满堂基础垫层工程量＝设计长度×设计宽度×平均厚度$$

【例 7-15】　某建筑物基础平面图及详图如图 7-33 所示，地面做法为 20 厚 1∶2.5 的水泥砂浆，100 厚 C10 的素混凝土垫层，素土夯实。基础为 M5.0 的水泥砂浆砌筑标准黏土砖。试求垫层工程量。

解：①C10 素混凝土地面垫层：

$$V_{垫层}＝（S_{净}－S_{扣}）×\delta＝（3.6×5－0.24×2）×（9－0.24）×0.1＝15.35（m^3）$$

②独立基础 C10 素混凝土垫层：

$$V_{垫层}＝ab×\delta×n＝1.3×1.3×0.1×3＝0.51m^3$$

③条形基础 3∶7 灰土垫层：

工程量：$V_{垫层}＝V_{外墙垫}＋V_{内墙垫}＝S_{断}×L_{中}＋S_{断}×L_{基底净长}$
$$＝1.2×0.3×[（9＋3.6×5）×2＋0.24×3]＋1.2×0.3×（9－1.2）$$
$$＝22.51（m^3）$$

【例 7-16】　如图 7-34 所示，某工程地下室有梁式满堂基础。若该工程室外地坪之垫层的深度为 4.2m，试求①平整场地工程量；②垫层工程量。

解：①场地平整工程量＝建筑物底层建筑面积
$$＝（7.2×5＋0.3×2＋0.075×2）×（6.6×3＋0.3×2＋0.075×2）$$
$$＝755.21（m^2）$$

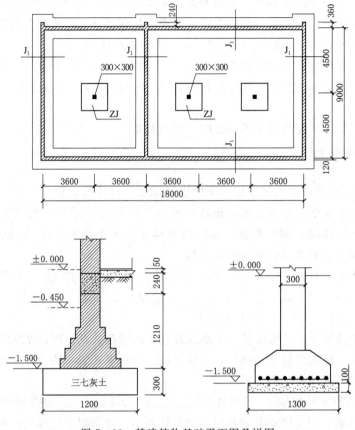

图 7-33 某建筑物基础平面图及详图

②满堂基础垫层工程量＝设计长度×设计宽度×平均厚度

$$=(7.2×5+3.2)×(6.6×3+3.2)×0.1$$

$$=90.16(m^3)$$

（2）场区道路垫层按其设计长度乘以宽度乘以厚度，以体积计算。

（3）爆破岩石增加垫层的工程量，按现场实测结果以体积计算。

（4）填料加固，按设计图示尺寸以体积计算。

（5）土工合成材料，按设计图示尺寸以面积计算，平铺以坡度小于15％为准。

（6）强夯，按设计图示强夯处理范围以面积计算。设计无规定时，按建筑物基础外围轴线每边各加4m以面积计算。

$$地基强夯工程量＝S_{轴包}＋L_{外轴}×4＋4×16＝S_{轴包}＋L_{外轴}×4＋64$$

（7）注浆地基。

1）分层注浆钻孔按设计图示钻孔深度以长度计算，注浆按设计图纸注明的加固土体以体积计算。

2）压密注浆钻孔按设计图示深度以长度计算。注浆按下列规定以体积计算。

（a）设计图纸明确加固土体体积的，按设计图纸注明的体积计算。

（b）设计图纸以布点形式图示土体加固范围的，则按两孔间距的一半作为扩散半径，

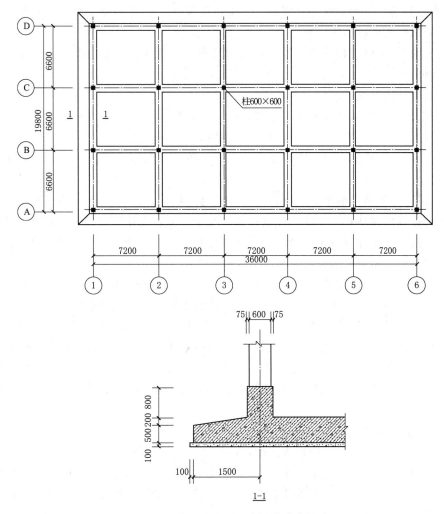

图 7-34　某工程地下室有梁式满堂基础

以布点边线各加扩散半径，形成计算平面，计算注浆体积。

（c）如果设计图纸注浆点在钻孔灌注桩之间，按两注浆孔的一半作为每孔的扩散半径，依此圆柱体积计算注浆体积。

（8）支护桩。

1）填料桩、深层水泥搅拌桩按设计桩长（有桩尖时包括桩尖）乘以设计桩外径截面积，以体积计算。填料桩、深层水泥搅拌桩截面有重叠时，不扣除重叠面积。

2）预钻孔道高压旋喷（摆喷）水泥桩工程量，成（钻）孔按自然地坪标高至设计桩底的长度计算，喷浆按设计加固桩截面面积乘以设计桩长以体积计算。

3）三轴水泥搅拌桩按设计桩长（有桩尖时包括桩尖）乘以设计桩外径截面积，以体积计算。

4）三轴水泥搅拌桩设计要求全断面套打时，相应定额的人工及机械乘以系数 1.5，其余不变。

5）凿桩头适用于深层搅拌水泥桩、三轴水泥搅拌桩、高压旋喷水泥桩定额子目，按凿桩长度乘以桩断面以体积计算。

6）打、拔钢板桩工程量按设计图示桩的尺寸以质量计算，安、拆导向夹具，按设计图示尺寸以长度计算。

（9）基坑与边坡支护。

1）挡土板按设计文件（或施工组织设计）规定的支挡范围，以面积计算。袋土围堰按设计文件（或施工组织设计）规定的支挡范围，以体积计算。

2）钢支撑按设计图示尺寸以质量计算。不扣除孔眼质量，焊条、铆钉、螺栓等不另增加质量。

3）砂浆土钉的钻孔灌浆，按设计文件（或施工组织设计）规定的钻孔深度，以长度计算。土层锚杆机械钻孔、注浆，按设计孔径尺寸，以长度计算。喷射混凝土护坡区分土层与岩层，按设计文件（或施工组织设计）规定的尺寸，以面积计算。锚头制作、安装、张拉、锁定按设计图示以数量计算。

4）现浇导墙混凝土按设计图示，以体积计算。现浇导墙混凝土模板按混凝土与模板接触面的面积，以面积计算。成槽工程量按设计长度乘以墙厚及成槽深度（设计室外地坪至连续墙底），以体积计算。锁扣管以"段"为单位（段指槽壁单元槽段），锁口管吊拔按连续墙段数计算，定额中已包括锁口管的摊销费用。清底置换以"段"（指槽壁单元槽段）为单位。连续墙混凝土浇筑工程量按设计长度乘以墙厚及墙身加 0.5m，以体积计算。凿地下连续墙超灌混凝土，设计无规定时，其工程量按墙体断面面积乘以 0.5m，以体积计算。

（10）排水与降水。

1）抽水机基底排水分不同排水深度，按设计基底以面积计算。

2）集水井按不同成井方式，分别以设计文件（或施工组织设计）规定的数量，以"座"或以长度计算。抽水机集水井排水按设计文件（或施工组织设计）规定的抽水机台数和工作天数，以"台日"计算。

3）井点降水区分不同的井管深度，其井管安拆，按设计文件或施工组织设计规定的井管数量，以数量计算；设备使用按设计文件（或施工组织设计）规定的使用时间，以"每套天"计算。

4）大口径深井降水打井按设计文件（或施工组织设计）规定的井深，以长度计算。降水抽水按设计文件或施工组织设计规定的时间，以"台日"计算。

三、桩基础工程

（一）定额说明

本部分定额包括打桩、灌注桩两节。定额适用于陆地上桩基工程，所列打桩机械的规格、型号是按常规施工工艺和方法综合取定。定额已综合考虑了各类土层、岩石层的分类因素，对施工场地的土质、岩石级别进行了综合取定。

（1）桩基施工前场地平整、压实地表、地下障碍处理等，定额均未考虑，发生时另行计算。

（2）探桩位已综合考虑在各类桩基定额内，不另行计算。

（3）单位（群体）工程的桩基工程量少于表 7-8 对应数量时，相应定额人工、机械乘以系数 1.25。灌注桩单位（群体）工程的桩基工程量指灌注混凝土量。

表 7-8　　　　　　　　　　　　单位工程的桩基工程量表

项　目	单位工程的工程量	项　目	单位工程的工程量
预制钢筋混凝土方桩	200m³	钻孔、旋挖成孔灌注桩	150m³
预应力钢筋混凝土管桩	1000m	沉管、冲击灌注桩	100m³
预制钢筋混凝土板桩	100m³	钢管桩	50t

（4）打桩。

1）单独打试桩、锚桩，按相应定额的打桩人工及机械乘以系数 1.5。

2）打桩工程按陆地打垂直桩编制。设计要求打斜桩时，斜度小于 1:6 时，相应定额人工、机械乘以系数 1.25；斜度大于 1:6 时，相应定额人工、机械乘以系数 1.43。

3）打桩工程以平地（坡度小于 15°）打桩为准，坡度大于 15°打桩时，按相应定额人工、机械乘以系数 1.15。如在基坑内（基坑深度大于 1.5m，基坑面积小于 500m²）打桩或在地坪上打坑槽内（坑槽深度大于 1m）桩时，按相应定额人工、机械乘以系数 1.11。

4）在桩间补桩或在强夯后的地基上打桩时，相应定额人工、机械乘以系数 1.15。

5）打桩工程，如遇送桩时，可按打桩相应定额人工、机械乘以表 7-9 中的系数。

表 7-9　　　　　　　　　　　　送 桩 深 度 系 数 表

送桩深度	系　数	送桩深度	系　数
≤2m	1.25	>4m	1.67
≤4m	1.43		

6）打、压预制钢筋混凝土桩、预应力钢筋混凝土管桩，定额按购入成品构件考虑，已包含桩位半径小于 15m 内的移动、起吊、就位。桩位半径大于 15m 时的构件场内运输，按本定额"施工运输工程"中的预制构件水平运输 1km 以内的相应项目执行。

7）本定额内未包括预应力钢筋混凝土管桩钢桩尖制安项目，实际发生时按本定额"钢筋及混凝土工程"中的预埋铁件定额执行。

8）预应力钢筋混凝土管桩桩头灌芯部分按人工挖孔桩灌桩芯定额执行。

（5）灌注桩。

1）钻孔、旋挖成孔等灌注桩设计要求进入岩石层时执行入岩子目，入岩指钻入中风化的坚硬岩。

2）旋挖成孔灌注桩定额按湿作业成孔考虑，如采用干作业成孔工艺时，则扣除相应定额中的黏土、水和机械中的泥浆泵。

3）定额各种灌注桩的材料用量中，均已包括了充盈系数和材料损耗，见表 7-10。

4）桩孔空钻部分回填应根据施工组织设计的要求套用相应定额，填土者按本定额"土石方工程"松填土方定额计算，填碎石者按本定额"地基处理与边坡支护工程"碎石垫层定额乘以 0.7 计算。

表 7－10 灌注桩充盈系数和材料损耗率表

项目名称	充盈系数	损耗率/%
旋挖、冲击钻机成孔灌注混凝土桩	1.25	1
回旋、螺旋钻机钻孔灌注混凝土桩	1.20	1
沉管桩机成孔灌注混凝土桩	1.15	1

5）旋挖桩、螺旋桩、人工挖孔桩等采用干作业成孔工艺的桩的土石方场内、场外运输，执行本定额"土石方工程"相应项目及规定。

6）定额内未包括泥浆池制作，实际发生时按本定额"砌筑工程"的相应项目执行。

7）定额内未包括废泥浆场内（外）运输，实际发生时按本定额"土石方工程"相关项目及规定执行。

8）定额内未包括桩钢筋笼、铁件制安项目，实际发生时按本定额"钢筋及混凝土工程"的相应项目执行。

9）定额内未包括沉管灌注桩的预制桩尖制安项目，实际发生时按本定额"钢筋及混凝土工程"中的小型构件定额执行。

10）灌注桩后压浆注浆管、声测管埋设，注浆管、声测管如遇材质、规格不同时，可以换算，其余不变。

11）注浆管埋设定额按桩底注浆考虑，如设计采用侧向注浆，则相应定额人工、机械乘以系数1.2。

（二）工程量计算规则

1．打桩

（1）预制钢筋混凝土桩。

打、压预制钢筋混凝土桩按设计桩长（包括桩尖）乘以桩截面面积，以体积计算：

$$预制钢筋混凝土桩工程量＝设计桩总长度×桩断面面积$$

【例 7－17】 某工程用打桩机，打如图 7－35 所示钢筋混凝土预制方桩，共 50 根，求其工程量。

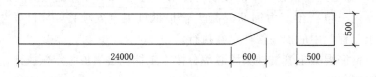

图 7－35 钢筋混凝土预制桩

解： 工程量＝0.5×0.5×（24＋0.6）×50＝307.50（m³）

（2）预应力钢筋混凝土管桩。

1）打、压预应力钢筋混凝土管桩按设计桩长（不包括桩尖），以长度计算。

2）预应力钢筋混凝土管桩钢桩尖按设计图示尺寸，以质量计算。

3）预应力钢筋混凝土管桩，如设计要求加注填充材料时，填充部分另按钢管桩填芯相应项目执行。

4）桩头灌芯按设计尺寸以灌注体积计算。

（3）钢管桩。

1）钢管桩按设计要求的桩体质量计算。

2）钢管桩内切割、精割盖帽按设计要求的数量计算。

3）钢管桩管内钻孔取土、填芯，按设计桩长（包括桩尖）乘以填芯截面积，以体积计算。

（4）打桩工程的送桩按设计桩顶标高至打桩前的自然地坪标高另加0.5m计算相应项目的送桩工程量。

（5）预制混凝土桩、钢管桩电焊接桩，按设计要求接桩头的数量计算。

（6）预制混凝土桩截桩按设计要求截桩的数量计算。截桩长度时，不扣减相应桩的打桩工程量；截桩长度大于1m时，其超过部分按实扣减打桩工程量，但桩体的价格和预制桩场内运输的工程量不扣除。

（7）预制混凝土桩凿桩头按设计图示桩截面积乘以凿桩头长度，以体积计算。凿桩头长度设计无规定时，桩头长度按桩体高40d（d为桩体主筋直径，主筋直径不同时取大者）计算；灌注混凝土桩凿桩头按设计超灌高度（设计有规定按设计要求，设计无规定按0.5m）乘以桩截面积，以体积计算。

（8）桩头钢筋整理，按所整理的桩的数量计算。

2. 灌注桩

（1）钻孔桩、旋挖桩成孔工程量按打桩前自然地坪标高至设计桩底标高的成孔长度乘以设计桩径截面积，以体积计算。入岩增加工程量按实际入岩深度乘以设计桩径截面积，以体积计算。

（2）钻孔桩、旋挖桩灌注混凝土工程量按设计桩径截面积乘以设计桩长（包括桩尖）另加加灌长度，以体积计算。加灌长度设计有规定者，按设计要求计算；无规定者，按0.5m计算。

（3）沉管成孔工程量按打桩前自然地坪标高至设计桩底标高（不包括预制桩尖）的成孔长度乘以钢管外径截面积，以体积计算。

（4）沉管桩灌注混凝土工程量按钢管外径截面积乘以设计桩长（不包括预制桩尖）另加加灌长度，以体积计算。加灌长度设计有规定者，按设计要求计算，无规定者，按0.5m计算。

（5）人工挖孔灌注混凝土桩护壁和桩芯工程量，分别按设计图示截面积乘以设计桩长另加加灌长度，以体积计算。加灌长度设计有规定者，按设计要求计算，无规定者，按0.25m计算。

（6）钻孔灌注桩、人工挖孔桩设计要求扩底时，其扩底工程量按设计尺寸，以体积计算，并入相应桩的工程量内。

（7）桩孔回填工程量按桩加灌长度顶面至打桩前自然地坪标高的长度乘以桩孔截面积，以体积计算。

（8）钻孔压浆桩工程量按设计桩顶标高至设计桩底标高的长度另加0.5m，以长度计算。

（9）注浆管、声测管埋设工程量按打桩前的自然地坪标高至设计桩底标高的长度另加

0.5m，以长度计算。

（10）桩底（侧）后压浆工程量按设计注入水泥用量，以质量计算。

四、砌筑工程

（一）定额说明

（1）定额中砖、砌块和石料按标准或常用规格编制，设计材料规格与定额不同时允许换算。

（2）砌筑砂浆按现场搅拌编制，定额所列砌筑砂浆的强度等级和种类，设计与定额不同时允许换算。

（3）定额中各类砖、砌块、石砌体的砌筑均按直形砌筑编制。如为圆弧形砌筑时，按相应定额人工用量乘以系数1.1、材料用量乘以系数1.03。

（4）砖砌体、砌块砌体、石砌体。定额中砖规格是按240mm×115mm×53mm标准砖编制的，空心砖、多孔砖、砌块规格按常用规格编制的。标准砖砌体的计算厚度按表7-11确定。

表 7-11　　　　　　　　　　标准砖砌体计算厚度

墙厚（砖数）	1/4	1/2	3/4	1	1.5	2	2.5
计算厚度/mm	53	115	180	240	365	490	615

（5）定额中的墙体砌筑层高是按3.6m编制的，如超过3.6m时，其超过部分工程量的定额人工乘以系数1.3。

（6）砖砌体均包括原浆勾缝用工，加浆勾缝时，按本定额"墙、柱面装饰与隔断、幕墙工程"的规定另行计算。

（7）砖柱和零星砌体等子目按实心砖列项，如用多孔砖砌筑时，按相应子目乘以系数1.15。

（8）砌块零星砌体执行砖零星砌体子目，人工含量不变。

（二）工程量计算规则

1. 砌筑界线划分

（1）基础与墙体：以设计室内地坪为界，有地下室者，以地下室设计室内地坪为界，以下为基础，以上为墙体。如图7-36所示。

（2）室内柱以设计室内地坪为界；室外柱以设计室外地坪为界，以下为柱基础，以上为柱。如图7-37、图7-38所示。

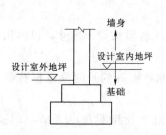

图7-36　墙身与基础形式

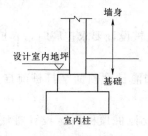

图7-37　室内柱与基础形式

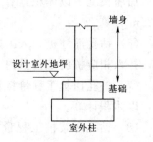

图7-38　室内柱基础形式

若基础与墙（柱）身使用不同材料，且分界线位于设计室内地坪 300mm 以内时，300mm 以内部分并入相应墙（柱）身工程量内计算。

（3）围墙以设计室外地坪为界，以下为基础，以上为墙体。如图 7-39 所示。

（4）挡土墙以设计地坪标高低的一侧为界，以下为基础，以上为墙体。如图 7-40 所示。

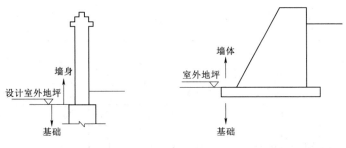

图 7-39　围墙基础形式　　　　图 7-40　挡土墙与基础形式

2. 基础工程量计算

（1）条形基础：按墙体长度乘以设计断面面积以体积计算。

（2）包括附墙垛基础宽出部分体积，扣除地梁（圈梁）、构造柱所占体积，不扣除基础大放脚 T 形接头处的重叠部分，以及嵌入基础的钢筋、铁件、管道、基础防潮层和单个面积 $<0.3\text{m}^2$ 的孔洞所占体积，但靠墙暖气沟的挑檐亦不增加。

（3）基础长度：外墙按外墙中心线，内墙按内墙净长线计算。

（4）柱间条形基础，按柱间墙体的设计净长度乘以设计断面面积，以体积计算。

（5）独立基础：按设计图示尺寸以体积计算。

$$砖基础=（基础深+大放脚折加高度）\times 基础宽 \times 基础长-嵌入基础的构件体积$$

$$大放脚折加高度=大放脚折加面积 \div 墙厚$$

$$垛基体积=垛基自身体积+放脚部分体积$$

或

$$垛基体积=垛厚 \times 基础断面积$$

其中，等高式大放脚折算面积为

$$S_{等高}=0.126\times（层数+1）\times 0.0625 \times 层数$$

不等高式大放脚折算面积为（高低层数相同时）

$$S_{不等高1}=[0.126\times（高步数+1）+0.063\times 低步数]\times 0.0625 \times 步数$$

不等高式大放脚折算面积为（高低层数不同时）

$$S_{不等高2}=（0.126\times 高步步数+0.063\times 低步步数）\times 0.0625 \times（步数+1）$$

砖基础大放脚的折加高度是把大放脚断面层数，按不同的墙厚折成高度，也可用大放脚增加断面积计算。为了计算方便，将砖基础大放脚的折加高度及大放脚增加断面积编制成表 7-12。计算基础工程量时可直接查用。

【例 7-18】试计算图 7-41 中八层不等高式标准砖大放脚的折算面积及其 240 墙的折加高度。

表 7 - 12 　　　　　等高、不等高砖基础大放脚折加高度和大放脚增加断面积表

放脚层数	折 加 高 度 /m												增加断面 /m²	
	0.5砖（0.115）		1砖（0.24）		1.5砖（0.365）		2砖（0.49）		2.5砖（0.615）		3砖（0.74）			
	等高	不等高	等高	不等高	等高	不等高	等高	不等高	等高	不等高	等高	不等高	等高	不等高
一	0.137	0.137	0.066	0.066	0.043	0.043	0.032	0.032	0.026	0.026	0.021	0.021	0.0158	0.0158
二	0.411	0.342	0.197	0.164	0.129	0.108	0.096	0.08	0.077	0.064	0.064	0.053	0.0473	0.0394
三			0.394	0.328	0.259	0.216	0.193	0.161	0.154	0.128	0.128	0.106	0.0945	0.0788
四			0.656	0.525	0.432	0.345	0.321	0.253	0.256	0.205	0.213	0.17	0.1575	0.126
五			0.984	0.788	0.647	0.518	0.482	0.38	0.384	0.307	0.319	0.255	0.2363	0.189
六			1.378	1.083	0.906	0.712	0.672	0.53	0.538	0.419	0.447	0.351	0.3308	0.2599
七			1.838	1.444	1.208	0.949	0.90	0.707	0.717	0.563	0.596	0.468	0.441	0.3465
八			2.363	1.838	1.553	1.208	1.157	0.90	0.922	0.717	0.766	0.596	0.567	0.4411
九			2.953	2.297	1.942	1.51	1.447	1.125	1.153	0.896	0.958	0.745	0.7088	0.5513
十			3.61	2.789	2.372	1.834	1.768	1.366	1.409	1.088	1.171	0.905	0.8663	0.6694

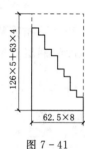

图 7 - 41

解： ①无论设计放脚尺寸标注为多少，都应按照标准放脚尺寸计算。标准放脚尺寸为：不等高的高层为 126mm，低层为 63mm，每层放脚宽度为 62.5mm；等高式的层高均为 126mm，每层放脚宽度为 62.5mm。

②在计算折算面积时，把两边大放脚扣成一个矩形，然后计算矩形面积。对于不等高大放脚，当层数为偶数时，图形上扣才能扣严；当层数为奇数时，图形应侧扣才能扣严。对于等高式大放脚，无论偶数、奇数层，上扣、下扣均可扣严。

本题为不等高式偶数层，所以应该上扣，故

折算面积： $S = (0.126 \times 5 + 0.063 \times 4) \times 0.0625 \times 8 = 0.441 (\text{m}^2)$

240 墙折加高度： $h = 0.441 \div 0.24 = 1.838 (\text{m})$

【例 7 - 19】 试计算图 7 - 42 所示砌筑砖基础的工程量。

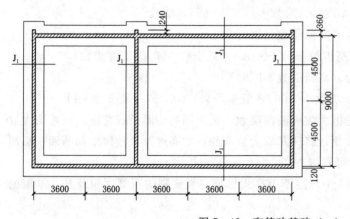

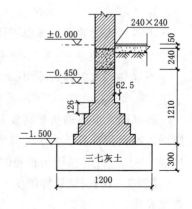

图 7 - 42 砌筑砖基础（一）

解：
$$L_{中}=(9+3.6\times5)\times2+0.24\times3=54.72(m)$$
$$L_{内}=9-0.24=8.76(m)$$

砖基础工程量
$$V_{基}=(0.24\times1.50+0.0625\times5\times0.126\times4-0.24\times0.24)\times(54.72+8.76)$$
$$=29.19(m^3)$$

【例 7-20】 试求图 7-43 所示砌筑基础的工程量。

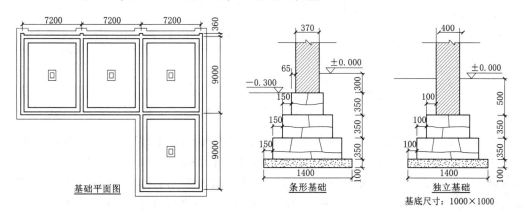

基础平面图　　　条形基础　　　独立基础
基底尺寸：1000×1000

图 7-43 砌筑砖基础（二）

解：
$$L_{中}=(7.2\times3+9\times2+0.360\times3)\times2=81.36(m)$$
$$L_{内}=9-0.37+7.2-0.37=15.46(m)$$

① 石条基工程量＝$(81.36+15.46)\times(1.1+0.8+0.5)\times0.35=232.37(m^3)$
　　毛石独立基础工程量＝$(0.8\times0.8+0.6\times0.6)\times0.35\times3=1.05(m^3)$
　　　　毛石基础合计工程量＝$232.37+1.05=233.42(m^3)$
② 　　　　砖基础工程量＝$0.40\times0.40\times0.50\times3=0.24(m^3)$

这里，墙身与基础分界线位于设计室内地坪 300mm 以内。

【例 7-21】 某毛石基础工程如图 7-44 所示，用 M5.0 水泥砂浆砌筑，计算该基础工程的工程量。

解：
$$L_{中}=(4.8\times2+3.3\times2+7.2+2.1)\times2+2.1\times2=55.2(m)$$
$$L_{内}=(7.2-0.37)\times3=20.49(m)$$

　　毛石基础工程量＝$(55.2+20.49)\times(1.1+0.8+0.5)\times0.35$
$$=71.49\times2.4\times0.35$$
$$=63.58(m^3)$$

　　砖基础工程量＝$(55.2+20.49)\times0.45\times0.365$
$$=12.43(m^3)$$

3. 墙体工程量计算

按设计图示尺寸以体积计算。计算墙体工程量时，应扣除门窗、洞口、嵌入墙内的钢筋混凝土柱、梁、圈梁、挑梁、过梁及凹进墙内的壁龛、管槽、暖气槽、消火栓箱所占体积。不扣除梁头、外墙板头、檩头、垫木、木楞头、沿椽木、木砖、门窗走头、墙内的加固钢

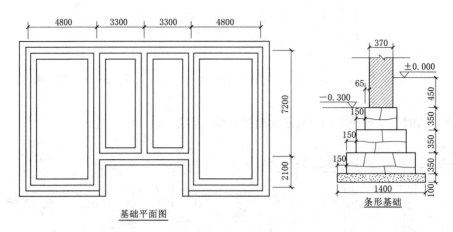

基础平面图

图 7-44 某毛石基础工程图

筋、木筋、铁件、钢管及每个面积小于 $0.3m^2$ 孔洞等所占体积。凸出墙面的窗台虎头砖、压顶线、山墙泛水、烟囱根、门窗套及三皮砖以内的腰线和挑檐等体积也不增加。凸出墙面的砖垛、三皮砖以上的腰线和挑檐等体积，并入所附墙体体积内计算。附墙烟囱（包括附墙通风道、垃圾道，混凝土烟风道除外），按其外形体积并入所依附的墙体积内计算。

$$墙体工程量＝(L×H－门窗洞口面积)×h－\sum 构件体积$$

式中　L——墙长，框架间墙为柱间净长，m；

　　　h——墙厚，m。

（1）墙长度：外墙按中心线、内墙按净长计算。

（2）外墙高度：斜（坡）屋面无檐口天棚者算至屋面板底；有屋架且室内外均有天棚者算至屋架下弦底另加 200mm；斜（坡）屋面无檐口顶棚者算至屋面板底；有屋架，且室内外均有顶棚者，其高度算至屋架下弦底另加 200mm，如图 7-45 所示。

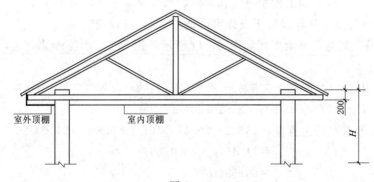

室外顶棚　　室内顶棚

图 7-45

无天棚者算至屋架下弦底另加 300mm，如图 7-46 所示，出檐宽度超过 600mm 时按实砌高度计算。有钢筋混凝土楼板隔层者算至板顶，平屋顶算至钢筋混凝土板顶。

出檐宽度超过 600mm 时，按实砌高度计算；平屋面算至钢筋混凝土板顶，如图 7-47 所示；山墙高度按其平均高度计算，如图 7-48 所示；女儿墙高度自外墙顶面算至混凝土压顶底，如图 7-49 所示。

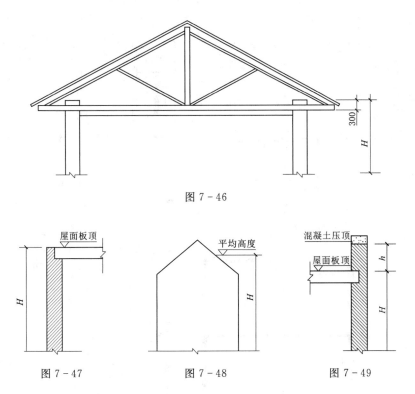

图 7-46

图 7-47   图 7-48   图 7-49

（3）内墙高度：位于屋架下弦者，其高度算至屋架底，如图 7-50 所示；无屋架者算至顶棚底另加 100mm；有钢筋混凝土楼板隔层者，算至楼板底，如图 7-51 所示。

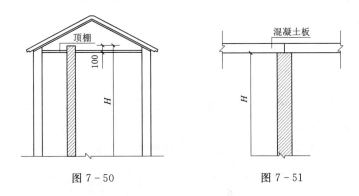

图 7-50   图 7-51

【例 7-22】 某建筑尺寸如图 7-52 所示，楼板厚 0.13m，计算其墙体工程量。

解： ①　　　　　　　外墙轴线长＝10.8×2+6×2＝33.6（m）

　　　　　门窗洞口面积＝1.8×1.8×12+1.2×2.7×2＝45.36（m²）

　　　　　外墙工程量＝（33.6×6-43.56）×0.24＝37.50（m³）

②　　　　　　　内墙净长＝（6-0.24）×2＝11.52（m）

　　　　　门窗洞口面积＝0.9×2.7×2+1.2×2.7×2＝11.34（m²）

　　内墙工程量＝[11.52×（6-0.13×2）-11.34]×0.24＝13.15（m³）

【例 7-23】 某传达室如图 7-53 所示，砖墙体用 M2.5 混合砂浆砌筑，M-1 为

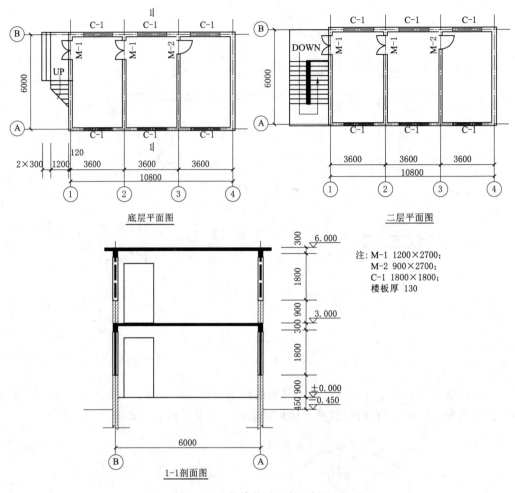

图 7-52 某建筑平面图、剖面图

1000mm×2400mm，M-2 为 900mm×2400mm，C-1 为 1500mm×1500mm，门窗上部均设过梁，断面为 240mm×180mm，长度按门窗洞口宽度每边增加 250mm；外墙均设圈梁（内墙不设），断面为 240mm×240mm，计算墙体工程量。

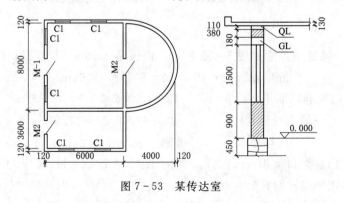

图 7-53 某传达室

解： ①外墙工程量＝[(6.00＋3.60＋6.00＋3.60＋8.00)×(0.90＋1.50

$$+0.18＋0.38)－1.50×1.50×6－1.00×2.40－0.90×2.4]$$

$$×0.24－0.24×0.18×2.00×6－0.24×0.18×1.50－0.24$$

$$×0.18×1.4＝[80.51－13.5－2.4－2.16]×0.24－0.52$$

$$－0.06－0.04＝14.37(m^3)$$

内墙工程量＝[(6.0－0.24＋8.0－0.24)×(0.9＋1.5＋0.18＋0.38＋0.11)

$$－0.9×2.4]×0.24－0.24×0.18×1.40＝[41.51－2.16]×0.24$$

$$－0.06＝9.46(m^3)$$

半圆弧外墙工程量＝4.00×3.14×(0.90＋1.50＋0.18＋0.38)×0.24＝8.92(m³)

墙体工程量合计＝14.37＋9.46＋8.92＝32.75(m³)

② 半圆弧墙工程量＝8.92m³

框架间墙：不分内外墙按墙体净尺寸以体积计算。

围墙：高度算至压顶上表面（如有混凝土压顶时算至压顶下表面），围墙柱并入围墙体积内。

4. 柱工程量计算

各种柱均按基础分界线以上的柱高乘以柱断面面积，以体积计算。

5. 轻质板墙

按设计图示尺寸以面积计算。

6. 其他砌筑工程量计算

(1) 砖砌地沟不分沟底、沟壁按设计图示尺寸以体积计算。

(2) 零星砌体项目，均按设计图示尺寸以体积计算。

(3) 多孔砖墙、空心砖墙和空心砌块墙，按相应规定计算墙体外形体积，不扣除砌体材料中的孔洞和空心部分的体积。

(4) 装饰砌块夹芯保温复合墙体按实砌复合墙体以面积计算。

(5) 石砌护坡按设计图示尺寸以体积计算。

五、钢筋及混凝土工程

(一) 定额说明

1. 钢筋

(1) 定额按钢筋的不同品种、规格，并按现浇构件钢筋、预制构件钢筋、预应力钢筋及箍筋分别列项。

(2) 预应力构件中非预应力钢筋按预制钢筋相应项目计算。

(3) 设计图纸未注明的钢筋搭接及施工损耗，已综合在定额项目内，不单独计算。

(4) 绑扎低碳钢丝、成型点焊和接头焊接用的电焊条已综合在定额项目内，不另行计算。

(5) 非预应力钢筋不包括冷加工，如设计要求冷加工时，另行计算。

(6) 预应力钢筋如设计要求人工时效处理时，另行计算。

(7) 后张法钢筋的锚固是按钢筋帮条焊、U形插垫编制的。如采用其他方法锚固时，可另行计算。

（8）表 7 - 13 所列构件，其钢筋可按表内系数调整人工、机械用量。

表 7 - 13　　　　　　　　　　　　人工、机械调整系数

项　　目	预制构件钢筋		现浇构件钢筋	
系数范围	拱梯形屋架	托架梁	小型构件（或小型池槽）	构筑物
人工、机械调整系数	1.16	1.05	2	1.25

2. 混凝土

（1）定额内混凝土搅拌项目包括筛砂子、筛洗石子、搅拌、前台运输上料等内容；混凝土浇筑项目包括运输、润湿模板、浇灌、捣固、养护等内容。

（2）毛石混凝土，是按毛石占混凝土总体积 20％计算的。如设计要求不同时，可以换算。

（3）小型混凝土构件，是指单件体积在 0.05m³ 以内的定额未列项目。

（4）预制构件定额内仅考虑现场预制的情况。

（5）定额中已列出常用混凝土强度等级，如与设计要求不同时，可以换算。

（6）混凝土柱、墙连接时，柱单面突出墙面大于墙厚或双面突出墙面时，柱按其完整断面计算，墙长算至柱侧面；柱单面突出墙面小于墙厚时，其突出部分并入墙体积内计算。

（7）轻型框剪墙子目，已综合考虑了墙柱、墙身、墙梁的混凝土浇筑因素，计算工程量时执行墙的相应规则，墙柱、墙身、墙梁不分别计算。

（8）轻型框剪墙子目，已综合考虑了墙柱、墙身、墙梁的混凝土浇筑因素，计算工程量时执行墙的相应规则，墙柱、墙身、墙梁不分别计算。

（9）劲性混凝土柱（梁）中的混凝土在执行定额相应子目时，人工、机械乘以系数 1.15。

（10）有梁板与平板的区分，如图 7 - 54 所示。图中通过柱支座的均为梁考虑，上方两轴范围内为有梁板，通过柱支座的梁为主梁，不通过柱支座的梁为次梁，主次梁与上方板合并计算工程量套用"有梁板"子目。右下方板下没有不通过柱支座的梁，所以为平板，套用"平板"子目，通过柱支座的梁，按其截面分别套用"框架梁、连续梁"子目和"单梁、斜梁、异形梁、拱形梁"子目。

3. 预制构件安装

（1）定额的安装高度小于 20m；机械吊装是按单机作业编制的。

（2）安装项目是以轮胎式起重机、塔式起重机（塔式起重机台班消耗量包括在垂直运输机械项目内）分别列项编制的。如使用汽车式起重机时，按轮胎起重机相应定额项目乘以系数 1.05。

（3）预制混凝土构件安装子目均不包括为安装工程所搭设的临时性脚手架及临时平台，发生时按有关规定另行计算。

（二）工程量计算规则

1. 现浇混凝土

混凝土工程量除另有规定者外，均按图示尺寸以体积计算。不扣除构件内钢筋、铁件

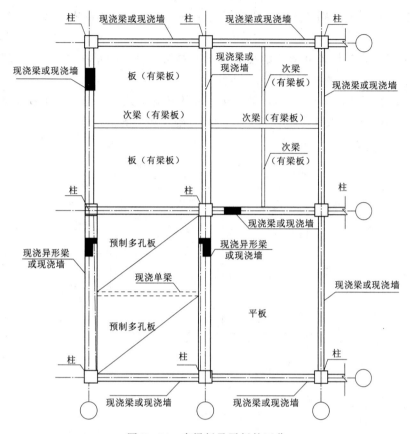

图 7-54　有梁板及平板的区分

及墙、板中小于 0.3m² 的孔洞所占体积，但劲性混凝土中的金属构件、空心楼板中的预埋管道所占体积应予扣除。

（1）基础。

1）带形基础，外墙按设计外墙中心线长度、内墙按设计内墙基础净长度乘以设计断面面积，以体积计算。

2）满堂基础，按设计图示尺寸以体积计算，见图 7-55。

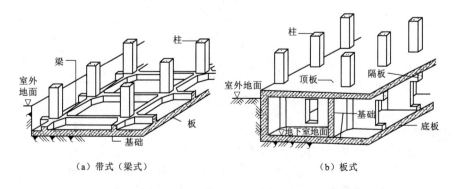

（a）带式（梁式）　　　（b）板式

图 7-55　满堂基础

3）箱式满堂基础分别按无梁式满堂基础、柱、墙、梁、板的有关规定计算，套用相应定额子目。

4）独立基础，包括各种形式的独立基础及柱墩，其工程量按图示尺寸以体积计算。柱与柱基的划分以柱基的扩大顶面为分界线。

【例 7-24】 如图 7-56 所示，某建筑工程的基础形式为条形砖基础和钢筋混凝土独立柱基础，垫层均为混凝土垫层，计算该工程基础及垫层的工程量。

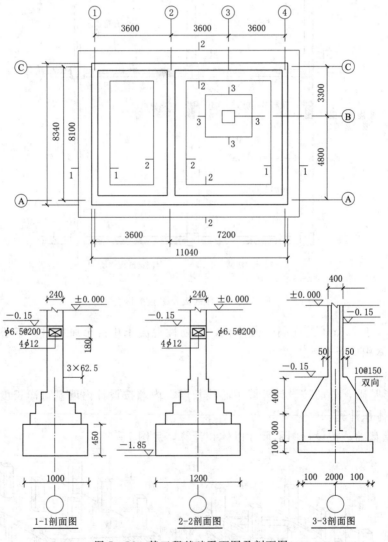

图 7-56 某工程基础平面图及剖面图

解：①砖基础

$$砖基础长度 L_1 = 8.1 \times 2 = 16.2 \, (m)$$
$$L_2 = 10.8 \times 2 + (8.1 - 0.24) = 29.46 \, (m)$$
$$L_1 \text{大放脚折加高度} = \text{大放脚折加面积} \div \text{墙厚} = 0.394 \, (m)$$
$$L_2 \text{大放脚折加高度} = \text{大放脚折加面积} \div \text{墙厚} = 0.656 \, (m)$$

嵌入基础的构件(圈梁)体积＝[2×(10.8+8.1)+8.1−0.24]×0.18×0.24
$$=1.973(\text{m}^3)$$

砖基础＝(基础深＋大放脚折加高度)×基础宽×基础长−嵌入基础的构件体积
$$=(1.4+0.394)×0.24×16.2+(1.4+0.656)×0.24×29.46−1.973$$
$$=6.975+14.536−1.973$$
$$=19.54(\text{m}^3)$$

②独立混凝土基础$=a^2h+\dfrac{h}{3}(a^2+aa_1+a_1^2)$
$$=2×2×0.3+0.4/3×[2×2+2×0.5+(0.5+0.5)^2]=1.90(\text{m}^3)$$

③砖基础混凝土垫层$=1.2×0.45×[8.1×2+(10.8×2+8.1−1.2)]=24.13(\text{m}^3)$

④独立基础垫层$=2.2×2.2×0.1=0.48(\text{m}^3)$

⑤带形桩承台按带形基础的计算规则计算，独立桩承台按独立基础的计算规则计算，见图7-57。不扣除伸入承台基础的桩头所占体积。

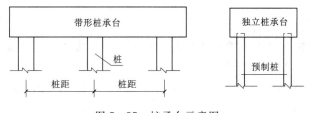

图7-57 桩承台示意图

⑥设备基础，除块体基础外，分别按基础、柱、梁、板、墙等有关规定计算，套用相应定额子目。楼层上的钢筋混凝土设备基础，按有梁板项目计算。

(2)柱。按图示断面尺寸乘以柱高以体积计算。柱高按下列规定确定：

1) 现浇混凝土柱与基础的划分，以基础扩大面的顶面为分界线，以下为基础，以上为柱。框架柱的柱高，自柱基上表面至柱顶高度计算。

2) 板的柱高，自柱基上表面(或楼板上表面)至上一层楼板上表面之间的高度计算。如图7-58所示。

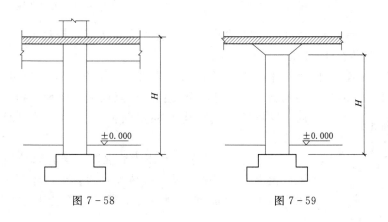

图7-58   图7-59

3）无梁板的柱高，自柱基上表面（或楼板上表面）至柱帽下表面之间的高度计算，如图 7 - 59 所示。

4）构造柱按设计高度计算，与墙嵌接部分（马牙槎）的体积，按构造柱出槎长度的一半（有槎与无槎的平均值）乘以出槎宽度，再乘以构造柱柱高，并入构造柱体积内计算，如图 7 - 60 所示。

5）依附柱上的牛腿，并入柱体积内计算，如图 7 - 61 所示。

（3）梁。按图示断面尺寸乘以梁长以体积计算。梁长及梁高按下列规定确定：

1）梁与柱连接时，梁长算至柱侧面，如图 7 - 62 所示。

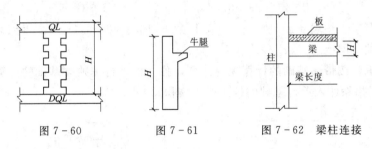

图 7 - 60　　　　　　图 7 - 61　　　　　图 7 - 62　梁柱连接

2）主梁与次梁连接时，次梁长算至主梁侧面。伸入墙体内的梁头、梁垫体积并入梁体积内计算，如图 7 - 63 所示。

3）过梁长度按设计规定计算，设计无规定时，按门窗洞口宽度，两端各加 250mm 计算，如图 7 - 64 所示。

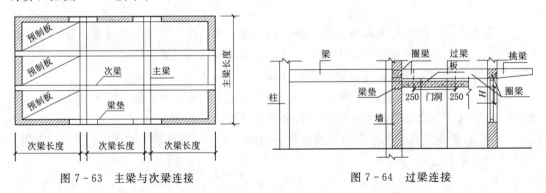

图 7 - 63　主梁与次梁连接　　　　　图 7 - 64　过梁连接

4）房间与阳台连通，洞口上坪与圈梁连成一体的混凝土梁，按过梁的计算规则计算工程量，执行单梁子目，如图 7 - 64 所示。

5）圈梁与梁连接时，圈梁体积应扣除伸入圈梁内的梁体积，如图 7 - 65 所示。圈梁与构造柱连接时，圈梁长度算至构造柱侧面。构造柱有马牙槎时，圈梁长度算至构造柱主断面的侧面。基础圈梁，按圈梁计算。

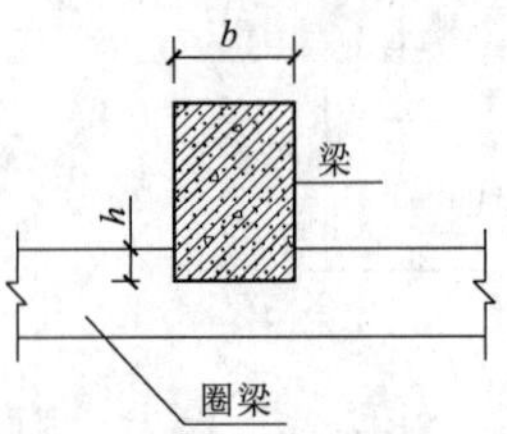

6）在圈梁部位挑出外墙的混凝土梁，以外墙外边线为界限，挑出部分按图示尺寸以体积计算。梁（单梁、框架梁、圈梁、过梁）与板整体现浇时，梁高计算至板底，如图 7 - 65 所示。

图 7 - 65　圈梁与梁连接

【例 7-25】 某四层钢筋混凝土现浇框架办公楼，图 7-66 为其平面结构示意图和独立柱基础断面图，轴线即为梁柱中心线，已知楼层高均为 3.60m，柱断面为 400×400；L_1 宽 300，高 600；L_2 宽 300，高 400。求主体结构柱梁的混凝土工程量。

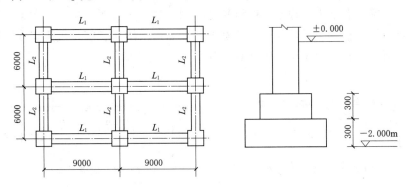

图 7-66 某现浇框架图

解：

①钢筋混凝土柱工程量＝柱断面面积×每根柱长×根数

$\quad\quad\quad = (0.4 \times 0.4) \times (14.4 + 2.0 - 0.3 - 0.3) \times 9$

$\quad\quad\quad = 0.16 \times 15.8 \times 9$

$\quad\quad\quad = 22.75 (\text{m}^3)$

②梁的混凝土工程量＝(L_1 梁长×L_1 断面×L_1 根数＋L_2 梁长×L_2 断面

$\quad\quad\quad\quad \times L_3$ 根数)×层数

$\quad\quad\quad = [(9 - 0.2 \times 2) \times (0.3 \times 0.6) \times (2 \times 3) + (6 - 0.2 \times 2)$

$\quad\quad\quad\quad \times (0.3 \times 0.4) \times (2 \times 3)] \times 4$

$\quad\quad\quad = [9.288 + 4.032] \times 4 = 53.28 (\text{m}^3)$

（4）墙。按图示中心线长度尺寸乘以设计高度及墙体厚度，以体积计算。扣除门窗洞口及单个面积大于 3m² 孔洞的体积，墙垛突出部分并入墙体积内计算。

1）现浇混凝土墙（柱）与基础的划分以基础扩大面的顶面为分界线，以下为基础，以上为墙（柱）身。

2）现浇混凝土柱、梁、墙、板的分界：

混凝土墙中的暗柱、暗梁，并入相应墙体积内，不单独计算。

（a）混凝土柱、墙连接时，柱单面凸出大于墙厚或双面凸出墙面时，柱、墙分别单独计算，墙算至柱侧面；柱单面凸出小于墙厚时，其凸出部分并入墙体积内计算。

（b）梁、墙连接时，墙高算至梁底。

（c）墙、墙相交时，外墙按外墙中心线长度计算，内墙按墙间净长度计算。

（d）柱、墙与板相交时，柱和外墙的高度算至板上坪；内墙的高度算至板底；板的宽度按外墙间净宽度（无外墙时，按板边缘之间的宽度）计算，不扣除柱、垛所占板的面积。

3）电梯井壁，工程量计算执行外墙的相应规定。

4）轻型框剪墙由剪力墙柱、剪力墙身、剪力墙梁三类构件构成，计算工程量时按混凝土墙的计算规则合并计算。

（5）板。按图示面积乘以板厚以体积计算。

1）有梁板包括主、次梁及板，工程量按梁、板体积之和计算，如图 7-67 所示。

现浇有梁板混凝土工程量＝图示长度×图示宽度×板厚＋主梁及次梁体积

主梁及次梁体积＝主梁长度×主梁宽度×肋高＋次梁净长度×次梁宽度×肋高

2）无梁板按板和柱帽体积之和计算，如图 7-68 所示。

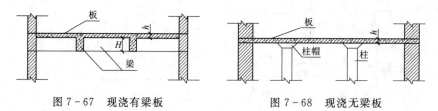

图 7-67　现浇有梁板　　　　　图 7-68　现浇无梁板

现浇无梁板混凝土工程量＝图示长度×图示宽度×板厚＋柱帽体积

3）平板按板图示体积计算。伸入墙内的板头、平板边沿的翻檐，均并入平板体积内计算，如图 7-69 所示。

现浇平板混凝土工程量＝图示长度×图示宽度×板厚

4）轻型框剪墙支撑的板按现浇混凝土平板的计算规则，以体积计算。

5）斜屋面按板断面积乘以斜长，有梁时，梁板合并计算。屋脊处加厚混凝土已包括在混凝土消耗量内，不单独计算。

斜屋面按板断面积乘以斜长，有梁时，梁板合并计算。屋脊处加厚混凝土已包括在混凝土消耗量内，不单独计算，如图 7-70 所示。

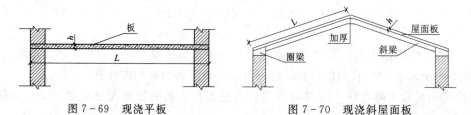

图 7-69　现浇平板　　　　　图 7-70　现浇斜屋面板

斜屋面板混凝土工程量＝图示板长度×板厚×斜坡长度＋板下梁体积

6）预制混凝土板补现浇板缝，40mm＜板底缝宽≤100mm 时，按小型构件计算；板底缝宽大于 100mm，按平板计算。

7）坡屋面顶板，按斜板计算。屋脊处八字脚的加厚混凝土（素混凝土）已包括在消耗量内，不单独计算。若屋脊处八字脚的加厚混凝土配置钢筋作梁使用，应按设计尺寸并入斜板工程量内计算。

8）现浇挑檐与板（包括屋面板）连接时，以外墙外边线为界限，如图 7-71 所示。与圈梁（包括其他梁）连接时，以梁外边线为界限，外边线以外为挑檐，如图 7-72 所示。

9）叠合箱、蜂巢芯混凝土楼板扣除构件内叠合箱、蜂巢芯所占体积，按有梁板相应规则计算。

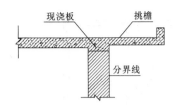
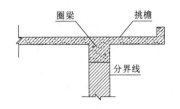

图 7-71 现浇挑檐与板的分界线   图 7-72 现浇挑檐与圈梁分界线

（6）其他。

1）整体楼梯包括休息平台、平台梁、楼梯底板、斜梁及楼梯的连接梁、楼梯段，按水平投影面积计算，不扣除宽度小于 500mm 的楼梯井，伸入墙内部分不另增加。踏步旋转楼梯，按其楼梯部分的水平投影面积乘以周数计算（不包括中心柱）。

（a）混凝土楼梯（含直形和旋转形）与楼板，以楼梯顶部与楼板的连接梁为界，连接梁以外为楼板；楼梯基础，按基础的相应规定计算。

（b）踏步底板、休息平台的板厚不同时，应分别计算。踏步底板的水平投影面积包括底板和连接梁；休息平台的投影面积包括平台板和平台梁。

（c）弧形楼梯，按旋转楼梯计算。

（d）独立式单跑楼梯间，楼梯踏步两端的板，均视为楼梯的休息平台板。非独立式楼梯间单跑楼梯，楼梯踏步两端宽度（自连接梁外边沿起）小于等于 1.2m 的板，均视为楼梯的休息平台板。单跑楼梯侧面与楼板之间的空隙视为单跑楼梯的楼梯井。

2）阳台、雨篷按伸出外墙部分的水平投影面积计算，伸出外墙的牛腿不另计算，其嵌入墙内的梁另按梁有关规定单独计算；雨篷的翻檐按展开面积，并入雨篷内计算。井字梁雨篷，按有梁板计算规则计算。

3）栏板以体积计算，伸入墙内的栏板，与栏板合并计算。

4）混凝土挑檐、阳台、雨篷的翻檐，总高度小于 300mm 时，按展开面积并入相应工程量内；总高度大于 300mm 时，按栏板计算。三面梁式雨篷，按有梁式阳台计算。

5）飘窗左右的混凝土立板，按混凝土栏板计算。飘窗上、下的混凝土挑板、空调室外机的混凝土搁板，按混凝土挑檐计算。

6）单件体积小于 $0.1m^3$ 且定额未列子目的构件，按小型构件以体积计算。

【例 7-26】 如图 7-73 所示，计算该有梁板的工程量。

解： 板的体积＝设计轴线所包面积×板厚＝$6×14.4×0.12＝10.368(m^3)$

主梁及次梁体积＝主梁长度×主梁宽度×肋高＋次梁净长度×次梁宽度×肋高

$$＝6×0.25×(0.5-0.12)×3＋(14.4-0.24-0.25×3)×0.2$$
$$×(0.4-0.12)＝1.712＋0.751＝2.461(m^3)$$

现浇有梁板混凝土工程量＝板的体积＋主梁及次梁体积＝$10.368＋2.461＝12.829(m^3)$

2. 预制混凝土工程量

按以下规定计算：

（1）混凝土工程量均按图示尺寸以体积计算，不扣除构件内钢筋、铁件、预应力钢筋所占的体积。

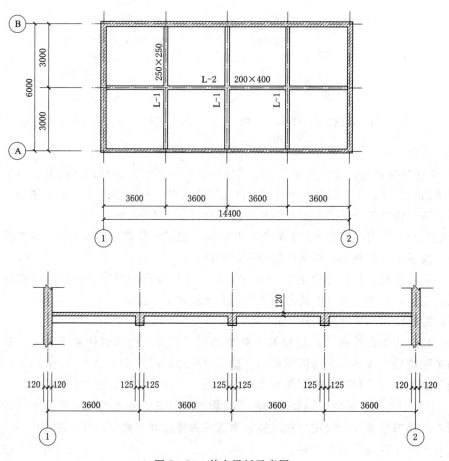

图 7-73 某有梁板示意图

（2）预制混凝土框架柱的现浇接头（包括梁接头）按设计规定断面和长度以体积计算。

（3）混凝土与钢构件组合的构件，混凝土部分按构件实体积以体积计算。钢构件部分按理论重量，以质量计算。

3. 混凝土搅拌制作和泵送子目

按各混凝土构件的混凝土消耗量之和，以体积计算。

4. 钢筋工程量

按以下规定计算：

（1）钢筋工程应区别现浇、预制构件，不同钢种和规格，计算时分别按设计长度乘以单位理论重量，以质量计算。钢筋电渣压力焊接、套筒挤压等接头，按数量计算。

（2）计算钢筋工程量时，设计规定钢筋搭接的，按规定搭接长度计算；设计、规范未规定的，已包括在钢筋的损耗率之内，不另计算搭接长度。

现浇混凝土构件钢筋图示用量＝（构件长度－两端保护层＋弯钩长度＋弯起增加长度

＋钢筋搭接长度）×线密度（每米钢筋理论重量）

1）混凝土保护层：受力钢筋保护层应符合设计要求；设计无规定时不能小于受力钢

筋直径和下列规定：墙、板、壳保护层为15mm；柱、梁、桩保护层为25mm；基础有垫层保护层为35mm，无垫层保护层为70mm。

2）弯钩增加长度：如图7-74所示。

$6.25d$　　　　　　　$4.9d$　　　　　　　$3d$

图7-74　弯钩增加长度

3）弯起钢筋增加长度：如图7-75所示。

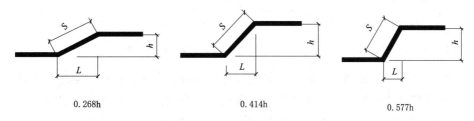

0.268h　　　　　　　0.414h　　　　　　　0.577h

图7-75　弯起钢筋增加长度

4）钢筋搭接长度：受拉钢筋绑扎接头的搭接长度，按表7-14计算；受压钢筋绑扎接头的搭接长度按受拉钢筋的0.7倍计算。

表7-14　　　　　　　　　　　　　　受拉钢筋绑扎接头的搭接长度

钢筋类型 \ 混凝土强度等级		C20	C25	C25以上
Ⅰ级钢筋		$35d$	$30d$	$25d$
月牙纹	Ⅱ级钢筋	$45d$	$40d$	$35d$
	Ⅲ级钢筋	$55d$	$50d$	$45d$
冷拔低碳钢丝		300mm		

注　1. 当Ⅱ、Ⅲ级钢筋直径$d>25$mm时，其受拉钢筋的搭接长度应按表中数值增加$5d$采用。

　　2. 当螺纹钢筋直径$d\leqslant25$mm时，其受拉钢筋的搭接长度应按表中值减少$5d$采用。

　　3. 当混凝土在凝固过程中受力钢筋易受扰动时，其搭接长度宜适当增加。

　　4. 在任何情况下，纵向受拉钢筋的搭接长度不应小于300mm；受压钢筋的搭接长度不应小于200mm。

　　5. 轻骨料混凝土的钢筋绑扎接头搭接长度应按普通混凝土搭接长度增加$5d$，对冷拔低碳钢丝增加50mm。

　　6. 当混凝土强度等级低于C20时，Ⅰ、Ⅱ级钢筋的搭接长度应按表中C20的数值相应增加$10d$，Ⅲ级钢筋不宜采用。

　　7. 对有抗震要求的受力钢筋的搭接长度，对一、二级抗震等级应增加$5d$。

　　8. 两根直径不同钢筋的搭接长度，以较细钢筋的直径计算。

5）钢筋每米重量：钢筋每米重量$=0.006165d^2$（d为钢筋直径）或按表7-15计算。

表7-15　　　　　　　　　　　　　　钢　筋　重　量　表

ϕ/mm	6	8	10	12	14	16	18	20	22	25
重量/(kg/m)	0.222	0.395	0.617	0.888	1.208	1.578	1.998	2.466	2.984	3.853

6）箍筋长度：如图7-76所示。

梁柱箍筋长度＝构件截面周长－0.05

箍筋长度＝构件截面周长－8×保护层厚＋4×箍筋直径＋2×钩长

7）箍筋根数：箍筋根数＝配置范围÷@＋1，如图7-77所示。

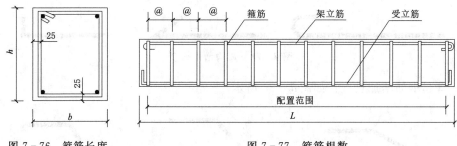

图7-76　箍筋长度　　　　　　　　　　图7-77　箍筋根数

（3）先张法预应力钢筋，按构件外形尺寸计算长度；后张法预应力钢筋按设计规定的预应力钢筋预留孔道长度，并区别不同的锚具类型，分别按下列规定计算：

1）低合金钢筋两端采用螺杆锚具时，预应力钢筋按预留孔道长度减0.35m，螺杆另行计算。

2）低合金钢筋一端采用镦头插片，另一端为螺杆锚具时，预应力钢筋长度按预留孔道长度计算，螺杆另行计算。

3）低合金钢筋一端采用镦头插片，另一端采用帮条锚具时，预应力钢筋长度增加0.15m；两端均采用帮条锚具时，预应力钢筋长度共增加0.3m。

4）低合金钢筋采用后张混凝土自锚时，预应力钢筋长度增加0.35m。

5）低合金钢筋或钢绞线采用JM、XM、QM型锚具，孔道长度不大于20m时，预应力钢筋长度增加1m；孔道长度大于20m时，预应力钢筋长度增加1.8m。

6）碳素钢丝采用锥形锚具，孔道长度小于20m时，预应力钢筋长度增加1m；孔道长度大于20m时，预应力钢筋长度增加1.8m。

7）碳素钢丝两端采用镦粗头时，预应力钢丝长度增加0.35m。

（4）其他。

1）马凳：

（a）现场布置按设计图纸规定或已审批的施工方案计算。

（b）设计无规定时现场马凳布置方式是其他形式的，马凳的材料应比底板钢筋降低一个规格（若底板钢筋规格不同时，按其中规格大的钢筋降低一个规格计算），长度按底板厚度的2倍加200mm计算，按1个/m²记入马凳筋工程量。

设计无规定时计算公式：

马凳钢筋重量＝（板厚×2＋0.2）×板面积×受撑钢筋次规格的线密度

2）墙体拉结S钩，设计有规定的按设计规定，设计无规定按ϕ8钢筋，长度按墙厚加150mm计算，按3个/m²，计入钢筋总量。

设计无规定时计算公式：

墙体拉结S钩重量＝（墙厚＋0.15）×（墙面积×3）×0.395

3）砌体加固钢筋按设计用量以质量计算。

4）锚喷护壁钢筋、钢筋网按设计用量以质量计算。防护工程的钢筋锚杆，护壁钢筋、钢筋网，执行现浇构件钢筋子目。

马凳　　　　　S钩

图 7 - 78

5）螺纹套筒接头、冷挤压带肋钢筋接头、电渣压力焊接头，按设计要求或按施工组织设计规定，以数量计算。

6）混凝土构件预埋铁件工程量，按设计图纸尺寸，以质量计算。

7）桩基工程钢筋笼制作安装，按设计图示长度乘以理论重量，以质量计算。

8）钢筋间隔件子目，发生时按实际计算。编制标底时，按水泥基类间隔件 1.21 个/m^2（模板接触面积）计算编制。设计与定额不同时可以换算。

9）对拉螺栓增加子目，按照混凝墙的模板接触面积乘以系数 0.5 计算。

5. 预制混凝土构件安装

均按图示尺寸，以体积计算。

（1）预制混凝土构件安装子目中的安装高度，指建筑物的总高度。

（2）焊接成型的预制混凝土框架结构，其柱安装按框架柱计算；梁安装按框架梁计算。

（3）预制钢筋混凝土工字形柱、矩形柱、空腹柱、双肢柱、空心柱、管道支架等的安装，均按柱安装计算。

（4）柱加固子目，是指柱安装后至楼板提升完成前的预制混凝土柱的搭设加固。其工程量按提升混凝土板的体积计算。

（5）组合屋架安装，以混凝土部分的实体积计算，钢杆件部分不另计算。

（6）预制钢筋混凝土多层柱安装，首层柱按柱安装计算，二层及二层以上按柱接柱计算。

【例 7 - 27】 计算如图 7 - 79 所示钢筋混凝土梁的钢筋用量，已知墙厚 240mm。

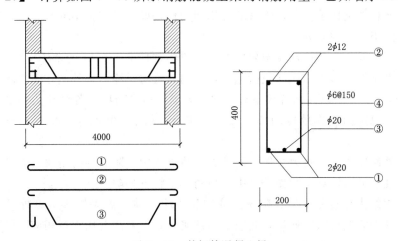

图 7 - 79 某钢筋混凝土梁

解：①号钢筋单筋长 $= 4000 - 2 \times 25 + 2 \times 6.25 \times 20 = 4200$（mm）

$$总长＝4200×2＝8400(mm)＝8.4m$$

$$总重量＝8.4×2.466＝20.714(kg)$$

②号钢筋单筋长＝$4000－2×25＋2×6.25×12＝4100(mm)$

$$总长＝4100×2＝8200(mm)＝8.2m$$

$$总重量＝8.2×0.888＝7.282(kg)$$

③号钢筋总长＝$4000－2×25＋2×0.414×(400－2×25)＋2×(400－2×25)$

$$＋2×6.25×20＝5189.8(mm)＝5.1898m$$

$$总重量＝5.1898×2.466＝12.798(kg)$$

④号单筋总长＝$(200－2×25＋400－2×25)×2＋2×6.25×6＝1075(mm)$

$$总根数＝(4000－2×240－2×50)÷150＋1＝24(根)$$

$$总长＝1075×24＝25800(mm)＝25.8m$$

$$总重量＝25.8×0.222＝5.728(kg)$$

六、金属结构工程

（一）定额说明

本部分定额包括金属结构制作、无损探伤检验、除锈、平台摊销、金属结构安装。

（1）构件制作均包括现场内（工厂内）的材料运输、号料、加工、组装及成品堆放、装车出厂等全部工序。

（2）定额金属构件制作包括各种杆件的制作、连接以及拼装成整体构件所需的人工、材料及机械台班用量（不包括为拼装钢屋架、托架、天窗架而搭设的临时钢平台）。在套用了金属构件制作项目后，拼装工作不再单独计算。

（3）金属结构的各种杆件的连接以焊接为主，焊接前连接两组相邻构件使其固定以及构件运输时为避免出现误差而使用的螺栓，已包括在制作子目内。

（4）构件安装未包括堆放地至起吊点运距大于15m的现场范围内的水平运输，发生时按本定额"施工运输工程"相应项目计算。

（5）金属构件制作子目中，钢材的规格和用量，设计与定额不同时，可以调整，其他不变（钢材的损耗率为6％）。

（6）钢零星构件，是指定额未列项的，且单体重量小于0.2t的金属构件。

（7）构件制作项目中，均已包括除锈，并刷一遍防锈漆。构件制作中要求除锈等级为Sa2.5级，设计文件要求除锈等级不大于Sa2.5级，不另套项；若设计文件要求除锈等级为Sa3级，则每定额制作单位增加人工0.2工日、机械10m³/min电动空气压缩机0.2台班。

（8）构件制作中防锈漆为制作、运输、安装过程中的防护性防锈漆，设计文件规定的防锈、防腐油漆另行计算，制作子目中的防锈漆工料不扣除。

（9）在钢结构安装完成后、防锈漆或防腐等涂装前，需对焊缝节点处、连接板、螺栓、底漆损坏处等进行除锈处理，此项工作按实际施工方法套用本章相应除锈子目，工程量按制作工程量的10％计算。

（10）成品金属构件或防护性防锈漆超出有效期（构件出场后6个月）发生锈蚀的构件，如需除锈，套用本章除锈相关子目计算。

（11）网架结构中焊接钢板节点、焊接钢管节点、杆件直接交汇节点的制作、安装，执行焊接空心球网架的制作、安装相应子目。

（12）实腹柱是指十字、T、L、H形等，空腹钢柱是指箱型、格构型等。

（13）轻钢檩条间钢拉条的制作、安装，执行屋架钢支撑相应子目。

（14）成品H型钢制作的柱、梁构件，相应制作子目人工、机械及除钢材外的其他材料乘以系数0.6。

（15）钢材如为镀锌钢材，则将主材调整为镀锌钢材，同时扣除人工3.08工日/t，扣除制作定额内环氧富锌底漆及钢丸含量。

（16）制作项目中的钢管按成品钢管考虑，如实际采用钢板加工而成的，需将制作项目中主材价格进行换算，人工、机械及除钢材外的其他材料乘以系数1.5。

（17）劲性混凝土的钢构件套用本章相应定额子目时，定额未考虑开孔费。如需开孔，钢构件制作定额的人工、机械乘以系数1.15。

（18）劲性混凝土柱（梁）中的钢筋在执行定额相应子目时人工乘以系数1.25。劲性混凝土柱（梁）中的混凝土在执行定额相应子目时人工、机械乘以系数1.15。

（19）钢屋架、托架、天窗架制作平台摊销子目，是与钢屋架、托架、天窗架制作子目配套使用的子目，其工程量与钢屋架、托架、天窗架的制作工程量相同。其他金属构件制作不计平台摊销费用。

（20）钢梁制作、安装执行钢吊车梁制作、安装子目。

（21）本定额的钢网架制作，按平面网架结构考虑，如设计成筒壳、球壳及其他曲面状，构件制作定额的人工、机械乘以系数1.3，构件安装定额的人工、机械乘以系数1.2。

（22）本定额中的屋架、托架、钢柱等均按直线考虑，如设计为曲线、折线型构件，构件制作定额的人工、机械乘以系数1.3，构件安装定额的人工、机械乘以系数1.2。

（23）单项定额内，均不包括脚手架及安全网的搭拆内容，脚手架及安全网均按相关章节有关规定计算。

（24）金属构件安装子目内，已包括金属构件本体的垂直运输机械。金属构件本体以外工程的垂直运输以及建筑物超高等内容，发生时按照相关章节有关规定计算。

（25）钢柱安装在钢筋混凝土柱上，其人工、机械乘以系数1.43。

（二）工程量计算规则

（1）金属结构制作、安装工程量，按图示钢材尺寸以质量计算，不扣除孔眼、切边的质量。焊条、铆钉、螺栓等质量已包括在定额内，不另计算。计算不规则或多边形钢板质量时，均以其最大对角线乘以最大宽度的矩形面积计算。

多边形钢板重量＝最大对角线长度×最大宽度×面密度（kg/m^2）

不规则或多边形钢板按矩形计算，如图7-80所示，即$S＝A×B$。

（2）实腹柱、吊车梁、H型钢等均按图示尺寸计算，其腹板及翼板宽度按每边增加25mm计算。

（3）钢柱制作、安装工程量，包括

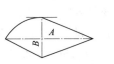

图7-80　不规则或多边形钢板

依附于柱上的牛腿、悬臂梁及柱脚连接板的质量。

（4）钢管柱制作、安装执行空腹钢柱子目，柱体上的节点板、加强环、内衬管、牛腿等依附构件并入钢管柱工程量内。

（5）计算钢屋架、钢托架、天窗架工程量时，依附其上的悬臂梁、檩托、横档、支爪、檩条爪等分别并入相应构件内计算。

（6）制动梁的制作安装工程量包括制动梁、制动桁架、制动板质量。

（7）钢墙架的制作工程量包括墙架柱、墙架梁及连接柱杆质量。

（8）钢筋混凝土组合屋架钢拉杆，按屋架钢支撑计算。

（9）钢漏斗的制作工程量，矩形按图示分片，圆形按图示展开尺寸，并以钢板宽度分段计算，每段均以其上口长度（圆形以分段展开上口长度）与钢板宽度，按矩形计算，依附漏斗的型钢并入漏斗重量内计算。

（10）高强螺栓、花篮螺栓、剪力栓钉按设计图示以套数计算。

（11）X 射线焊缝无损探伤，按不同板厚，以"张"（胶片）为单位。拍片张数按设计规定计算的探伤焊缝总长度除以定额取定的胶片有效长度（250mm）计算。

（12）金属板材对接焊缝超声波探伤，以焊缝长度为计量单位。

（13）除锈工程的工程量，依据定额单位，分别按除锈构件的质量或表面积计算。

（14）楼面及平板屋面按设计图示尺寸以铺设水平投影面积计算；屋面为斜坡的，按斜坡面积计算。不大于 $0.3m^2$ 的柱、垛及孔洞所占面积不扣除。

【例 7 - 28】 某工程钢屋架如图 7 - 81 所示，计算钢屋架工程量。

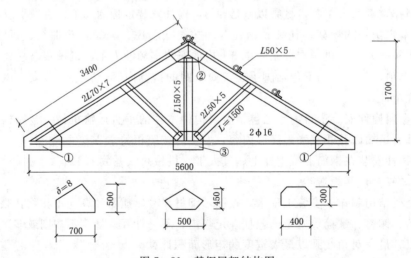

图 7 - 81 某钢屋架结构图

解：
$$上弦重量 = 3.40 \times 2 \times 2 \times 7.398 = 100.61(kg)$$
$$下弦重量 = 5.60 \times 2 \times 1.58 = 17.70(kg)$$
$$立杆重量 = 1.70 \times 3.77 = 6.41(kg)$$
$$斜撑重量 = 1.50 \times 2 \times 2 \times 3.77 = 22.62(kg)$$
$$①号连接板重量 = 0.7 \times 0.5 \times 2 \times 62.80 = 43.96(kg)$$
$$②号连接板重量 = 0.5 \times 0.45 \times 62.80 = 14.13(kg)$$

③号连接板重量＝0.4×0.3×62.80＝7.54（kg）

檩托重量＝0.14×12×3.77＝6.33（kg）

屋架工程量＝100.61＋17.70＋6.41＋22.62＋43.96＋14.13＋7.54＋6.33＝219.30（kg）

七、木结构工程

（一）定额说明

本部分定额包括木屋架、木构件、屋面木基层。

（1）木材木种均以一、二类木种取定。若采用三、四类木种时，相应项目人工和机械乘以系数1.35。

（2）木材木种分类如下：

一类：红松、水桐木、棒子松；

二类：白松（方杉、冷杉）、杉木、杨木、柳木、根木；

三类：青松、黄花松、秋子木、马尾松、东北榆木、柏木、苦木、梓木、黄菠萝、椿木、楠木、柚木、棒木；

四类：韧木（样木）、穰木、色木、槐木、荔木、麻栗木、桦木、荷木、水曲柳、华北榆木。

（3）定额材料中的"锯成材"是指方木、一等硬木方、一等木方、一等方托木、装修材、木板材和板方材等的统称。

（4）定额中木材以自然干燥条件下的含水率编制，需人工干燥时，另行计算。

（5）钢木屋架是指下弦杆件为钢材，其他受压杆件为木材的屋架。

（6）屋架跨度是指屋架两端上、下弦中心线交点之间的距离。

（7）屋面木基层是指屋架上弦以上至屋面瓦以下的结构部分。

（8）木屋架、钢木屋架定额项目中的钢板、型钢、圆钢，设计与定额不同时，用量可按设计数量另加6%损耗调整，其他不变。

（9）钢木屋架中钢杆件的用量已包括在相应定额子目内，设计与定额不同时，可按设计数量另加6%损耗调整，其他不变。

（10）木屋面板，定额按板厚15mm编制。设计与定额不同时，锯成材（木板材）用量可以调整，其他不变（木板材的损耗率平口为4.4%，错口为13%）。

（11）封檐板、博风板，定额按板厚25mm编制，设计与定额不同时，锯成材（木板材）可按设计用量另加23%损耗调整，其他不变。

（二）工程量计算规则

（1）木屋架、檩条工程量按设计图示尺寸以体积计算，附属于其上的木夹板、垫木、风撑、挑檐木、檩条、三角条均按木料体积并入屋架、檩条工程量内。单独挑檐木并入檩条工程量内。檩托木、檩垫木已包括在定额项目内，不另计算。

（2）钢木屋架的工程量按设计图示尺寸以体积计算，只计算木杆件的体积。后备长度、配置损耗以及附属于屋架的垫木等已并入屋架子目内，不另计算。

（3）支撑屋架的混凝土垫块，按本定额"钢筋及混凝土工程"中的有关规定计算。

（4）木柱、木梁按设计图示尺寸以体积计算。

（5）檩木木按设计图示尺寸以体积计算。檩垫木或钉在屋架上的檩托木已包括在定额内，不另计算。简支檩长度按设计规定计算，如设计未规定者，按屋架或山墙中距增加

200mm 计算，如两端出山，檩条长度算至博风板；连续檩接头部分按全部连续檩的总体积增加 5％计算。

（6）木楼梯按水平投影面积计算，宽度不大于 300mm 的楼梯井面积不扣除，踢脚板、平台和伸入墙内部分不另计算。

（7）屋面板制作、檩木上钉屋面板、油毡挂瓦条、钉橡板项目按设计图示屋面的斜面积计算。天窗挑出部分面积并入屋面工程量内计算，天窗挑檐重叠部分按设计规定计算，截面积不大于 $0.3m^2$ 的屋面烟囱、风帽底座、风道及斜沟等部分所占面积不扣除。

（8）封檐板按设计图示檐口外围长度计算。博风板按斜长度计算，每个大刀头增加长度 500mm。

（9）带气楼屋架的气楼部分及马尾、折角和正交部分半屋架，并入相连接屋架的体积内计算。

（10）屋面上人孔按设计图示数量以"个"为单位按数量计算。

八、门窗工程

（一）定额说明

（1）本部分定额包括木门，金属门，金属卷帘门，厂库房大门、特种门，其他门，木窗和金属窗。

（2）本定额主要为成品门窗安装项目。

（3）木门窗及金属门窗不论现场或附属加工厂制作，均执行本章定额。现场以外至施工现场的水平运输费用可计入门窗单价。

（4）门窗安装项目中，玻璃及合页、插销等一般五金零件均按包含在成品门窗单价内考虑。

（5）单独木门框制作安装中的门框断面按 $55×100mm$ 考虑。实际断面不同时，门窗材的消耗量按设计图示用量另加 18％损耗调整。

（6）木窗中的木橱窗是指造型简单、形状规则的普通橱窗。

（7）厂库房大门及特种门门扇所用铁件均已列入定额，除成品门附件以外，墙、柱、楼地面等部位的预埋铁件按设计要求另行计算。

（8）钢木大门为两面板者，定额人工和机械消耗量乘以系数 1.11。

（9）电子感应自动门传感装置、电子对讲门和电动伸缩门的安装包括调试用工。

（二）工程量计算规则

（1）各类门窗安装工程量，除注明者外，均按图示门窗洞口面积计算。

门窗安装工程量＝洞口宽×洞口高

（2）门连窗的门和窗安装工程量，应分别计算，窗的工程量算至门框外边线，如图 7-82 所示。

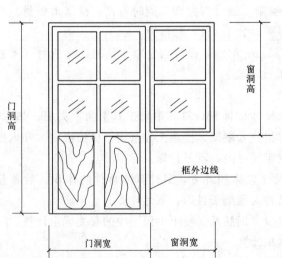

图 7-82　门连窗示意图

（3）木门框按设计框外围尺寸以长度计算。

（4）金属卷帘门安装工程量按洞口高度增加 600mm 乘以门实际宽度以面积计算；若有活动小门，应扣除卷帘门中小门所占面积。电动装置安装以"套"为单位按数量计算，小门安装以"个"为单位按数量计算。

（5）普通成品门、木质防火门、纱门扇、成品窗扇、纱窗扇、百叶窗（木）、铝合金纱窗扇和塑钢纱窗扇等安装工程量均按扇外围面积计算。

（6）木橱窗安装工程量按框外围面积计算。

（7）电子感应自动门传感装置、全玻转门、电子对讲门、电动伸缩门均以"套"为单位按数量计算。

九、屋面及防水工程

（一）定额说明

本部分定额包括屋面工程、防水工程、屋面排水、变形缝与止水。

1. 屋面工程

（1）本部分包括块瓦屋面、波形瓦屋面、沥青瓦屋面、金属板屋面、采光板屋面和膜结构屋面六种屋面面层形式。屋架、基层、檩条等项目按其材质分别按相应项目计算，找平层按本定额"楼地面装饰工程"的相应项目执行，屋面保温按本定额"保温、隔热、防腐工程"的相应项目执行，屋面防水层按本章相应项目计算。

（2）设计瓦屋面材料规格与定额规格（定额未注明具体规格的除外）不同时，可以换算，其他不变。波形瓦屋面采用纤维水泥、沥青、树脂、塑料等不同材质波形瓦时，材料可以换算，人工、机械不变。

（3）瓦屋面琉璃瓦面如实际使用盾瓦者，每 10m 的脊瓦长度，单侧增计盾瓦 50 块，其他不变。如增加勾头、博古等另行计算。

（4）一般金属板屋面，执行彩钢板和彩钢夹心板子目，成品彩钢板和彩钢夹心板包含蜘钉、螺栓、封檐板、封口（边）条等用量，不另计算。装配式单层金属压型板屋面区分模距不同执行定额子目，金属屋面板材质和规格不同时，可以换算，人工、机械不变。

（5）采光板屋面和玻璃采光顶，其支撑龙骨含量不同时，可以调整，其他不变。采光板屋面如设计为滑动式采光顶，可以按设计增加 U 形滑动盖帽等部件调整材料消耗量，人工乘以系数 1.05。

（6）膜结构屋面的钢支柱、锚固支座混凝土基础等执行其他章节相应项目。

（7）屋面以坡度不大于 25% 为准，坡度大于 25% 及人字形、锯齿形、弧形等不规则屋面，人工乘以系数 1.3；坡度大于 45% 的，人工乘以系数 1.43。

2. 防水工程

（1）本部分包括卷材防水、涂料防水、板材防水、刚性防水四种防水形式。项目设置不分室内、室外及防水部位，使用时按设计做法套用相应项目。

（2）细石混凝土防水层使用钢筋网时，钢筋网执行其他章节相应项目。

（3）平（屋）面按坡度不大于 15% 考虑，15%＜坡度≤25% 的屋面，按相应项目的人工乘以系数 1.18；坡度大于 25% 及人字形、锯齿形、弧形等不规则屋面或平面，人工乘以系数 1.3；坡度大于 45% 的，人工乘以系数 1.43。

（4）防水卷材、防水涂料及防水砂浆，定额以平面和立面列项，实际施工桩头、地沟、零星部位时，人工乘以系数 1.82；单个房间楼地面面积不大于 8m² 时，人工乘以系数 1.3。

（5）卷材防水附加层套用卷材防水相应项目，人工乘以系数 1.82。

（6）立面是以直形为准编制的，弧形者，人工乘以系数 1.18。

（7）冷粘法按满铺考虑。点、条铺者按其相应项目的人工乘以系数 0.91，黏合剂乘以系数 0.7。

（8）分隔缝主要包括细石混凝土面层分隔缝、水泥砂浆面层分隔缝两种，缝截面按照 15mm 乘以面层厚度考虑，当设计材料与定额材料不同时，材料可以换算，其他不变。

3. 屋面排水

（1）本部分包括屋面镀辞铁皮排水、铸铁管排水、塑料排水管排水、玻璃钢管、镀锌钢管、虹吸排水及种植屋面排水内容。水落管、水口、水斗均按成品材料现场安装考虑，选用时可以依据排水管材料材质不同套用相应项目换算材料，人工、机械不变。

（2）铁皮屋面及铁皮排水项目内已包括铁皮咬口和搭接的工料。

（3）塑料排水管排水按 PVC 材质水落管、水斗、水口和弯头考虑，实际采用 UPVC、PP（聚丙烯）管、ABS（丙烯腈一丁二烯一苯乙烯共聚物）管、PB（聚丁烯）等塑料管材或塑料复合管材时，材料可以换算，人工、机械不变。

（4）若采用不锈钢水落管排水时，执行镀锌钢管子目，材料据实换算，人工乘以系数 1.1。

（5）种植屋面排水子目仅考虑了屋面滤水层和排（蓄）水层，其找平层、保温层等执行其他章节相应项目，防水层按相应项目计算。

4. 变形缝与止水带

（1）变形缝嵌填缝子目中，建筑油膏、聚氯乙烯胶泥设计断面取定 30mm×20mm；油浸木丝板 150mm×25mm；其他填料取定为 150mm×30mm。若实际设计断面不同时用料可以换算，人工不变。

（2）沥青砂浆填缝设计砂浆不同时，材料可以换算，其他不变。

（3）变形缝盖缝，木板盖板断面取定为 200mm×25mm；铝合金盖板厚度取定为 1mm；不锈钢板厚度取定为 1mm。如设计不同时，材料可以换算，人工不变。

（4）钢板（紫铜板）止水带展开宽度 400mm，氯丁橡胶宽 300mm，涂刷式氯丁胶贴玻璃纤维止水片宽 350mm，其他均为 150mm×30mm。如设计断面不同时用料可以换算，人工不变。

（二）工程量计算规则

1. 屋面

（1）各种屋面和型材屋面（包括挑檐部分）均按设计图示尺寸以面积计算（斜屋面按斜面面积计算），不扣除房上烟囱、风帽底座、风道、小气窗、斜沟和脊瓦等所占面积，小气窗的出檐部分也不增加。

（2）西班牙瓦、瓷质波形瓦、英红瓦屋面的正斜脊瓦、檐口线，按设计图示尺寸以长度计算。

（3）琉璃瓦屋面的正斜脊瓦、檐口线，按设计图示尺寸，以长度计算。设计要求安装勾头（卷尾）或博古（宝顶）等时，另按"个"计算。

（4）采光板屋面和玻璃采光顶屋面按设计图示尺寸以面积计算，不扣除面积小于 $0.3m^2$ 孔洞所占面积。

（5）膜结构屋面按设计图示尺寸以需要覆盖的水平投影面积计算。

2. 防水

（1）屋面防水，按设计图示尺寸以面积计算（斜屋面按斜面面积计算），不扣除房上烟囱、风帽底座、风道、屋面小气窗等所占面积，上翻部分也不另计算。屋面的女儿墙、伸缩缝和天窗等处的弯起部分，按设计图示尺寸计算；设计无规定时，伸缩缝、女儿墙、天窗的弯起部分按 500mm 计算，计入立面工程量内。

（2）楼地面防水、防潮层按设计图示尺寸以主墙间净面积计算，扣除凸出地面的构筑物、设备基础等所占面积，不扣除间壁墙及单个面积 $0.3m^2$ 柱、垛、烟囱和孔洞所占面积，平面与立面交接处，上翻高度不大于 300mm 时，按展开面积并入平面工程量内计算；上翻高度大于 300mm 时，按立面防水层计算。

（3）墙基防水、防潮层，外墙按外墙中心线长度、内墙按墙体净长度乘以宽度，以面积计算。

（4）墙的立面防水、防潮层，不论内墙、外墙，均按设计图示尺寸以面积计算。

（5）基础底板的防水、防潮层按设计图示尺寸以面积计算，不扣除桩头所占面积。桩头处外包防水按桩头投影外扩 300mm 以面积计算，地沟处防水按展开面积计算，均计入平面工程量，执行相应规定。

（6）屋面、楼地面及墙面、基础底板等，其防水搭接、拼缝、压边、留搓用量已综合考虑，不另行计算；卷材防水附加层按实际铺贴尺寸以面积计算。

（7）屋面分格缝，按设计图示尺寸以长度计算。

3. 屋面排水

（1）水落管、镀锌铁皮天沟、檐沟，按设计图示尺寸以长度计算。

（2）水斗、下水口、雨水口、弯头、短管等，均按数量以"套"计算。

（3）种植屋面排水按设计尺寸以实际铺设排水层面积计算，不扣除房上烟囱、风帽底座、风道、屋面小气窗及面积不大于 $0.3m^2$ 孔洞所占面积。

4. 变形缝与止水带

按设计图示尺寸以长度计算。

十、保温、隔热、防腐工程

（一）定额说明

本部分定额包括保温、隔热及防腐两部分。

1. 保温、隔热工程

（1）本定额适用于中温、低温、恒温的工业厂（库）房保温工程，以及一般保温工程。

（2）保温层的保温材料配合比、材质、厚度设计与定额不同时，可以换算，消耗量及其他均不变。

（3）混凝土板上保温和架空隔热，适用于楼板、屋面板、地面的保温和架空隔热。

（4）天棚保温，适用于楼板下和屋面板下的保温。

（5）立面保温，适用于墙面和柱面的保温。独立柱保温层铺贴，按墙面保温定额项目人工乘以系数 1.19、材料乘以系数 1.04。

（6）弧形墙墙面保温隔热层，按相应项目的人工乘以系数 1.1。

（7）池槽保温，池壁套用立面保温，池底按地面套用混凝土板上保温项目。

（8）定额不包括衬墙等内容，发生时按相应章节套用。

（9）松散材料的包装材料及包装用工已包括在定额中。

（10）保温外墙面在保温层外镶贴面砖时需要铺钉的热镀锌电焊网，发生时按本定额"钢筋及混凝土工程"相应项目执行。

2. 防腐工程

（1）整体面层定额项目，适用于平面、立面、沟槽的防腐工程。

（2）块料面层定额项目按平面铺砌编制。铺砌立面时，相应定额人工乘以系数 1.30，块料乘以系数 1.02，其他不变。

（3）整体面层踢脚板按整体面层相应项目执行，块料面层踢脚板按立面砌块相应项目人工乘以系数 1.2。

（4）花岗岩面层以六面剁斧的块料为准，结合层厚度为 15mm。如板底为毛面时，其结合层胶结料用量可按设计厚度进行调整。

（5）各种砂浆、混凝土、胶泥的种类、配合比、各种整体面层的厚度及各种块料面层规格，设计与定额不同时可以换算。各种块料面层的结合层砂浆、胶泥用量不变。

（6）卷材防腐接缝、附加层、收头工料已包括在定额内，不再另行计算。

（二）工程量计算规则

1. 保温、隔热

（1）保温隔热层工程量除按设计图示尺寸和不同厚度以面积计算外，其他按设计图示尺寸以定额项目规定的计量单位计算。

（2）屋面保温隔热层工程量按设计图示尺寸以面积计算，扣除面积大于 $0.3m^2$ 孔洞及占位面积。

（3）地面保温隔热层工程量按设计图示尺寸以面积计算，扣除面积大于 $0.3m^2$ 的柱、垛、孔洞等所占面积，门洞、空圈、暖气包槽、壁龛的开口部分不增加面积。

（4）天棚保温隔热层工程量按设计图示尺寸以面积计算，扣除面积大于 $0.3m^2$ 上柱、垛、孔洞所占面积，与天棚相连的梁按展开面积，计算并入天棚工程量内。柱帽保温隔热层工程量，并入天棚保温隔热层工程量内。

（5）墙面保温隔热层工程量按设计图示尺寸以面积计算，其中外墙按保温隔热层中心线长度、内墙按保温隔热层净长度乘以设计高度以面积计算。扣除门窗洞口及面积大于 $0.3m^2$ 梁、孔洞所占面积；门窗洞口侧壁以及与墙相连的柱，并入保温墙体工程量内。

（6）柱、梁保温隔热层工程量按设计图示尺寸以面积计算。柱按设计图示柱断面保温层中心线展开长度乘以高度以面积计算，扣除面积大于 $0.3m^2$ 梁所占面积。梁按设计图示梁断面保温层中心线展开长度乘以保温层长度以面积计算。

（7）池槽保温层按设计图示尺寸以展开面积计算，扣除面积大于 $0.3m^2$ 孔洞及占位面积。

（8）聚氨酯、水泥发泡保温，区分不同的发泡厚度，按设计图示的保温尺寸以面积计算。

（9）混凝土板上架空隔热，不论架空高度如何，均按设计图示尺寸以面积计算。

（10）地板采暖、块状、松散状及现场调制保温材料，以所处部位按设计图示保温面积乘以保温材料的净厚度（不含胶结材料），以体积计算。按所处部位扣除相应凸出地面的构筑物、设备基础、门窗洞口以及面积大于 $0.3m^2$ 梁、孔洞等所占体积。

（11）保温外墙面面砖防水缝子目，按保温外墙面面砖面积计算。

【例 7-29】 某工程建筑示意图如图 7-83 所示，该工程外墙保温做法：①清理基层；②刷界面砂浆 5mm；③刷 30mm 厚胶粉聚苯颗粒；④门窗边做保温宽度为 120mm。计算工程量并套用相应定额子目。

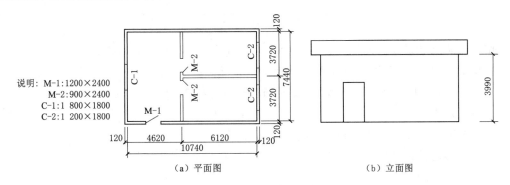

说明：M-1:1200×2400
　　　M-2:900×2400
　　　C-1:1 800×1800
　　　C-2:1 200×1800

（a）平面图　　　　　　　　（b）立面图

图 7-83 某工程建筑示意图

解：

①墙面保温面积＝[(10.74＋0.24＋0.03)＋(7.44＋0.24＋0.03)]×2×3.90
　　　　　　　　　－(1.2×2.4＋1.8×1.8＋1.2×1.8×2)＝135.58(m²)

门窗侧边保温面积＝[(1.8＋1.8)×2＋(1.2＋1.8)×4＋(2.4×2＋1.2)]×0.12＝3.02(m²)

　　　　　　外墙保温总面积＝135.58＋3.02＝138.60(m²)

②套用定额 10-1-55 胶粉聚苯颗粒保温厚度 30mm 子目，其中清理基层、刷界面砂浆已包含在定额工作内容中，不另计算。

2. 耐酸防腐

（1）耐酸防腐工程区分不同材料及厚度，按设计图示尺寸以面积计算。平面防腐工程量应扣除凸出地面的构筑物、设备基础等以及面积大于 $0.3m^2$ 孔洞、柱、垛等所占面积，门洞、空圈、暖气包槽、壁龛的开口部分不增加面积。立面防腐工程量应扣除门、窗、洞口以及面积大于 $0.3m^2$ 孔洞、梁所占面积，门、窗、洞口侧壁、垛凸出部分按展开面积并入墙面内。

（2）平面铺砌双层防腐块料时，按单层工程量乘以系数 2 计算。

（3）池、槽块料防腐面层工程量按设计图示尺寸以展开面积计算。

（4）踢脚板防腐工程量按设计图示长度乘以高度以面积计算，扣除门洞所占面积，并相应增加侧壁展开面积。

【例 7 - 30】 某库房做 1.3：2.6：7.4 耐酸沥青砂浆防腐面层，踢脚线抹 1：0.3：1.5 钢屑砂浆，厚度均为 20mm，踢脚线高度 200mm，如图 7 - 84 所示。墙厚均为 240mm，门洞地面做防腐面层，侧边不做踢脚线。计算工程量并套用相应定额子目。

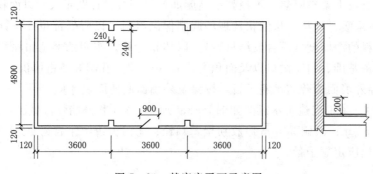

图 7 - 84　某库房平面示意图

解： ①防腐砂浆面层面积＝(10.8－0.24)×(4.8－0.24)＝48.15(m²)

套用定额 10 - 2 - 1 耐酸沥青砂浆厚度 30mm 子目；

10 - 2 - 2 耐酸沥青砂浆厚度每增减 5mm 子目调减 10mm。

②砂浆踢脚线＝[(10.8－0.24＋0.24×4＋4.8－0.24)×2－0.90]×0.20＝6.25(m²)

套用定额 10 - 2 - 10 钢屑砂浆厚度 20mm 子目。

十一、楼地面装饰工程

（一）定额说明

本部分定额包括找平层、整体面层、块料面层、其他面层及其他项目。

（1）水泥砂浆、混凝土的配合比，当设计、施工选用配比与定额取定不同时，可以换算，其他不变。

（2）水泥自流平、环氧自流平、耐磨地坪、塑胶地面材料可随设计施工要求或所选材料生产厂家要求的配比及用量进行调整。

（3）整体面层、块料面层中，楼地面项目不包括踢脚板（线）；楼梯项目不包括踢脚板（线）、楼梯梁侧面、牵边；台阶不包括侧面、牵边，设计有要求时，定额“墙柱面装饰与隔断、幕墙工程”“天棚工程”相应定额项目计算。

（4）预制块料及仿石块料铺贴，套用相应石材块料定额项目。

（5）石材块料楼地面面层分色子目，按不同颜色、不同规格的规则块料拼简单图案编制。其工程量应分别计算，均执行相应分色项目。

（6）镶贴石材按单块面积小于 0.64m² 编制。石材单块面积大于 0.64m² 的，砂浆贴项目每 10m² 增加用工 0.09 工日，胶黏剂贴项目每 10m² 增加用工 0.104 工日。

（7）石材块料楼地面面层点缀项目，其点缀块料按规格块料现场加工考虑。单块镶拼面积小于 0.015m² 的块料适用于此定额。如点缀块料为加工成品，需扣除定额内的“石料切割锯片”及“石料切割机”，人工乘以系数 0.4。被点缀的主体块料如为现场加工，应按其加工边线长度加套“石材楼梯现场加工”项目。

（8）块料面层拼图案（成品）项目，其图案石材定额按成品考虑。图案外边线以内周边异形块料如为现场加工，套用相应块料面层铺贴项目，并加套"图案周边异形块料铺贴另加工料"项目。

（9）楼地面铺贴石材块料、地板砖等，遇异形房间需现场切割时（按经过批准的排版方案），被切割的异形块料加套"图案周边异形块料铺贴另加工料"项目。

（10）异形块料现场加工导致块料损耗超出定额损耗的，应根据现场实际情况计算损耗率，超出部分并入相应块料面层铺贴项目内。

（11）楼地面铺贴石材块料、地板砖等，因施工验收规范、材料纹饰等限制导致裁板方向、宽度有特定要求（按经过批准的排版方案），致使其块料损耗超出定额损耗的，应根据现场实际情况计算损耗率，超出部分并入相应块料面层铺贴项目内。

（12）定额中的"石材串边""串边砖"指块料楼地面中镶贴颜色或材质与大面积楼地面不同且宽度小于200mm的石材或地板砖线条，定额中的"过门石""过门砖"指门洞口处镶贴颜色或材质与大面积楼地面不同的单独石材或地板砖块料。

（13）除铺缸砖（勾缝）项目，其他块料楼地面项目，定额均按密缝编制。若设计缝宽与定额不同时，其块料和勾缝砂浆的用量可以调整，其他不变。

（14）定额中的"零星项目"适用于楼梯和台阶的牵边、侧面、池槽、蹲台等项目，以及面积小于 $0.5m^2$ 且定额未列项的工程。

（15）实木踢脚板项目，定额按踢脚板固定在垫块上编制。若设计要求做基层板，另按本定额"墙、柱饰面与幕墙、隔断工程"中的相应基层板项目计算。

（16）楼地面铺地毯，定额按矩形房间编制。若遇异形房间，设计允许接缝时，人工乘以系数1.10，其他不变；设计不允许接缝时，人工乘以系数1.20，地毯损耗率根据现场裁剪情况据实测定。

（17）"木龙骨单向铺间距400mm（带横撑）"项目，如龙骨不铺设垫块时，每 $10m^2$ 调减人工0.2149工日，调减板方材 $0.0029m^3$，调减射钉88个。该项定额子目按《建筑工程做法》L13J1地301、楼301编制，如设计龙骨规格及间距与其不符，可调整定额龙骨材料含量，其余不变。

（二）工程量计算规则

（1）楼地面找平层和整体面层均按设计图示尺寸以面积计算。计算时应扣除凸出地面构筑物、设备基础、室内铁道、室内地沟等所占面积，不扣除间壁墙及 $<0.3m^2$ 的柱、垛、附墙烟囱及孔洞所占面积，门洞、空圈、暖气包槽、壁龛的开口部分亦不增加（间壁墙指墙厚小于120mm的墙）。

（2）楼、地面块料面层，按设计图示尺寸以面积计算。门洞、空圈、暖气包槽和壁龛的开口部分并入相应的工程量内。

【例7-31】 某建筑平面如图7-85所示，墙厚240mm：①若室内铺设水磨石地面，试计算水磨石地面的工程量。②若室内铺设600mm×75mm×18mm实木地板，试计算木地板地面的工程量。

解：①水磨石地面为整体面层，工程量为

$$(3.9-0.24)\times(3+3-0.24)+(5.1-0.24)\times(3-0.24)\times2=47.91(m^2)$$

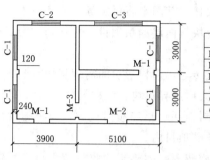

图 7-85　[例 7-31] 图

②实木地板为块料面层，工程量为

$(3.9-0.24)\times(3+3-0.24)+(5.1-0.24)\times(3-0.24)\times2+(1\times2+1.2+0.9)\times0.24$

$=47.91+0.984=48.89(\text{m}^2)$

（3）木楼地面、地毯等其他面层，按设计图示尺寸以面积计算。门洞、空圈、暖气包槽和壁龛的开口部分并入相应的工程量内。

（4）楼梯面层按设计图示尺寸以楼梯（包括踏步、休息平台及小于 500mm 宽的楼梯井）水平投影面积计算。楼梯与楼地面相连时，算至梯口梁内侧边沿，无梯口梁者，算至最上一层踏步边沿加 300mm。

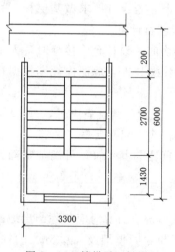

图 7-86　楼梯平面投影

【例 7-32】　某建筑物内楼梯如图 7-86 所示，同走廊连接，采用直线双跑形式，墙厚 240mm，梯井 300mm 宽，试计算其工程量。

解： 楼梯工程量 $=(3.3-0.24)\times(0.20+2.7+1.43)=13.25(\text{m}^2)$

（5）旋转、弧形楼梯的装饰，其踏步按水平投影面积计算，执行楼梯的相应子目，人工乘以系数 1.20；其侧面按展开面积计算，执行零星项目的相应子目。

（6）台阶面层按设计图示尺寸以台阶（包括最上层踏步边沿加 300mm）水平投影面积计算。

（7）串边（砖）、过门石（砖）按设计图示尺寸以面积计算。

（8）块料零星项目按设计图示尺寸以面积计算。

（9）踢脚线按长度计算工程量。水泥砂浆踢脚线计算长度时，不扣除门洞口的长度，洞口侧壁也不增加。

（10）踢脚板按设计图示尺寸以面积计算。

（11）地面点缀按点缀数量计算。计算地面铺贴面积时，不扣除点缀所占面积。

（12）块料面层拼图案（成品）项目，图案按实际尺寸以面积计算。图案周边异形块料铺贴另加工料项目，按图案外边线以内周边异形块料实贴面积计算。图案外边线是指成品图案所影响的周围规格块料的最大范围。

（13）楼梯石材现场加工，按实际切割长度计算。

（14）防滑条、地面分格嵌条按设计尺寸以长度计算。

（15）楼地面面层割缝按实际割缝长度计算。

（16）石材底面刷养护液按石材底面及四个侧面面积之和计算。

（17）楼地面酸洗、打蜡等基（面）层处理项目，按实际处理基（面）层面积计算，楼梯台阶酸洗打蜡项目，按楼梯、台阶的计算规则计算。

十二、墙、柱面装饰与隔断、幕墙工程

（一）定额说明

本部分定额包括墙、柱面抹灰，镶贴块料面层，墙、柱饰面，隔断、幕墙，墙、柱面吸音。

（1）凡注明砂浆种类、配合比、饰面材料型号规格的，设计与定额不同时，可按设计规定调整，其他不变。

（2）如设计要求在水泥砂浆中掺防水粉等外加剂时，可按设计比例增加外加剂，其他工料不变。

（3）圆弧形、锯齿形等不规则的墙面抹灰、镶贴块料、饰面，按相应项目人工乘以系数1.15。

（4）墙面抹灰的工程量，不扣除各种装饰线条所占面积。"装饰线条"抹灰适用于门窗套、挑檐、腰线、压顶、遮阳板、楼梯边梁、宣传栏边框等展开宽度小于300mm的竖、横线条抹灰，展开宽度大于300mm时，按图示尺寸以展开面积并入相应墙面计算。

（5）镶贴块料面层子目，除定额已注明留缝宽度的项目外，其余项目均按密缝编制。若设计留缝宽度与定额不同时，其相应项目的块料和勾缝砂浆用量可以调整，其他不变。

（6）粘贴瓷质外墙砖子目，定额按三种不同灰缝宽度分别列项，其人工、材料已综合考虑。如灰缝宽度大于20mm时，应调整定额中瓷质外墙砖和勾缝砂浆（1∶1.5水泥砂浆）或填缝剂的用量，其他不变。瓷质外墙砖的损耗率为3％。

（7）块料镶贴的"零星项目"适用于挑檐、天沟、腰线、窗台线、门窗套、压顶、栏板、扶手、遮阳板、雨篷周边等。

（8）镶贴块料高度大于300mm时，按墙面、墙裙项目套用；高度小于300mm按踢脚线项目套用。

（9）墙柱面抹灰、镶贴块料面层等均未包括墙面专用界面剂做法，如设计有要求时，按定额"油漆、涂料及裱糊工程"相应项目执行。

（10）粘贴块料面层子目，定额中的砂浆种类、配合比、厚度与定额不同时，允许调整，砂浆损耗率2.5％。

（11）挂贴块料面层子目，定额中包括了块料面层的灌缝砂浆（均为50mm厚），其砂浆种类、配合比，可按定额相应规定换算；其厚度，设计与定额不同时，调整砂浆用量，其他不变。

（12）阴、阳角墙面砖45°角对缝，包括面砖、瓷砖的割角损耗。

（13）饰面面层子目，除另有注明外，均不包含木龙骨、基层。

（14）墙柱饰面面层的材料不同时，单块面积小于0.03m²的面层材料应单独计算，且不扣除其所占饰面面层的面积。

（15）幕墙所用的龙骨，设计与定额不同时允许换算，人工用量不变。

（16）点支式全玻璃幕墙不包括承载受力结构。

（二）工程量计算规则

1. 内墙抹灰工程量按以下规则计算

（1）按设计图示尺寸以面积计算。计算时应扣除门窗洞口和空圈所占的面积，不扣除踢脚板（线）、挂镜线、单个面积小于 $0.3m^2$ 的空洞以及墙与构件交接处的面积，洞侧壁和顶面不增加面积。墙垛和附墙烟侧壁面积与内墙抹灰工程量合并计算。

（2）内墙面抹灰的长度，以主墙间的图示净长尺寸计算。其高度确定如下：

1）无墙裙的，其高度按室内地面或楼面至天棚底面之间距离计算。

2）有墙裙的，其高度按墙裙顶至天棚底面之间距离计算。

（3）内墙裙抹灰面积按内墙净长乘以高度计算（扣除或不扣除内容同内墙抹灰）。

（4）柱抹灰按设计断面周长乘以柱抹灰高度以面积计算。

【例 7 - 33】 某单层建筑平面图如图 7 - 87 所示，墙厚 240mm，室内净高 3.9m，门 1500mm×2700mm，内墙中级抹灰。试计算南立面内墙抹灰工程量（上北下南）。

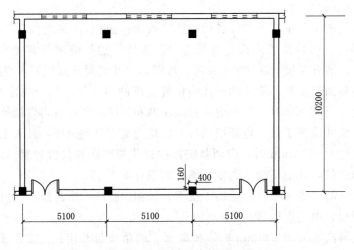

图 7 - 87 某单层建筑平面图

解： 南立面内墙面抹灰工程量＝墙面工程量＋柱侧面工程量－门洞口工程量

内墙面净长＝5.1×3－0.24＝15.06（m）

柱侧面工程量＝0.16×3.9×6＝3.744（m²）

门洞口工程量＝1.5×2.7×2＝8.1（m²）

墙面抹灰工程量＝15.06×3.9＋3.744－8.1

＝58.734＋3.744－8.1

＝54.38（m²）

2. 外墙抹灰工程量按以下规则计算

（1）外墙抹灰面积，按设计外墙抹灰的设计图示尺寸以面积计算。计算时应扣除门窗洞口、外墙裙和单个面积大于 $0.3m^2$ 孔洞所占面积，洞口侧壁面积不另增加。附墙垛、飘窗凸出外墙面增加的抹灰面积并入外墙面工程量内计算。

（2）外墙裙抹灰面积按其设计长度乘以高度计算（扣除或不扣除内容同外墙抹灰）。

（3）墙面勾缝按设计勾缝墙面的设计图示尺寸以面积计算。不扣除门窗洞口、门窗套、腰线等零星抹灰所占的面积，附墙柱和门窗洞口侧面的勾缝面积也不增加。独立柱、房上烟囱勾缝，按设计图示尺寸以面积计算。

【例7－34】 某建筑物，如图7－88所示，内墙面为1:2水泥砂浆，外墙面为普通水泥白石子水刷石，门窗尺寸分别为：M－1：900mm×2000mm；M－2：1200mm×2000mm；M－3：1000mm×2000mm；C－1：1500mm×1500mm；C－2：1800mm×1500mm；C－3：3000mm×1500mm。试计算外墙面抹灰工程量。

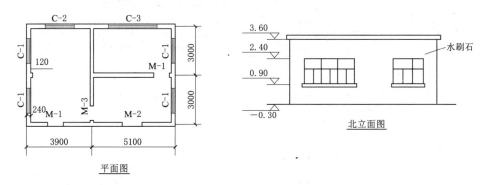

图7－88 某建筑物平、立面示意图

解： 外墙抹灰工程量＝墙面工程量－门洞口工程量

$$＝(3.9+5.1+0.24+3×2+0.24)×2×(3.6+0.3)$$
$$-(1.5×1.5×4+1.8×1.5+3×1.5+0.9×2+1.2×2)$$
$$＝15.48×2×3.9-(9+2.7+4.5+1.8+2.4)$$
$$＝100.34（m^2）$$

【例7－35】 图7－89为五层砖混结构办公楼一层平面图，已知二层以上平面图除M2的位置为C2外，其他均与一层平面图相同，层高均为3.00m，女儿墙顶标高为15.60m，室外地坪为－0.5m，门窗框外围尺寸及材料如下。

门窗代号	尺　寸	备　注
C1	1800×1800	铝合金
C2	1750×1800	铝合金
C3	1500×1800	铝合金
M1	1000×1960	纤维板
M2	2000×2400	铝合金

试计算：①建筑面积；②门窗工程量；③水泥沙浆外墙抹灰工程量。

解： ①建筑面积＝[(8+0.24)×(3.5+0.24)+(3+3+2.8)×(4.5+0.24)]×5
$$＝(30.82+41.71)×5＝72.53×5$$
$$＝362.66（m^2）$$

②门窗工程：C1工程量＝(1.8×1.8)×5＝16.20(m²)

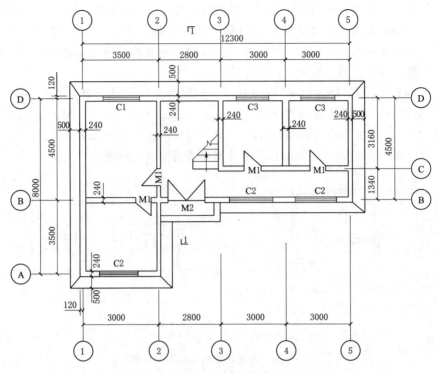

图 7-89　某砖混结构办公楼一层平面图

C2 工程量＝(1.75×1.8)×(3＋4×4)＝3.15×19＝59.85(m²)

C3 工程量＝(1.5×1.8)×2×5＝27(m²)

铝合金窗工程量＝C1＋C2＋C3＝16.2＋59.85＋27＝103.05(m²)

纤维板门 M1 工程量＝(1.0×1.96)×4×5＝39.2(m²)

铝合金门 M2 工程量＝2.0×2.4＝4.8(m²)

③水泥沙浆外墙抹灰：

外墙外边线长＝(12.3＋0.24＋8＋0.24)×2＝41.56m

外墙抹灰高度＝(15.60＋0.5)＝16.1m

外墙门窗面积＝103.05＋4.8＝107.85(m²)

外墙抹灰工程量＝外墙外边线长×外墙抹灰高度－外墙门窗面积

$$＝41.56×16.1－107.85$$

$$＝561.27(m²)$$

3. 墙、柱面块料面层工程量

按设计图示尺寸以面积计算。

【例 7-36】　某建筑物钢筋混凝土柱的构造如图 7-90 所示，柱面挂贴花岗岩面层，试计算工程量。

解：

所求工程量＝柱身工程量＋柱帽工程量

柱身工程量＝0.64×4×3.75＝9.6(m²)

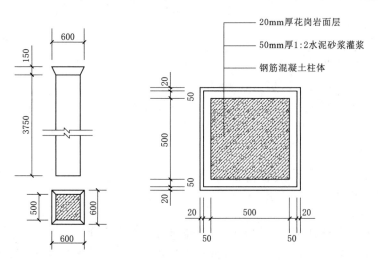

图 7-90 钢筋混凝土柱外贴花岗岩

柱帽工程量＝1.38×0.158×2＝0.44（m²）

柱面挂贴花岗岩的工程量＝7.5＋0.44＝7.94（m²）

4. 墙柱饰面、隔断、幕墙工程量

按以下规则计算：

（1）墙、柱饰面龙骨按图示尺寸长度乘以高度，以面积计算。定额龙骨按附墙、附柱考虑，若遇其他情况，按下列规定乘以系数：

1）设计龙骨外挑时，其相应定额项目乘以系数1.15；

2）设计木龙骨包圆柱，其相应定额项目乘以系数1.18；

3）设计金属龙骨包圆柱，其相应定额项目乘以系数1.20。

（2）墙饰面基层板、造型层、饰面面层按设计图示墙净长乘以净高以面积计算，扣除门窗洞口及单个大于0.3m²的孔洞所占面积。

（3）柱饰面基层板、造型层、饰面面层按设计图示饰面外围尺寸以面积计算。柱帽、柱墩并入相应柱饰面工程量内。

（4）隔断、间壁按设计图示框外围尺寸以面积计算，不扣除小于0.3m²的孔洞所占面积。

（5）幕墙面积按设计图示框外尺寸以外围面积计算。全玻璃幕墙的玻璃肋并入幕墙面积内，点支式全玻璃幕墙钢结构桁架另行计算，圆弧形玻璃幕墙材料的煨弯费用另行计算。

【例7-37】 某厕所隔断平面、立面图如图7-91所示，隔断及门采用某品牌80系列塑钢门窗材料制作。试计算厕所

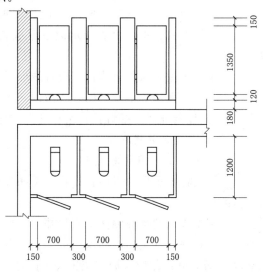

图 7-91 某厕所隔断

塑钢隔断工程量。

解：

厕所隔间隔断工程量＝(1.35＋0.15＋0.12)×(0.3×2＋0.15×2＋1.2×3)

$$＝1.62×4.5＝7.29(m^2)$$

厕所隔间门的工程量＝1.35×0.7×3＝2.835(m²)

厕所隔断工程量＝隔间隔断工程量＋隔间门的工程量＝7.29＋2.835＝10.13(m²)

5. 墙面吸音子目

按设计图示尺寸以面积计算。

十三、天棚工程

（一）定额说明

本章定额包括天棚抹灰、天棚龙骨、天棚饰面、雨篷部分。

（1）凡注明砂浆种类、配合比、饰面材料型号规格的，设计规定与定额不同时，可以按设计规定换算，其他不变。

（2）天棚划分为平面天棚、跌级天棚和艺术造型天棚。艺术造型天棚包括藻井天棚、吊挂式天棚、阶梯形天棚、锯齿形天棚。

（3）天棚龙骨是按平面天棚、跌级天棚、艺术造型天棚龙骨设置项目。按照常用材料及规格编制，设计规定与定额不同时，可以换算，其他不变。若龙骨需要进行处理（如煨弯曲线等），其加工费另行计算。材料的损耗率分别为：木龙骨 5％，轻钢龙骨 6％，铝合金龙骨 6％。

（4）天棚木龙骨子目，区分单层结构和双层结构。单层结构是指双向木龙骨形成的龙骨网片，直接由吊杆引上、与吊点固定的情况；双层结构是指双向木龙骨形成的龙骨网片，首先固定在单向设置的主木龙骨上，再由主木龙骨与吊杆连接、引上、与吊点固定的情况。

（5）非艺术造型天棚中，天棚面层在同一标高者为平面天棚，天棚面层不在同一标高者为跌级天棚。跌级天棚基层、面层按平面定额项目人工乘以系数1.1，其他不变。

（6）艺术造型天棚基层、面层按平面定额项目人工乘以系数1.3，其他不变。

（7）轻钢龙骨、铝合金龙骨定额按双层结构编制，如采用单层结构时，人工乘以系数0.85。

（8）平面天棚和跌级天棚指一般直线形天棚，不包括灯光槽的制作安装。

（9）圆形、弧形等不规则的软膜吊顶，人工乘以系数1.1。

（10）天棚装饰面开挖灯孔，按每开 10 个灯孔用工 1.0 工日计算。

（二）工程量计算规则

1. 天棚抹灰工程量计算规则

（1）按设计图示尺寸以面积计算，不扣除柱、垛、间壁墙、附墙烟囱、检查口和管道所占的面积。

（2）带梁天棚的梁两侧抹灰面积并入天棚抹灰工程量内计算。

（3）楼梯底面（包括侧面及连接梁、平台梁、斜梁的侧面）抹灰，按楼梯水平投影面积乘以 1.37，并入相应天棚抹灰工程量内计算。

（4）有坡度及拱顶的天棚抹灰面积按展开面积计算。

（5）檐口、阳台、雨篷底的抹灰面积，并入相应的天棚抹灰工程量内计算。

【例7-38】 计算如图7-92所示天棚抹灰工程量。

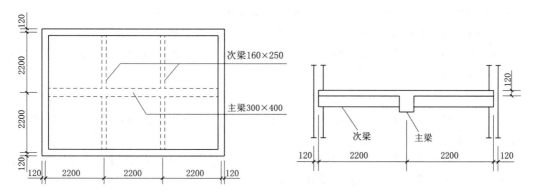

图7-92　某天棚示意图

解：天棚抹灰工程量＝(4.4－0.24)×(6.6－0.24)＝26.46(m²)

主梁侧面抹灰工程量＝(6.6－0.24－0.16×2)×2×(0.4－0.12)＝3.38(m²)

次梁侧面抹灰工程量＝(4.4－0.24－0.3)×2×2×(0.25－0.12)＝2.01(m²)

主次梁交接处抹灰工程量＝0.16×(0.4－0.25)×2×2＝0.10(m²)

抹灰工程量合计＝26.46＋3.38＋2.01＋0.1＝31.95(m²)

2. 吊顶天棚龙骨（除特殊说明外）

按主墙间净空水平投影面积计算；不扣除间壁墙、检查口、附墙烟囱、柱、灯孔、垛和管道所占面积，由于上述原因所引起的工料也不增加；天棚中的折线、跌落、高低吊顶槽等面积不展开计算。

3. 天棚饰面工程量计算规则

（1）按设计图示尺寸以面积计算，不扣除间壁墙、检查口、附墙烟囱、柱、垛和管道所占面积，但应扣除独立柱、灯带、大于0.3m²的灯孔及与天棚相连的窗帘盒所占的面积。

（2）天棚中的折线、迭落等圆弧形、高低吊灯槽及其他艺术形式等天棚面层按展开面积计算。

（3）格栅吊顶、藤条造型悬挂吊顶、软膜吊顶和装饰网架吊顶按设计图示尺寸以水平投影面积计算。

（4）吊筒吊顶按最大外围水平投影尺寸，以外接矩形面积计算。

（5）送风口、回风口及成品检修口按设计图示数量计算。

4. 雨篷工程量按设计图示尺寸以水平投影面积计算

十四、油漆、涂料及裱糊工程

（一）定额说明

本部分定额包括木材面油漆，金属面油漆，抹灰面油漆、涂料，基层处理和裱糊5部分。

（1）本定额中刷油漆、涂料采用手工操作，喷涂采用机械操作，实际操作方法不同时，不做调整。

（2）本定额中油漆项目已综合考虑高光、半亚光、亚光等因素；如油漆种类不同时，换算油漆种类，用量不变。

（3）定额已综合考虑了在同一平面上的分色及门窗内外分色。油漆中深浅各种不同的颜色已综合在定额子目中，不另调整。如需做美术图案者另行计算。

（4）喷、涂、刷遍数与设计要求不同时，按每增一遍定额子目调整。

（5）墙面、墙裙、天棚及其他饰面上的装饰线油漆与附着面的油漆种类相同时，装饰线油漆不单独计算。

（6）抹灰面涂料项目中均未包括刮腻子内容，刮腻子按基层处理相应子目单独套用。

（7）木踢脚板油漆，若与木地板油漆相同时，并入地板工程量内计算，其工程量计算方法和系数不变。

（8）墙、柱面真石漆项目不包括分格嵌缝，当设计要求做分格缝时，按本定额"墙、柱面装饰与隔断、幕墙工程"相应项目计算。

（二）工程量计算规则

（1）楼地面，天棚面，墙、柱面的喷（刷）涂料、油漆工程，其工程量按各自抹灰的工程量计算规则计算。涂料系数表中有规定的，按规定计算工程量并乘以系数表中的系数。

（2）木材面、金属面、金属构件油漆工程量按油漆、涂料系数表的工程量计算方法，并乘以系数表内的系数计算。

（3）木材面刷油漆、涂料工程量，按所刷木材面的面积计算；木方面刷油漆、涂料工程量，按木方所附墙、板面的投影面积计算。

（4）基层处理工程量，按其面层的工程量计算。

（5）裱糊项目工程量，按设计图示尺寸以面积计算。

油漆、涂料工程量系数见表 7-16～表 7-24。

1）木材面油漆。

表 7-16　　　　　　　　　　　单层木门工程量系数表

项 目 名 称	系数	工程量计算方法
单层木门	1.00	按单面洞口面积
双层（一板一纱）木门	1.36	按单面洞口面积
单层全玻门	0.83	按单面洞口面积
木百叶门	1.25	按单面洞口面积
厂库木门	1.10	按单面洞口面积
无框装饰门、成品门	1.10	按设计图示门扇面积计算

表 7-17　　　　　　　　　　　单层木窗工程量系数表

项 目 名 称	系数	工程量计算方法
单层玻璃窗	1.00	按单面洞口面积
单层组合窗	0.83	按单面洞口面积
木百叶窗	1.50	按单面洞口面积
双层（一玻一纱）木窗	1.36	按单面洞口面积

表 7 - 18　　　　　　　　　　　木扶手工程量系数表

项 目 名 称	系数	工程量计算方法
木扶手	1.00	按设计图示尺寸以长度计算
木门框	0.88	
明式窗帘盒	2.04	
封檐板、博风板	1.74	
挂衣板	0.52	
挂镜线	0.35	
木线条 宽度 50mm 内	0.20	
木线条 宽度 100mm 内	0.35	
木线条 宽度 200mm 内	0.45	

表 7 - 19　　　　　　　　　　　墙面墙裙工程量系数表

项 目 名 称	系数	工程量计算方法
无造型墙面墙裙	1.00	按设计图示尺寸以面积计算
有造型墙面墙裙	1.25	

表 7 - 20　　　　　　　　　　　其他木材面工程量系数表

项 目 名 称	系数	工程量计算方法
装饰木夹板、胶合板其他木材面天棚	1.00	按设计图示尺寸以面积计算
木方格吊顶顶棚	1.20	
吸音板墙面、天棚面	0.87	
窗台板、门窗套、踢脚线、暗式窗帘盒	1.00	
暖气罩	1.28	
木间壁、木隔断	1.90	按设计图示尺寸以单位外围面积计算
玻璃间壁露明墙筋	1.65	
木栅栏、木栏杆（带扶手）	1.82	
木屋架	1.79	跨度（长）×中高×1/2
屋面板（带檩条）	1.10	按设计图示尺寸以面积计算
柜类、货架	1.00	按设计图示尺寸以油漆部分展开面积
零星木装饰	1.10	

表 7 - 21　　　　　　　　　　　木地板工程量系数表

项 目 名 称	系数	工程量计算方法
木地板	1.00	长×宽
木楼梯（不包括底面）	2.30	水平投影面积

2）金属面油漆。

表 7－22　　　　　　　　　　　单层钢门窗工程量系数表

项 目 名 称	系数	工程量计算方法
单层钢门窗	1.00	按设计图示洞口尺寸以面积计算
双层（一玻一纱）钢门窗	1.48	
满钢门或包铁皮门	1.63	
钢折叠门	2.30	
厂库房平开、推拉门	1.70	
铁丝网大门	0.83	
间壁	1.85	按设计图示尺寸以面积计算
平板屋面	0.74	
瓦垄板屋面	0.89	
射线防护门	2.96	长×宽
排水、伸缩缝盖板	0.78	展开面积
吸气罩	1.63	水平投影面积

表 7－23　　　　　　　　　　　其他金属面工程量系数表

项 目 名 称	系数	工程量计算方法
钢屋架、天窗架、挡风架、屋架梁、支撑、檩条	1.00	按设计图示尺寸以质量计算
墙架（空腹式）	0.50	
墙架（格板式）	0.82	
钢柱、吊车梁、花式梁柱、空花构件	0.63	
操作台、走台、制动梁、钢梁车挡	0.71	
钢栅栏门、栏杆、窗栅	1.71	
钢爬梯	1.18	
轻型屋架	1.42	
踏步式钢扶梯	1.05	
零星构件	1.32	

3）抹灰面油漆、涂料。

表 7－24　　　　　　　　　　　抹灰面工程量系数表

项 目 名 称	系数	工程量计算方法
槽形底板、混凝土折板	1.30	按设计图示尺寸以面积计算
有梁板底	1.10	
密肋、井字梁底板	1.50	
混凝土平板式楼梯底	1.30	水平投影面积

十五、其他装饰工程

（一）定额说明

本部分定额包括柜类、货架，装饰线条，扶手、栏杆、栏板，暖气罩，浴厕配件，招牌、灯箱，美术字，零星木装饰，工艺门扇 9 部分。

（1）定额中的成品安装项目，实际使用的材料品种、规格与定额不同时，可以换算，但人工、机械的消耗量不变。

（2）定额中除有注明外，龙骨均按木龙骨考虑，如实际采用细木工板、多层板等做龙骨，均执行定额不得调整。

（3）定额中玻璃均按成品加工玻璃考虑，并计入了安装时的损耗。

（4）柜类、货架。

1）木橱、壁橱、吊橱（柜）定额按骨架制安、骨架围板、隔板制安、橱柜贴面层、抽屉、门扇龙骨及门扇安装、玻璃柜及五金件安装分别列项，使用时分别套用相应定额。

2）橱柜骨架中的木龙骨用量，设计与定额不同时可以换算，但人工、机械消耗量不变。

（5）装饰线条。

1）装饰线条均按成品安装编制。

2）装饰线条按直线安装编制，如安装圆弧形或其他图案者，按以下规定计算：

天棚面安装圆弧装饰线条，人工乘以系数 1.4；墙面安装圆弧装饰线条，人工乘以系数 1.2；装饰线条做艺术图案，人工乘以系数 1.6。

（6）栏板、栏杆、扶手为综合项。不锈钢栏杆中不锈钢管材、法兰用量，设计与定额不同时可以换算，但人工、机械消耗量不变。

（7）招牌、灯箱。

1）招牌、灯箱分一般及复杂形式。一般形式是指矩形，表面平整无凹凸造型；复杂形式是指异形或表面有凹凸造型的情况。

2）招牌内的灯饰不包括在定额内。

（8）零星木装饰。

1）门窗口套、窗台板及窗帘盒是按基层、造型层和面层分别列项，使用时分别套用相应定额。

2）门窗口套安装按成品编制。

（二）工程量计算规则

（1）橱柜木龙骨项目按橱柜龙骨的实际面积计算。基层板、造型层板及饰面板按实际尺寸以面积计算。抽屉按抽屉正面面板尺寸以面积计算。橱柜五金件以"个"为单位按数量计算。橱柜成品门扇安装按扇面尺寸以面积计算。

（2）装饰线条应区分材质及规格，按设计图示尺寸以长度计算。

（3）栏板、栏杆、扶手，按长度计算。楼梯斜长部分的栏板、栏杆、扶手，按平台梁与连接梁外沿之间的水平投影长度，乘以系数 1.15 计算。

（4）暖气罩各层按设计尺寸以面积计算，与壁柜相连时，暖气罩算至壁柜隔板外侧，壁柜套用橱柜相应子目，散热口按其框外围面积单独计算。零星木装饰项目基层、造型层及面层的工程量均按设计图示展开尺寸以面积计算。

（5）大理石洗漱台的台面及裙边按展开尺寸以面积计算，不扣除开孔的面积；挡水板按设计面积计算。

（6）招牌、灯箱的木龙骨按正立面投影尺寸以面积计算，型钢龙骨重量以吨"t"计算。基层及面层按设计尺寸以面积计算。

（7）美术字安装，按字的最大外围矩形面积以"个"为单位，按数量计算。

（8）零星木装饰项目基层、造型层及面层的工程量均按设计图示展开尺寸以面积计算。

（9）窗台板按设计图示展开尺寸以面积计算；设计未注明尺寸时，按窗宽两边共加100mm计算长度（有贴脸的按贴脸外边线间宽度），凸出墙面的宽度按50mn计算。

（10）百叶窗帘、网扣帘按设计成活后展开尺寸以面积计算，设计未注明尺寸时，按洞口面积计算；窗帘、遮光帘均按展开尺寸以长度计算。成品铝合金窗帘盒、窗帘轨、杆按延长米以长度计算。

（11）明式窗帘盒按设计图示尺寸以长度计算，与天棚相连的暗式窗帘盒，基层板（龙骨）、面层板按展开面积以面积计算。

（12）柱脚、柱帽以"个"为单位按数量计算，墙、柱石材面开孔以"个"为单位按数量计算。

（13）工艺门扇。

1）玻璃门按设计图示洞口尺寸以面积计算，门窗配件按数量计算。不锈钢、塑铝板包门框按框饰面尺寸以面积计算。

2）夹板门门扇木龙骨不分扇的形式，以扇面积计算；基层及面层按设计尺寸以面积计算。扇安装按扇以"个"为单位，按数量计算。门扇上镶嵌按镶嵌的外围尺寸以面积计算。

3）门扇五金配件安装，以"个"为单位按数量计算。

十六、构筑物及其他工程

（一）定额说明

本部分定额包括烟囱，水塔，贮水（油）池、贮仓，检查井、化粪池及其他，场区道路，构筑物综合项目6部分。

（1）本章包括单项及综合项目定额。综合项目是按国标、省标的标准做法编制，使用时对应标准图号直接套用，不再调整。设计文件与标准图做法不同时，套用单项定额。

（2）定额中，构筑物单项定额凡涉及土方、钢筋、混凝土、砂浆、模板、脚手架、垂直运输机械及超高增加等相关内容，实际发生时按照相应章节规定计算。

（3）砖烟囱筒身不分矩形、圆形，均按筒身高度执行相应子目。

（4）烟囱内衬项目也适用于烟道内衬。

（5）砖水箱内外壁，按定额实砌砖墙的相应规定计算。

（6）毛石混凝土，是按毛石占混凝土体积20％计算。如设计要求不同时，可以换算。

（二）工程量计算规则

1. 烟囱

（1）烟囱基础。基础与筒身的划分以基础大放脚为分界，大放脚以下为基础，以上为筒身，工程量按设计图纸尺寸以立方米计算。

（2）烟囱筒身。

1）圆形、方形筒身均按图示筒壁平均中心线周长乘以厚度并扣除筒身各种孔洞、钢筋混凝土圈梁、过梁等体积以立方米计算，其筒壁周长不同时可按下式分段计算：

$$V = \sum H \times C \times \pi D$$

式中　V——筒身体积；

H——每段筒身垂直高度；

C——每段筒壁厚度；

D——每段筒壁中心线的平均直径。

2）砖烟囱筒身原浆勾缝和烟囱帽抹灰已包括在定额内，不另行计算。如设计要求加浆勾缝时，套用勾缝定额，原浆勾缝所含工料不予扣除。

3）囱身全高不大于 20m，垂直运输以人力吊运为准，如使用机械者，运输时间定额乘以系数 0.75，即人工消耗量减去 2.4 工日/$10m^3$；囱身全高大于 20m，垂直运输以机械为准。

4）烟囱的混凝土集灰斗（包括分隔墙、水平隔墙、梁、柱）、轻质混凝土填充砌块以及混凝土地面，按有关章节规定计算，套用相应定额。

5）砖烟囱、烟道及其砖内衬，如设计要求采用楔形砖时，其数量按设计规定计算，套用相应定额项目。

6）砖烟囱砌体内采用钢筋加固时，其钢筋用量按设计规定计算，套用相应定额。

（3）烟囱内衬及内表面涂刷隔绝层。

1）烟囱内衬，按不同内衬材料并扣除孔洞后，以图示实体积计算。

2）填料按烟囱筒身与内衬之间的体积以体积计算，不扣除连接横砖（防沉带）的体积。

3）内衬伸入筒身的连接横砖已包括在内衬定额内，不另行计算。

4）为防止酸性凝液渗入内衬及筒身间，而在内衬上抹水泥砂浆排水坡的工料已包括在定额内，不单独计算。

5）烟囱内表面涂刷隔绝层，按筒身内壁并扣除各种孔洞后的面积以面积计算。

（4）烟道砌砖。

1）烟道与炉体的划分以第一道闸门为界，炉体内的烟道部分列入炉体工程量计算。

2）烟道中的混凝土构件，按相应定额项目计算。

3）混凝土烟道以体积计算（扣除各种孔洞所占体积），套用地沟定额（架空烟道除外）。

2．水塔

（1）砖水塔。

1）水塔基础与塔身划分：以砖砌体的扩大部分顶面为界，以上为塔身，以下为基础。水塔基础工程量按设计尺寸以体积计算，套用烟囱基础的相应项目。

2）塔身以图示实砌体积计算，扣除门窗洞口、大于 $0.3m^2$ 孔洞和混凝土构件所占的体积，砖平拱璇及砖出檐等并入塔身体积内计算。

3）砖水箱内外壁，不分壁厚，均以图示实砌体积计算，套相应的内外砖墙定额。

4）定额内已包括原浆勾缝，如设计要求加浆勾缝时，套用勾缝定额，原浆勾缝的工料不予扣除。

（2）混凝土水塔。

1）混凝土水塔按设计图示尺寸以体积计算工程量，并扣除大于 $0.3m^2$ 孔洞所占体积。

2）筒身与槽底以槽底连接的圈梁底为界，以上为槽底，以下为筒身。

3）筒式塔身及依附于筒身的过梁、雨篷挑檐等并入筒身体积内计算，柱式塔身、柱、梁合并计算。

4）塔顶及槽底，塔顶包括顶板和圈梁，槽底包括底板挑出的斜壁板和圈梁等合并计算。

5）倒锥壳水塔中的水箱，定额按地面上浇筑编制。水箱的提升，另按定额有关章节的相应规定计算。

3．贮水（油）池、贮仓

（1）贮水（油）池、贮仓、筒仓以体积计算。

（2）贮水（油）池仅适用于容积在不大于 $100m^3$ 以下的项目。容积大于 $100m^3$ 的，池底按地面、池壁按墙、池盖按板相应项目计算。

（3）贮仓不分立壁、斜壁、底板、顶板均套用该项目。基础、支撑漏斗的柱和柱之间的连系梁根据构成材料的不同，按有关章节规定计算，套相应定额。

4．检查井、化粪池及其他

（1）砖砌井（池）壁不分厚度均以体积计算，洞口上的砖平拱璇等并入砌体体积内计算。与井壁相连接的管道及其内径不大于 200m 的孔洞所占体积不予扣除。

（2）渗井是指上部浆砌、下部干砌的渗水井。干砌部分不分方形、圆形，均以体积计算。计算时不扣除渗水孔所占体积。浆砌部分套用砖砌井（池）壁定额。

（3）成品检查井、化粪池安装以"座"为单位计算。定额内考虑的是成品混凝土检查井、成品玻璃钢化粪池的安装，当主材材质不同时，可换算主材，其他不变。

（4）混凝土井（池）按实体积计算，与井壁相连接的管道及内径不大于 200mm 孔洞所占体积不予扣除。

（5）井盖、雨水箅的安装以"套"为单位按数量计算，混凝土井圈的制作以体积计算，排水沟铸铁盖板的安装以长度计算。

5．场区道路

（1）路面工程量按设计图示尺寸以面积计算，定额内已包括伸缩缝及嵌缝的工料，如机械割缝时执行本章相关项目，路面项目中不再进行调整。

（2）道路垫层按定额"地基处理与边坡支护工程"的机械碾压相关项目计算。

（3）铸铁围墙工程量按设计图示尺寸以长度计算，定额内已包括与柱或墙连接的预埋铁件的工料。

6．构筑物综合项目

凡按省标图集设计和施工的构筑物综合项目，均执行定额项目不得调整。

十七、脚手架工程

（一）定额说明

本部分定额包括外脚手架，里脚手架，满堂脚手架，悬空脚手架、挑脚手架、防护架，依附斜道，安全网，烟囱（水塔）脚手架，电梯井字架等。

1. 外脚手架。

（1）现浇混凝土圈梁、过梁、楼梯、雨篷、阳台、挑檐中的梁和挑梁，各种现浇混凝土板、楼梯，不单独计算脚手架。

（2）计算外脚手架的建筑物四周外围的现浇混凝土梁、框架梁、墙，不另计算脚手架。

（3）砌筑高度小于 10m，执行单排脚手架子目；高度大于 10m，或高度虽小于 10m 但外墙门窗及外墙装饰面积超过外墙表面积大于 60%（或外墙为现浇混凝土墙、轻质砌块墙）时，执行双排脚手架子目。

（4）设计室内地坪至顶板下坪（或山墙高度 1/2 处）的高度大于 6m 时，内墙（非轻质砌块墙）砌筑脚手架，执行单排外脚手架子目；轻质砌块墙砌筑脚手架，执行双排外脚手架子目。

（5）外装饰工程的脚手架根据施工方案可执行外装饰电动提升式吊篮脚手架子目。

2. 里脚手架

（1）建筑物内墙脚手架，凡设计室内地坪至顶板下表面（或山墙高度 1/2 处）的高度小于 3.6m（非轻质砌块墙）时，执行单排里脚手架子目；高度大于 3.6m 时，执行双排里脚手架子目。不能在内墙上留脚手架洞的各种轻质砌块墙等，执行双排里脚手架子目。

（2）石砌（带形）基础高度大于 1m，执行双排里脚手架子目；石砌（带形）基础高度大于 3m，执行双排外脚手架子目。边砌边回填时，不得计算脚手架。

3. 悬空脚手架、挑脚手架、防护架

水平防护架和垂直防护架，指脚手架以外单独搭设的，用于车辆通行、人行通道、临街防护和施工与其他物体隔离等的防护。

4. 依附斜道

斜道是按依附斜道编制的。独立斜道，按依附斜道子目人工、材料、机械乘以系数 1.8。

5. 烟囱（水塔）脚手架

烟囱脚手架，综合了垂直运输架、斜道、缆风绳、地锚等内容。

水塔脚手架，按相应的烟囱脚手架人工乘以系数 1.11，其他不变。倒锥壳水塔脚手架，按烟囱脚手架相应子目乘以系数 1.3。

6. 电梯井脚手架

搭设高度指电梯井底板上坪至顶板下坪（不包括建筑物顶层电梯机房）之间的高度。

（二）工程量计算规则

（1）脚手架计取的起点高度：基础及石砌体高度大于 1m，其他结构高度大于 1.2m。

（2）计算内、外墙脚手架时，均不扣除门窗洞口、空圈洞口等所占的面积。

（3）外脚手架。

1）建筑物外脚手架，高度自设计室外地坪算至檐口（或女儿墙顶）；同一建筑物有不同檐高时，按建筑物的不同檐高纵向分割，分别计算，并按各自的檐高执行相应子目。地下室外脚手架的高度，按其底板上坪至地下室顶板上坪之间的高度计算。

2）按外墙外边线长度乘以高度以面积计算。凸出墙面宽度大于 240mm 的墙垛、外挑阳台（板）等，按图示尺寸展开并入外墙长度内计算。

3）现浇混凝土独立基础，按柱脚手架规则计算（外围周长按最大底面周长），执行单排外脚手架子目。

4）混凝土带形基础、带形桩承台、满堂基础，按混凝土墙的规定计算脚手架，其中满堂基础脚手架长度按外形周长计算。

5）独立柱（现浇混凝土框架柱）按柱图示结构外围周长另加 3.6m，乘以设计柱高以面积计算，执行单排外脚手架项目。

6）各种现浇混凝土独立柱、框架柱、砖柱、石柱等，均需单独计算脚手架。现浇混凝土构造柱，不单独计算脚手架。

7）现浇混凝土梁、墙，按设计室外地坪或楼板上表面至楼板底之间的高度，乘以梁、墙净长以面积计算，执行双排外脚手架子目。与混凝土墙同一轴线且同时浇筑的墙上梁不单独计取脚手架。

8）轻型框剪墙按墙规定计算，不扣除之间洞口所占面积，洞口上方梁不另计算脚手架。

9）现浇混凝土（室内）梁（单梁、连续梁、框架梁），按设计室外地坪或楼板上表面至楼板底之间的高度乘以梁净长，以面积计算，执行双排外脚手架子目。有梁板中的板下梁不计取脚手架。

（4）里脚手架。

1）里脚手架按墙面垂直投影面积计算。

2）内墙面装饰，按装饰面执行里脚手架计算规则计算装饰工程脚手架。内墙面装饰高度小于 3.6m 时，按相应脚手架子目乘以系数 0.3 计算；高度大于 3.6m 的内墙装饰，按双排里脚手架乘以系数 0.3。按规定计算满堂脚手架后，室内墙面装饰工程，不再计内墙装饰脚手架。

3）（砖砌）围墙脚手架，按室外自然地坪至围墙顶面的砌筑高度乘以长度，以面积计算。围墙脚手架，执行单排里脚手架相应子目。石砌围墙或厚＞砖的砖围墙，增加一面双排里脚手架。

（5）满堂脚手架。

1）按室内净面积计算，不扣除柱、垛所占面积。

2）结构净高大于 3.6m 时，可计算满堂脚手架。

3）当结构净高介于 3.6～5.2m 时，计算基本层；结构净高小于 3.6m 时，不计算满堂脚手架。

4）结构净高大于 5.2m 时，每增加 1.2m 按增加一层计算，不足 0.6m 的不计。

$$满堂脚手架工程量＝室内净长度×室内净宽度$$

室内净高超过 3.6m 时，方可计算满堂脚手架。室内净高超过 5.2m 时，方可计算增加层。如图 7-93 所示。增加层计算公式为

$$满堂脚手架增加层＝［室内净高度－5.2m］÷1.2m$$

（计算结果 0.5 以内舍去）

计算室内净面积时，不扣除柱、垛所占面积。已计算满堂脚手架后，室内墙壁面装饰不再计算墙面装饰脚手架。

【例 7-39】 某矩形餐厅长 21m，宽 12m，层高 6m，楼板厚 120mm。试计算顶棚抹灰脚手架。

解： 因为层高 6m，超过 3.6m，故需要搭设满堂脚手架。

满堂脚手架工程量 ＝ 21 × 12 ＝ 252（m²）

满堂架增加层 ＝（6.00 － 0.12 － 5.2）÷ 1.2 ＝ 0.57（层），取 1 层。

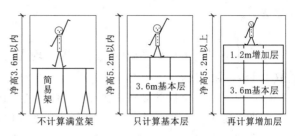

图 7-93 满堂架计算高度示意图

（6）悬空脚手架、挑脚手架、防护架。

1）悬空脚手架，按搭设水平投影面积计算。

2）挑脚手架，按搭设长度和层数以长度计算。

3）水平防护架，按实际铺板的水平投影面积计算。垂直防护架，按自然地坪至最上一层横杆之间的搭设高度乘以实际搭设长度，以面积计算。

（7）依附斜道，按不同搭设高度以"座"计算。

（8）安全网。

1）平挂式安全网（脚手架外侧与建筑物外墙之间的安全网），按水平挂设的投影面积计算，执行立挂式安全网子目。

2）立挂式安全网，按架网部分的实际长度乘以实际高度，以面积计算。

3）挑出式安全网，按挑出的水平投影面积计算。

4）建筑物垂直封闭工程量，按封闭墙面的垂直投影面积计算。建筑物垂直封闭采用交替倒用时，工程量按倒用封闭过的垂直投影面积计算，执行定额子目时，封闭材料竹席、竹笆、密目网分别乘以系数 0.5、0.33、0.33。

（9）烟囱（水塔）脚手架，按不同搭设高度以"座"计算。

（10）电梯井字架，按不同搭设高度以"座"计算。

（11）其他。

1）设备基础脚手架，按其外形周长乘以地坪至外形顶面边线之间的高度，以面积计算。

2）执行双排里脚手架子目。

3）砌筑贮仓脚手架，不分单筒或贮仓组，均按单筒外边线周长，乘以设计室外地坪至贮仓上口之间高度，以面积计算，执行双排外脚手架子目。

4）贮水（油）池脚手架，按外壁周长乘以室外地坪至池壁顶面之间的高度，以面积计算。贮水（油）池凡距地坪高度 ＞ 1.2m 时，执行双排外脚手架子目。

5）大型现浇混凝土贮水（油）池、框架式设备基础的混凝土壁、柱、顶板梁等混凝土浇筑脚手架，按现浇混凝土墙、柱、梁的相应规定计算。

十八、模板工程

（一）定额说明

本部分定额包括现浇混凝土模板、现场预制混凝土模板、构筑物混凝土模板部分。按不同构件，分别以组合钢模板钢支撑、木支撑，复合木模板钢支撑、木支撑，木模板、木支撑编制。

1. 现浇混凝土模板

（1）现浇混凝土杯型基础的模板，执行现浇混凝土独立基础模板子目，定额人工乘以系数1.13，其他不变。

（2）现浇混凝土板的倾斜度大于15°时，其模板子目定额人工乘以系数1.3。

现浇混凝土柱、梁、墙、板是按支模高度（地面支撑点至模底或支模顶）3.6m编制的，支模高度超过3.6m时，另行计算模板支撑超高部分的工程量。

（3）轻型框剪墙的模板支撑超高，执行墙支撑超高子目。

（4）对拉螺栓与钢、木支撑结合的现浇混凝土模板子目，定额按不同构件、不同模板材料和不同支撑工艺综合考虑，实际使用钢、木支撑的多少，与定额不同时，不得调整。

2. 现场预制混凝土模板

现场预制混凝土模板子目使用时，人工、材料、机械消耗量分别乘以1.012构件操作损耗系数。

3. 构筑物混凝土模板

（1）采用钢滑升模板施工的烟囱、水塔支筒及筒仓是按无井架施工编制的，定额内综合了操作平台，使用时不再计算脚手架及竖井架。

（2）用钢滑升模板施工的烟囱、水塔，提升模板使用的钢爬杆用量是按一次摊销编制的，贮仓是按两次摊销编制的，设计要求不同时，允许换算。

（3）倒锥壳水塔塔身钢滑升模板项目，也适用于一般水塔塔身滑升模板工程。

（4）烟囱钢滑升模板项目均已包括烟囱筒身、牛腿、烟道口，水塔钢滑升模板均已包括直筒、门窗洞口等模板用量。

实际工程中复合木模板周转次数与定额不同时，可按实际周转次数，根据以下公式分别对子目材料中的复合木模板、锯成材消耗量进行计算调整。

复合木模板消耗量＝模板一次使用量×（1＋5%）×模板制作损耗系数÷周转次数

锯成材消耗量＝定额锯成材消耗量－N_1＋N_2

其中N_1＝模板一次使用量×（1＋5%）×方木消耗系数÷定额模板周转次数

N_2＝模板一次使用量×（1＋5%）×方木消耗系数÷实际周转次数

式中复合木模板制作损耗系数、方木消耗系数见表7-25。

表7-25　　　　　　　　复合木模板制作损耗系数、方木消耗系数

构建部位	基础	柱	构造柱	梁	墙	板
模板制作损耗系数	1.1392	1.1047	1.2807	1.1688	1.0667	1.0787
方木消耗系数	0.0209	0.0231	0.0249	0.0247	0.0208	0.0172

（二）工程量计算规则

1. 现浇混凝土模板工程量

除另有规定外，按模板与混凝土的接触面积（扣除后浇带所占面积）计算。

（1）基础按混凝土与模板接触面的面积计算：

1）基础与基础相交时重叠的模板面积不扣除；直形基础端头的模板，也不增加。

2）杯型基础模板面积按独立基础模板计算，杯口内的模板面积并入相应基础模板工程量内。

3）现浇混凝土带形桩承台的模板，执行现浇混凝土带形基础（有梁式）模板子目。

（2）现浇混凝土柱模板，按柱四周展开宽度乘以柱高，以面积计算：

1）柱、梁相交时，不扣除梁头所占柱模板面积。

2）柱、板相交时，不扣除板厚所占柱模板面积。

（3）构造柱模板，按混凝土外露宽度乘以柱高以面积计算；构造柱与砌体交错咬茬连接时，按混凝土外露面的最大宽度计算。构造柱与墙的接触面不计算模板面积。

（4）现浇混凝土梁模板，按混凝土与模板的接触面积计算。

1）矩形梁，支座处的模板不扣除，端头处的模板不增加。

2）梁、梁相交时，不扣除次梁梁头所占主梁模板面积。

3）梁、板连接时，梁侧壁模板算至板下坪。

4）过梁与圈梁连接时，其过梁长度按洞口两端共加 50cm 计算。

（5）现浇混凝土墙的模板，按混凝土与模板接触面积计算。

1）现浇钢筋混凝土墙、板上单孔面积小于 $0.3m^2$ 的孔洞，不予扣除，洞侧壁模板亦不增加；单孔面积大于 $0.3m^2$ 时，应予扣除，洞侧壁模板面积并入墙、板模板工程量内计算。

2）墙、柱连接时，柱侧壁按展开宽度，并入墙模板面积内计算。

3）墙、梁相交时，不扣除梁头所占墙模板面积。

（6）现浇钢筋混凝土框架结构分别按柱、梁、墙、板有关规定计算。轻型框剪墙子目已综合轻体框架中的梁、墙、柱内容，但不包括电梯井壁、矩形梁、挑梁，其工程量按混凝土与模板接触面积计算。

（7）现浇混凝土板的模板，按混凝土与模板的接触面积计算。

1）伸入梁、墙内的板头，不计算模板面积。

2）周边带翻檐的板（如卫生间混凝土防水带等），底板的板厚部分不计算模板面积；翻檐两侧的模板，按翻檐净高度，并入板的模板工程量内计算。

3）板、柱相接时，板与柱接触面的面积小于 $0.3m^2$ 时，不予扣除；面积大于 $0.3m^2$ 时，应予扣除。柱、墙相接时，柱与墙接触面的面积，应予扣除。

4）现浇混凝土有梁板的板下梁的模板支撑高度，自地（楼）面支撑点计算至板底，执行板的支撑高度超高子目。

5）柱帽模板面积按无梁板模板计算，其工程量并入无梁板模板工程量中，模板支撑超高按板支撑超高计算。

（8）柱与梁、柱与墙、梁与梁等连接的重叠部分，以及伸入墙内的梁头、板头部分，均不计算模板面积。

（9）后浇带按模板与后浇带的接触面积计算。

（10）现浇混凝土斜板、折板模板，按平板模板计算；预制板板缝大于 40mn 时的模板，按平板后浇带模板计算。

（11）现浇钢筋混凝土雨篷、悬挑板、阳台板按图示外挑部分尺寸的水平投影面积计算。挑出墙外的牛腿梁及板边模板不另计算。现浇混凝土悬挑板的翻檐，其模板工程量按翻檐净高计算，执行"天沟、挑檐"子目；若翻檐高度大于 300mm 时，执行"栏板"子目。

现浇混凝土天沟、挑檐按模板与混凝土接触面积计算。

（12）现浇混凝土柱、梁、墙、板的模板支撑高度按如下计算：

柱、墙：地（楼）面支撑点至构件顶坪。

梁：地（楼）面支撑点至梁底。

板：地（楼）面支撑点至板底坪。

1）现浇混凝土柱、梁、墙、板的模板支撑高度大于 3.6m 时，另行计算模板超高部分的工程量。

2）梁、板（水平构件）模板支撑超高的工程量计算如下式：

$$超高次数＝（支模高度—3.6）/1（遇小数进为 1，不足 1 按 1 计算）$$
$$超高工程量（m^2）＝超高构件的全部模板面积×超高次数$$

3）柱、墙（竖直构件）模板支撑超高的工程量计算如下式：

超高次数分段计算：自高度大于 3.60m，第一个 1m 为超高 1 次，第二个 1m 为超高 2 次，依次类推；不足 1m，按 1m 计算。

$$超高工程量（m^2）＝\sum（相应模板面积×超高次数）$$

4）构造柱、圈梁、大钢模板墙，不计算模板支撑超高。

5）墙、板后浇带的模板支撑超高，并入墙、板支撑超高工程量内计算。

（13）现浇钢筋混凝土楼梯，按水平投影面积计算，不扣除宽度小于 500mn 楼梯井所占面积。楼梯的踏步、踏步板、平台梁等侧面模板，不另计算，伸入墙内部分亦不增加。

（14）混凝土台阶（不包括梯带），按图示台阶尺寸的水平投影面积计算，台阶端头两侧不另计算模板面积。

（15）小型构件是指单件体积小于 0.1m³ 的未列项目的构件。

现浇混凝土小型池槽按构件外围体积计算，不扣除池槽中间的空心部分。池槽内、外侧及底部的模板不另计算。

2. 现场预制混凝土构件模板工程量

现场预制混凝土模板工程量，除注明者外均按混凝土实体体积计算。

预制桩按桩体积（不扣除桩尖虚体积部分）计算。

3. 构筑物混凝土模板工程量

构筑物工程的水塔，贮水（油）、化粪池，贮仓的模板工程量按混凝土与模板的接触面积计算。液压滑升钢模板施工的烟囱、倒锥壳水塔支筒、水箱、筒仓等均以混凝土体积计算。倒锥壳水塔的水箱提升根据不同容积，按数量以"座"计算。

【例 7-40】　如图 7-94 所示，现浇混凝土框架柱 20 根，组合钢模板，钢支撑，计算钢模板工

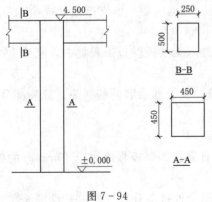

图 7-94

程量。

解: 现浇混凝土框架柱钢模板工程量＝0.45×4×4.50×20＝162.00（m²）

超高次数：4.5－3.6＝0.90（m）≈1 次

混凝土框架柱钢支撑一次超高工程量＝0.45×4×20×（4.50－3.60）＝32.40（m²）

超高工程量＝32.40×1＝32.40（m²）

十九、施工运输工程

（一）定额说明

本部分定额包括垂直运输、水平运输、大型机械进出场三部分。

1. 垂直运输

（1）垂直运输子目，定额按合理的施工工期、经济的机械配置编制。编制招标控制价时，执行定额不得调整。

（2）垂直运输子目，定额按泵送混凝土编制。建筑物（构筑物）主要结构构件柱、梁、墙（电梯井壁）、板混凝土非泵送（或部分非泵送）时，其（体积百分比，下同）相应子目中的塔式起重机乘以系数1.15。

（3）垂直运输子目，定额按预制构件采用塔式起重机安装编制。

1）预制混凝土结构、钢结构的主要结构构件柱、梁（屋架）、墙、板采用（或部分采用）轮胎式起重机安装时，其相应子目中的塔式起重机全部扣除。

2）其他建筑物的预制混凝土构件全部采用轮胎式起重机安装时，相应子目中的塔式起重机乘以系数0.85。

（4）垂直运输子目中的施工电梯（或卷扬机），是装饰工程类别为Ⅲ类时的台班使用量。装饰工程类别为Ⅱ类时，相应子目中的施工电梯（或卷扬机）乘以系数1.20；装饰工程类别为Ⅰ类时，乘以系数1.40。

（5）现浇（预制）混凝土结构，系指现浇（预制）混凝土柱、墙（电梯井壁）、梁（屋架）为主要承重构件，外墙全部或局部为砌体的结构形式。

（6）檐口高度3.6m以内的建筑物，不计算垂直运输。

（7）民用建筑垂直运输：

1）民用建筑垂直运输，包括基础（无地下室）垂直运输、地下室（含基础）垂直运输、±0.00以上（区分为檐高小于20m、檐高大于20m）垂直运输等内容。

2）檐口高度，是指设计室外地坪至檐口滴水（或屋面板板顶）的高度。

只有楼梯间、电梯间、水箱间等突出建筑物主体屋面时，其突出部分高度不计入檐口高度。

建筑物檐口高度超过定额相邻檐口高度小于2.20m时，其超过部分忽略不计。

3）民用建筑垂直运输，定额按层高小于3.60m编制。层高超过3.60m，每超过1m，相应垂直运输子目乘以系数1.15。

4）民用建筑檐高大于20m垂直运输子目，定额按现浇混凝土结构的一般民用建筑编制。装饰工程类别为Ⅰ类的特殊公共建筑，相应子目中的塔式起重机乘以系数1.35。预制混凝土结构的一般民用建筑，相应子目中的塔式起重机乘以系数0.95。

（8）工业厂房垂直运输：

1）工业厂房，系指直接从事物质生产的生产厂房或生产车间。

工业建筑中，为物质生产配套和服务的食堂、宿舍、医疗、卫生及管理用房等独立建筑物，按民用建筑垂直运输相应子目另行计算。

2）工业厂房垂直运输子目，按整体工程编制，包括基础和上部结构。

工业厂房有地下室时，地下室按民用建筑相应子目另行计算。

3）工业厂房垂直运输子目，按一类工业厂房编制。二类工业厂房，相应子目中的塔式起重机乘以系数 1.20；工业仓库，乘以系数 0.75。

一类工业厂房：指机加工、五金、一般纺织（粗纺、制条、洗毛等）、电子、服装等生产车间，以及无特殊要求的装配车间。

二类工业厂房：指设备基础及工艺要求较复杂、建筑设备或建筑标准较高的生产车间，如铸造、锻造、电镀、酸碱、仪表、手表、电视、医药、食品等生产车间。

（9）钢结构工程垂直运输：

钢结构工程垂直运输子目，按钢结构工程基础以上工程内容编制。

钢结构工程的基础或地下室，按民用建筑相应子目另行计算。

（10）零星工程垂直运输：

1）超深基础垂直运输增加子目，适用于基础（含垫层）深度大于 3m 的情况。

建筑物（构筑物）基础深度，无地下室时，自设计室外地坪算起；有地下室时，自地下室底层设计室内地坪算起。

2）其他零星工程垂直运输子目，是指能够计算建筑面积（含 1/2 面积）之空间的外装饰层（含屋面顶坪）范围以外的零星工程所需要的垂直运输。

（11）建筑物分部工程垂直运输：

1）建筑物分部工程垂直运输，包括主体工程垂直运输、外装修工程垂直运输、内装修工程垂直运输，适用于建设单位将工程分别发包给至少两个施工单位施工的情况。

2）建筑物分部工程垂直运输，执行整体工程垂直运输相应子目，并乘以下表规定的系数。

3）主体工程垂直运输，除上表规定的系数外，适用整体工程垂直运输的其他所有规定。

外装修工程垂直运输：

建设单位单独发包外装修工程（镶贴或干挂各类板材、设置各类幕墙）且外装修施工单位自设垂直运输机械时，计算外装修工程垂直运输。

外装修工程垂直运输，按外装修高度（设计室外地坪至外装修顶面的高度）执行整体工程垂直运输相应檐口高度子目，并乘以上表规定的系数。

（12）构筑物垂直运输：

1）构筑物高度，指设计室外地坪至构筑物结构顶面的高度。

2）混凝土清水池，指位于建筑物之外的独立构筑物。

建筑面积外边线以内的各种水池，应合并于建筑物并按其相应规定一并计算，不适用本子目。混凝土清水池，定额设置了小于 500t、1000t、5000t 三个基本子目。清水池容量（500～5000t），设计与定额不同时，按插入法计算；大于 5000t 时，按每增加 500t 子目另行计算。

3）混凝土污水池，按清水池相应子目乘以系数 1.10。

（13）塔式起重机安装安全保险电子集成系统时，根据系统的功能情况，塔式起重机按下列规定增加台班单价（含税价）：

1）基本功能系统（包括风速报警控制、超载报警控制、限位报警控制、防倾翻控制、实时数据显示、历史数据记录），每台班增加 23.40 元；

2）（基本功能系统）增配群塔作业防碰撞控制系统（包括静态区域限位预警保护系统），每台班另行增加 4.40 元；

3）（基本功能系统）增配单独静态区域限位预警保护系统，每台班另行增加 2.50 元；

4）视频在线控制系统，每台班增加 5.70 元。

2. 水平运输

（1）水平运输，按施工现场范围内运输编制，适用于预制构件在预制加工厂（总包单位自有）内、构件堆放场地内或构件堆放地至构件起吊点的水平运输。

在施工现场范围之外的市政道路上运输，不适用本定额。

（2）预制构件在构件起吊点半径 15m 范围内的水平移动已包括在相应安装子目内。超过上述距离的地面水平移动，按水平运输相应子目，计算场内运输。

（3）水平运输小于 1km 子目，定额按不同运距综合考虑，实际运距不同时不得调整。

（4）混凝土构件运输，已综合了构件运输过程中的构件损耗。

（5）金属构件运输子目中的主体构件，是指柱、梁、屋架、天窗架、挡风架、防风桁架、平台、操作平台等金属构件。

主体构件之外的其他金属构件，为零星构件。

（6）水平运输子目中，不包括起重机械、运输机械行驶道路的铺垫、维修所消耗的人工、材料和机械，实际发生时另行计算。

3. 大型机械进出场

（1）大型机械基础，适用于塔式起重机、施工电梯、卷扬机等大型机械需要设置基础的情况。

（2）混凝土独立式基础，已综合了基础的混凝土、钢筋、地脚螺栓和模板，但不包括基础的挖土、回填和复土配重。其中，钢筋、地脚螺栓的规格和用量、现浇混凝土强度等级与定额不同时，可以换算，其他不变。

（3）大型机械安装、拆卸，指大型施工机械在现场进行安装与拆卸所需的人工、材料、机械和试运转，以及机械辅助设施的折旧、搭设、拆除等工作内容。

（4）大型机械场外运输，指大型施工机械整体或分体自停放地点运至施工现场或由一施工地点运至另一施工地点的运输、装卸、辅助材料等工作内容。

（5）大型机械进出场子目未列明机械规格、能力的，均涵盖各种规格、能力。大型机械本体的规格，定额按常用规格编制。实际与定额不同时，可以换算，消耗量及其他均不变。

（6）大型机械进出场子目未列机械，不单独计算其安装、拆卸和场外运输。

4. 施工机械停滞

施工机械停滞是指非施工单位自身原因、非不可抗力所造成的施工现场施工机械的停滞。

（二）工程量计算规则

1. 垂直运输

（1）凡定额单位为"m²"的，均按《建筑工程建筑面积计算规范》（GB/T 50353—

2013）的相应规定，以建筑面积计算。但以下另有规定者，按以下相应规定计算。

（2）民用建筑（无地下室）基础的垂直运输，按建筑物底层建筑面积计算。

建筑物底层不能计算建筑面积或计算1/2建筑面积的部位配置基础时，按其勒脚以上结构外围内包面积，合并于底层建筑面积一并计算。

（3）混凝土地下室（含基础）的垂直运输，按地下室建筑面积计算。

筏板基础所在层的建筑面积为地下室底层建筑面积。

地下室层数不同时，面积大的筏板基础所在层的建筑面积为地下室底层建筑面积。

（4）檐高小于20m建筑物的垂直运输，按建筑物建筑面积计算。

1）各层建筑面积均相等时，任一层建筑面积为标准层建筑面积。

2）除底层、顶层（含阁楼层）外，中间层建筑面积均相等（或中间仅一层）时，中间任一层（或中间层）的建筑面积为标准层建筑面积。

3）除底层、顶层（含阁楼层）外，中间各层建筑面积不相等时，中间各层建筑面积的平均值为标准层建筑面积。

两层建筑物，两层建筑面积的平均值为标准层建筑面积。

4）同一建筑物结构形式不同时，按建筑面积大的结构形式确定建筑物的结构形式。

（5）檐高大于20m建筑物的垂直运输，按建筑物建筑面积计算。

1）同一建筑物檐口高度不同时，应区别不同檐口高度分别计算；层数多的地上层的外墙外垂直面（向下延伸至±0.00）为其分界。

2）同一建筑物结构形式不同时，应区别不同结构形式分别计算。

（6）工业厂房的垂直运输，按工业厂房的建筑面积计算。

同一厂房结构形式不同时，应区别不同结构形式分别计算。

（7）钢结构工程的垂直运输，按钢结构工程的用钢量，以质量计算。

（8）零星工程垂直运输：

1）基础（含垫层）深度大于3m时，按深度大于3m的基础（含垫层）设计图示尺寸，以体积计算。

2）零星工程垂直运输，分别按设计图示尺寸和相关工程量计算规则，以定额单位计算。

（9）建筑物分部工程垂直运输：

1）主体工程垂直运输，按建筑物建筑面积计算。

2）外装修工程垂直运输，按外装修的垂直投影面积（不扣除门窗等各种洞口，突出外墙面的侧壁也不增加），以面积计算。

同一建筑物外装修总高度不同时，应区别不同装修高度分别计算；高层（向下延伸至±0.00）与底层交界处的工程量，并入高层工程量内计算。

3）内装修工程垂直运输，按建筑物建筑面积计算。

同一建筑物总层数不同时，应区别内装修施工所在最高楼层分别计算。

（10）构筑物垂直运输，以构筑物座数计算。

2. 水平运输

（1）混凝土构件运输，按构件设计图示尺寸以体积计算。

（2）金属构件运输，按构件设计图示尺寸以质量计算。

3. 大型机械进出场

（1）大型机械基础，按施工组织设计规定的尺寸，以体积（或长度）计算。

（2）大型机械安装拆卸和场外运输，按施工组织设计规定以"台次"计算。

4. 施工机械停滞

按施工现场施工机械的实际停滞时间，以"台班"计算。

机械停滞费＝∑[（台班折旧费＋台班人工费＋台班其他费）×停滞台班数量]

（1）机械停滞期间，机上人员未在现场或另做其他工作时，不得计算台班人工费。

（2）下列情况，不得计算机械停滞台班：

1）机械迁移过程中的停滞。

2）按施工组织设计或合同规定，工程完成后不能马上转入下一个工程所发生的停滞。

3）施工组织设计规定的合理停滞。

4）法定假日及冬雨季因自然气候影响发生的停滞。

5）双方合同中另有约定的合理停滞。

二十、建筑施工增加

（一）定额说明

定额包括人工起重机械超高施工增加、人工其他机械超高施工增加、其他施工增加三部分。

1. 超高施工增加

（1）超高施工增加，适用于建筑物檐口高度大于 20m 的工程。

檐口高度，是指设计室外地坪至檐口滴水（或屋面板板顶）的高度。

只有楼梯间、电梯间、水箱间等突出建筑物主体屋面时，其突出部分不计入檐口高度。

建筑物檐口高度超过定额相邻檐口高度小于 2.20m 时，其超过部分忽略不计。

（2）超高施工增加，以不同檐口高度的降效系数（％）表示。

起重机械降效，指轮胎式起重机（包括轮胎式起重机安装子目所含机械，但不含除外内容）的降效。

其他机械降效，指除起重机械以外的其他施工机械（不含除外内容）的降效。

各项降效系数，均指完成建筑物檐口高度 20m 以上所有工程内容（不含除外内容）的降效。

（3）超高施工增加，按总包施工单位施工整体工程（含主体结构工程、外装饰工程、内装饰工程）编制。

1）建设单位单独发包外装饰工程时，单独施工的主体结构工程和外装饰工程，均应计算超高施工增加。

单独主体结构工程的适用定额，同整体工程。

单独外装饰工程，按设计室外地坪至外墙装饰顶坪的高度，执行相应檐高的定额子目。

2）建设单位单独发包内装饰工程、且内装饰施工无垂直运输机械、无施工电梯上下时，按内装饰工程所在楼层，执行定额对应子目的人工降效系数并乘以系数 2，计算超高人工增加。

（二）工程量计算规则

1. 超高施工增加

（1）整体工程超高施工增加的计算基数，为±0.00以上工程的全部工程内容，但下列工程内容除外：

1）±0.00所在楼层结构层（垫层）及其以下全部工程内容。

2）±0.00以上的预制构件制作工程。

3）现浇混凝土搅拌制作、运输及泵送工程。

4）脚手架工程。

5）施工运输工程。

（2）同一建筑物檐口高度不同时，按建筑面积加权平均计算其综合降效系数。

综合降效系数＝$\sum$（某檐高降效系数×该檐高建筑面积）÷总建筑面积

式中，不同檐高的建筑面积，以层数多的地上层的外墙外垂直面（向下延伸至±0.00）为其分界。

（3）整体工程超高施工增加，按±0.00以上工程（不含除外内容）的定额人工、机械消耗量之和，乘以相应子目规定的降效系数计算。

（4）单独主体结构工程和单独外装饰工程超高施工增加的计算方法，同整体工程。

（5）单独内装饰工程超高人工增加，按所在楼层内装饰工程的定额人工消耗量之和，乘以"单独内装饰工程超高人工增加对照表"对应子目的人工降效系数的2倍计算。

2. 其他施工增加

（1）其他施工增加（装饰成品保护增加除外），按其他相应施工内容的定额人工消耗量之和乘以相应子目规定的降效系数（％）计算。

（2）装饰成品保护增加，按下列规定，以面积计算：

1）楼、地面（含踢脚）、屋面的块料面层、铺装面层，按其外露面层（油漆涂料层忽略不计，下同）工程量之和计算。

2）室内墙（含隔断）、柱面的块料面层、铺装面层、裱糊面层，按其距楼、地面高度<1.80m的外露面层工程量之和计算。

3）室外墙、柱面的块料面层、铺装面层、装饰性幕墙，按其首层顶板顶坪以下的外露面层工程量之和计算。

4）门窗、围护性幕墙，按其工程量之和计算。

5）栏杆、栏板，按其长度乘以高度之和计算。

6）工程量为面积的各种其他装饰，按其外露面层工程量之和计算。

当超高施工增加与其他施工增加（装饰成品保护增加除外）同时发生时，其相应系数连乘。

习　　题

1. 多层建筑物的建筑面积怎么计算？

2. 阳台、雨棚、外廊和楼梯的建筑面积分别怎么计算？

3. 内外墙面抹灰的工程量怎么计算？

4. 建筑物的基础有哪几种类型，其工程量是怎么计算的？

5. 混凝土工程的梁、板、柱的工程量计算规则分别是什么？

6. 一级顶棚与二级、三级顶棚有什么区别？

7. 说明各种土方开挖的施工方法（附图形表示）。

8. 某砖混结构住宅，结构外围平面尺寸为 30m×11.8m，层数及层高等尺寸见图 7-95，阁楼为坡屋顶结构，屋顶结构层厚度 120mm，计算该住宅的建筑面积。

9. 某建筑的底层外墙外围结构外边线尺寸如图 7-96 所示，计算场地的平整面积。

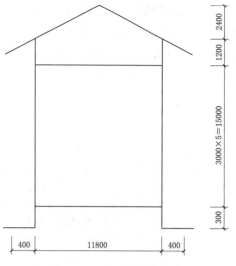

图 7-95 某砖混结构住宅

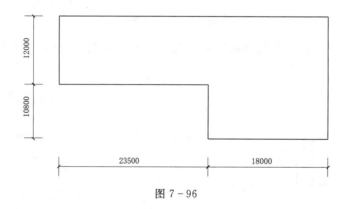

图 7-96

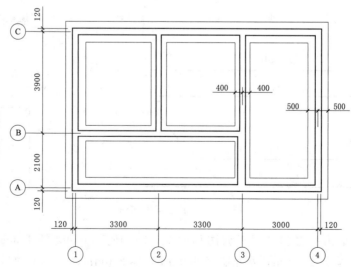

图 7-97 基础平面图

155

10. 某砖混结构2层建筑，基础平面图见图7-97，基础剖面图见图7-98，室外地坪标高为－0.2m，混凝土垫层与灰土垫层施工均不留工作面，求：（1）平整场地工程量；（2）人工挖沟槽工程量；（3）混凝土垫层工程量。

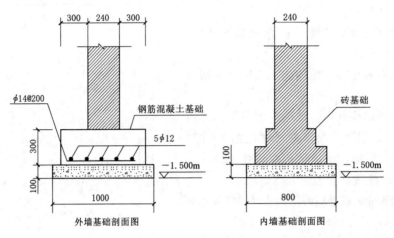

图7-98 基础剖面图

11. 如图7-99所示。某现浇花篮梁共20支，混凝土强度为C30，求该混凝土梁的钢筋工程量。

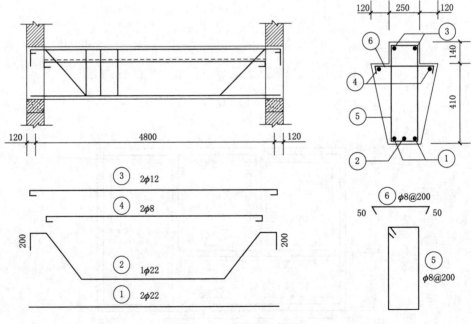

图7-99 花篮梁配筋图

12. 某砖混结构一层和二层平面图如图7-100所示，一层层高3.6m，二层层高3.0m，内外墙厚均为240mm，女儿墙高600mm，厚240mm，外墙上的过梁、圈梁和构造柱的体积为2.4m³，内墙上的过梁体积为0.8m³，圈梁体积为1.2m³，C1尺寸为

1500mm×1500mm，C2 尺寸为 1200mm×1500mm，M1 尺寸为 900mm×2100mm，M2 尺寸为 1200mm×2100mm。分别计算该建筑的建筑面积和内外墙的工程量。

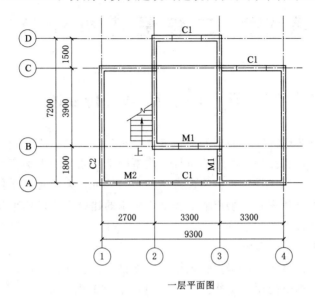

一层平面图

二层平面图

图 7-100　砖混结构平面图

第八章 工程量清单计价

第一节 工程量清单计价概述

工程量清单计价法是国际上通用的计价方法，它为企业之间的公平竞争提供了有利条件。规范的发布施行，将提高工程量清单计价改革的整体效力，更加有利于工程量清单计价的全面推行，更加有利于规范工程建设参与各方的计价行为，对建立公开、公平、公正的市场竞争秩序，推进和完善市场形成工程造价机制的建设必将发挥重要作用，进一步推动我国工程造价改革迈上新的台阶。

一、工程量清单计价的概念

工程量清单计价是承包人依据发包人按统一项目（计价项目）设置，统一计量规则和计量单位按规定格式提供的项目实物工程量清单，结合工程实际、市场实际和企业实际，充分考虑各种风险后，提出的包括成本、利润和税金在内的综合单价，由此形成工程价格。这种计价方式和计价过程体现了企业对工程价格的自主性，有利于市场竞争机制的形成，符合社会主义市场经济条件下工程价格由市场形成的原则。

二、实行工程量清单计价的目的和意义

（一）推行工程量清单计价是深化工程造价管理改革，推进建设市场市场化的重要途径

长期以来，工程预算定额是我国承发包计价、定价的主要依据。现预算定额中规定的消耗量和有关施工措施性费用是按照社会平均水平编制的，以此为依据形成的工程造价基本上也属于社会平均价格，以这种价格作为市场竞争的参考价格，不能反映企业的实际水平，一定程度上限制了企业的公平竞争。20 世纪 90 年代，有人提出了量价分离的构想，将工程预算定额中的人工、材料、机械消耗量和价格分离，国家控制量以保证质量、价格由企业根据市场自行报价，这一措施走出了向传统工程预算定额改革的第一步。但是，这种做法难以改变工程预算定额中国家指令性内容较多的状况，难以满足企业投标报价和评标中合理低价中标的要求。改变以往的工程计价模式，适应招投标工作的需要，推行工程量清单计价，即在建设工程招投标中，按照国家规定的统一的工程量清单计价规范由招标人计算出工程数量，投标人自主报价，经评审合理低价中标是十分必要的。

（二）在建设工程招投标中实行工程量清单计价是规范建筑市场秩序的根本措施

工程造价是工程建设的核心，也是市场运行的核心内容。建筑市场存在着许多不规范行为，多数与工程造价有直接的关系。为规范社会主义市场经济的发展，国家颁发了相应的法律法规，如建设部第 107 号令《建设工程施工发包与承包计价管理办法》规定：施工图预算、招标标底和投标报价由成本、利润和税金构成，投标报价应依据企业定额和市场信息，并按国务院和省、自治区、直辖市人民政府建设行政主管部门发布的工程造价计价办法编制。过去预算定额在调节承发包双方利益和反映市场需求方面有其不足之处，在招

投标活动中，评标多采用百分法，总报价分值占至 60％以上。无论是用一次标底，还是二次标底作为评标的基准来评定报价得分，标底的作用始终显得至关重要。尽管采用了种种封闭做标底的方法，其保密性始终使未中标单位心存疑虑，同时确因个别投标单位煞费苦心打探标底，给投标单位和参与招标工作的人员造成一定影响。在对其他指标评定打分时也容易渗入人为因素，其公平、公正、公开性在某种程度上难以令人信服。而采用工程量清单报价方式招标，标底只作为招标人对投标的上限控制线，评标时不作为评分的基准值，其作用也不再突出。通过资格预审选择信誉好、质量优、管理水平高的施工单位参加投标。无特殊技术要求的工程项目如果其技术标经专家评审合格，经济标的评审原则上选取报价最低（不低于成本）的单位为中标单位。一切操作均公开、透明，无人为操作的环节和余地，杜绝了暗箱操作。通过推行工程量清单报价有利于发挥企业自主报价的能力，同时也有利于规范业主在工程招投标中的计价行为，真正体现公开、公平和公正的原则。

（三）推行工程量清单计价是与国际接轨的需要

工程量清单计价是目前国际上通行的做法，随着我国加入世贸组织，国内建筑业面临着来自国内和国际的双重压力，竞争日趋激烈，国外建筑企业要进入我国建筑市场开展竞争，必然要带进国际惯例、规范和做法计算工程造价；同时，国内建筑企业也会到国外参与市场竞争，也要按照国际惯例、规范和做法计算工程造价。因此，推行建筑市场发展，采用工程量清单计价是我国建筑企业适应国际惯例的需要。

（四）实行工程量清单计价是促进建筑市场有序竞争和企业健康发展的需要

工程量清单是招标文件的重要组成部分，由招标单位或有资质的工程造价咨询单位编制，工程量清单编制的准确、详尽、完整，有利于提高招标单位的管理水平，减少索赔事件的发生。投标单位通过对单位工程成本、利润进行分析，结合企业自身状况统筹考虑，精心选择施工方案，合理进行自主报价，改变了过去依赖建设行政主管部门发布的定额和取费标准及调价指数几家计价的模式，有利于企业技术进步，提高投资效益。另外，由于工程量清单是公开的，有利于防止公开招标中弄虚作假、暗箱操作等不规范行为。

（五）工程量清单计价有利于工程造价政府管理职能的转变

由过去政府控制的指令性定额计价方式转变为适应市场经济规律需要的工程量清单计价，能有效增强政府对工程造价宏观控制能力，变过去行政直接干预为对工程造价依法监督管理，逐步建立："政府宏观调控、企业自主报价、市场形成价格、社会全面监督"的工程造价管理新思路。

三、实行工程量清单计价的合理性和可行性

首先，工程量清单计价采用综合单价，综合单价包含了工程直接费、间接费、利润和税金。一言蔽之，就是大综合。不像以往定额计价中先计算定额直接费，再计算价差，最后再计取各项费用，才能知道工程费用。相比之下，工程量清单计价显得简单明了，更适合工程的造价管理。

其次，采用统一工程量清单，施工企业可将经济、技术、质量和进度等因素经过科学测算，细化到综合单价的确定中，并对工程造价中自变和波动较大的因素比如建筑材料价格及具体工程的施工措施费和管理费，实行自主报价。这就充分引入了市场竞争机制，并通过竞争确定招标、投标双方均能接受的工程承包价，这样才符合市场经济运行规律。

第三，采用工程量清单，有利于投标者集中力量评估、分析、测算自身各项费用单价高低的情况，合理选择具有竞争性的施工组织和措施方案，从而促进企业抓管理、练内功、降成本、提效益，有效地避免了个别投标单位因预算人员的编制水平、素质的差异而造成工程量计算偏差，从而使评标、定标工作在量的方面有一个共同的竞争基础。在招标过程中把施工图纸发给各投标单位，以各自计算的工程量为准的方式，虽说对招标单位来说，能减轻许多工程量，但对投标单位来说，常常是在非常短的时间内要计算工程量，还要考虑确定投标单价和施工组织设计加上要承担工程量计算偏差的风险，招投标实际上有失公平。工程量计算的偏差，对于工程总造价影响很大，利用定额编制预算进行招投标，实际上主要是考核各投标单位预算员的编制水平，未能真正体现施工企业整体的综合实力。

第四，采用工程量清单招标可以节省投标单位的时间、精力和投标费用，因为投标过程往往是多家单位参与一个标段的投标，而中标单位仅是一家，未中标单位各项支出亦无法得到补偿，造成社会劳动资源的浪费。采用工程量清单招标不仅能够缩短投标报价时间，更有利于招投标工作的公开、公平、科学合理。

第五，采用工程量清单招投标有利于实现风险的合理分担。建筑工程一般都比较复杂、周期长，工程变更多，风险大。采用工程量清单报价，投标单位只对自己所报的成本、单价等负责，而对设计变更和工程量的计算错误不负责任，这部分风险由业主承担。这样符合风险分担，责、权、利关系对等原则。

四、编制《建设工程量清单计价规范》的原则

1. 企业自主报价、市场竞争形成价格

为规范发包方与承包方的计价行为，"计价规范"要确定工程量清单计价的原则、方法和必须遵守的规则，包括统一编码、项目名称、计量单位、工程量计算规则等。工程价格最终由工程项目的招标人和投标人，按照国家法律、法规和工程建设的各项规章制度以及工程计价的有关规定，通过市场竞争形成工程价格。

2. 与现行预算定额既有机联系又有所区别

"计价规范"的编制过程中，参照我国现行的全国统一工程预算定额，尽可能地做到与全国统一工程预算定额的衔接，主要是考虑工程预算定额是我国经过多年的实践总结，具有一定的科学性和实用性，广大工程造价计价人员熟悉，有利于推行工程量清单计价。与工程预算定额区别的主要表现在：定额项目是规定以工序作为划分项目的标准，施工工艺、施工方法是根据大多数企业的施工方法综合取定的，工、料、机消耗量根据"社会平均水平"综合测定，取费标准按照不同地区平均测算出来。

3. 既考虑我国工程造价管理的实际，又尽可能与国际惯例接轨

编制"计价规范"，是根据我国当前工程建设市场发展的形势，为逐步解决预算定额计价中与当前工程建设市场不相适应的因素，适应我国社会主义市场经济发展的需要，特别是适应我国加入世界贸易组织后工程造价计价与国际接轨的需要，积极稳妥地推行工程量清单计价。"计价规范"的编制，既借鉴了世界银行、菲迪克（FIDIC）、英联邦国家、香港地区等的一些做法，同时也结合了我国工程造价管理的实际情况。工程量清单在项目划分、计量单位、工程量计算规则等方面尽可能多地与全国统一定额相衔接，费用项目的

划分借鉴了国外的做法，名称叫法上尽量采用国内的习惯叫法。

五、工程量清单计价与定额计价的区别与联系

（一）工程量清单计价与定额计价的不同

1. 采用的计价模式不同

工程量清单计价，是实行量价分离的原则，依据统一的工程量计算规则，按照施工设计图纸、施工现场情况和招标文件的规定，企业自行编制。建设项目工程量由招标人提供，投标人依据企业自己的管理能力、技术装备水平和市场行情，自主报价，真正体现按市场竞争形成价格的原则，所有投标人在招标过程中都站在同一起跑线上竞争，建设工程发承包在公开、公平、公正的情况下进行。

工程预算定额计价，企业不分大小，一律按国家统一的预算定额计算工程量，按规定的费率套价，其所报的工程造价实际上是社会平均价，难以形成竞争，不能真正体现企业按自身条件和市场行情，自主报价。

2. 采用的单价方法不同

工程量清单计价，采用综合单价法，综合单价是指完成规定计量单位项目所需的人工费、材料费、机械使用费、管理费、利润，并考虑风险因素，是除规费和税金的以外的全费用单价。

工程预算定额计价，采用工料单价法，工料单价是指以分部分项工程量的单价为直接费，直接费以人工、材料、机械的消耗量及其相应的价格确定；间接费、利润和税金按照有关规定另行计算。

3. 反映的成本价不同

工程量清单计价，反映的是个别成本，各个投标人根据市场的人工、材料、机械价格行情、自身技术实力和管理水平投标报价，其价格有高有低，具有多样性。招标人在考虑投标单位的综合素质的同时选择合理的工程造价。

工程预算定额计价，反映的是社会平均成本，各个投标人根据相同的预算定额及估价表投标报价，所报的价格基本相同，不能反映中标单位的真正实力。由于预算定额的编制是按社会平均消耗量考虑，所以其价格反映的是社会平均价；这也就给招标人提供盲目压价的可能，从而造成结算突破预算，不利于建设单位投资的控制。

4. 结算的要求不同

工程量清单计价，是结算时按合同中事先约定综合单价的规定执行，综合单价基本上是包死的。

工程预算定额计价，结算时按定额规定工料单价计价，往往调整内容较多，容易引起纠纷。

5. 风险处理的方式不同

工程量清单计价，使招标人与投标人风险合理分担，投标人不仅要对自己所报的成本、综合单价负责，还要考虑各种风险对价格的影响，综合单价一经合同确定，结算时不可以调整（除工程量有较大变化），且对工程量的变更或计算错误不负责任；招标人在计算工程量时要准确，对于这一部分风险应由招标人承担，从而有利于控制工程造价。

工程预算定额计价，风险只在投资一方，所有的风险在不可预见费中考虑；结算时，按合同约定，可以调整。可以说投标人没有风险，不利于控制工程造价。

6. 项目的划分不同

工程量清单计价，项目划分以实体列项，实体和措施项目相分离，施工方法、手段不列项，不设人工、材料、机械消耗量。这样加大了承包企业的竞争力度，鼓励企业尽量采用合理的技术措施，提高技术水平和生产效率，市场竞争机制可以充分发挥。

工程预算定额计价，项目划分按施工工序列项、实体和措施相结合，施工方法、手段单独列项，人工、材料、机械消耗量已在定额中规定，不能发挥市场竞争的作用。

7. 工程量计算规则不同

工程量清单计价，清单项目的工程量是按实体的净值计算，这是当前国际上比较通行的做法。

工程预算定额计价，工程量是按实物加上人为规定的预留量或操作富裕度等因素。

8. 计量单位不同

工程量清单计价，清单项目是按基本单位计量，以规范为准。

工程预算定额计价，计量单位可以不采用基本单位。

（二）工程量清单计价与定额计价的联系

（1）"计价规范"中清单项目的设置，参考了全国统一定额的项目划分，注意使清单计价项目设置与定额计价项目设置的衔接；同时注意到工程量清单的工程量计算规则与定额工程量计算规则的衔接，以解决招标人编制标底，投标人进行报价的需要；做到既与国际接轨，又符合我国实际，以便于推广工程量清单计价方式能易于操作，平稳过渡。

（2）"计价规范"附录中的"项目特征"的内容，基本上取自原定额的项目（或子目）设置的内容，如规格、材质、重量等。

（3）"计价规范"附录中的"工程内容"与定额子目相关联，它是综合单价的组价内容。

（4）工程量清单计价，企业需要根据自己的企业实际消耗成本报价，在目前多数企业没有企业定额的情况下，现行全国统一定额仍然可作为消耗量定额的重要参考依据。

所以，工程量清单的编制与计价，与定额有着密不可分的联系。但是，随着"计价规范"的贯彻实施，对定额的结构形式、项目划分、人工、材料和机械消耗水平等要做相应的修改，以适应企业自主报价的需要。各地工程造价管理部门还要做大量艰苦细致的工作，以推进工程量清单计价的更好实施。

第二节　工程量清单的编制

工程量清单是建设工程实行清单计价的专用名词，它表示的是实行工程量清单计价的建设工程的分部分项工程项目、措施项目、其他项目、规费项目和税金项目的名称和相应数量。

采用工程量清单方式招标发包，工程量清单必须作为招标文件的组成部分，招标人应将工程量清单连同招标文件的其他内容一并发（或发售）给投标人。招标人对编制的工程量清单的准确性和完整性负责。投标人依据工程量清单进行投标报价，对工程量清单不负有核实的义务，更不具有修改和调整的权力。同时，对编制质量的责任规定的更加明确和责任具体。工程量清单作为投标人报价的共同平台，其准确性——数量不算错，其完整性——不缺项漏项，均应由招标人负责，如招标人委托工程造价咨询人编制，责任仍应由招标人承担。至于工程造价咨询人应承担的具体责任则应由招标人与工程造价咨询人通过合同约定处理或协商解决。

一、工程量清单编制依据及组成

1. 工程量清单编制依据

(1)《建设工程工程量清单计价规范》。

(2)《房屋建筑与装饰工程工程量计算规范》。

(3) 建设工程设计文件。

(4) 与建设工程项目有关的标准、规范、技术资料。

(5) 招标文件及其补充通知、答疑纪要。

(6) 施工现场情况、工程特点及常规施工方案。

(7) 其他相关资料。

2. 工程量清单组成

工程量清单是招标文件的重要组成部分，主要由分部分项工程量清单，措施项目清单，其他项目清单，规费、税金项目清单组成。

工程量清单的编制专业性强、内容复杂，对编制人的业务技术水平要求比较高，能否编制出完整、严谨的工程量清单，直接影响着招标的质量，也是招标工作能否顺利进行的关键。因此，规范规定，工程量清单应由具有编制能力的招标人或受其委托，具有相应资质的工程造价咨询人编制，"相应资质的工程造价咨询单位"是指具有工程造价咨询单位资质并按规定的业务范围承担工程造价咨询业务的咨询单位。

二、工程量清单编制

(一) 分部分项工程量清单

分部分项工程量清单应根据附录规定的项目编码、项目名称、项目特征、计量单位和工程量计算规则进行编制。是一种不可调整的闭口清单，投标人对投标文件提供的分部分项工程量清单必须逐一计价，对清单所列内容不允许做任何更改变动。投标人如果认为清单内容有不妥或遗漏，只能通过质疑的方式由清单编制人作统一的修改更正，并将修正后的工程量清单发往所有投标人。

1. 编制规则

分部分项工程量清单应根据附录规定的项目编码、项目名称、项目特征、计量单位和工程量计算规则进行编制。

分部分项工程量清单的项目编码，应采用十二位阿拉伯数字表示。一至九位应按附录的规定设置，十至十二位应根据拟建工程的工程量清单项目名称设置。同一招标工程的项目编码不得有重码。例如一个标段（或合同段）的工程量清单中含有三个单位工程，每一单位工程中都有项目特征相同的实心砖墙砌体，在工程量清单中又须反映三个不同单位工程的实心砖墙砌体工程量时，此时工程量清单应以单位工程为编制对象，则第一个单位工程的实心砖墙的项目编码应为 010302001001，第二个单位工程的实心砖墙的项目编码应为 010302001002，第三个单位工程的实心砖墙的项目编码应为 010302001003，并分别列出各单位工程实心砖墙的工程量。

分部分项工程量清单的项目名称应按附录的项目名称结合拟建工程的实际确定。所列工程量应按附录中规定的工程量计算规则计算，计量单位应按附录中规定的计量单位确定。

2. 编制程序

分部分项工程量清单编制程序如下：

（1）确定工程内容。根据工程量清单项目名称，结合拟建工程的实际，参照规范所列分部分项工程量清单项目，确定该清单项目主体工程内容及相关的工程内容。

（2）计算工程量。按照规范所给工程量计算规则和计量单位，计算各分部分项工程的工程量。

（3）按规范统一编码规则进行编码并列项。在工程量清单编制时，当出现"分部分项工程量清单"项目表缺项时，编制人可以补充。补充项目应填写在工程量清单项目相应分部工程项目之后，并在"项目编码"栏中以"补"字示之。同时规范还规定，编制工程量清单出现附录中未包括的项目，编制人应作补充，并报省级或行业工程造价管理机构备案，省级或行业工程造价管理机构应汇总报住房和城乡建设部标准定额研究所。

补充项目的编码由附录的顺序码与 B 和三位阿拉伯数字组成，并应从×B001 起顺序编制，同一招标工程的项目不得重码。工程量清单中需附有补充项目的名称、项目特征、计量单位、工程量计算规则、工程内容。

（二）措施项目清单

措施项目清单应根据拟建工程的实际情况列项，表 8-1 为列项的参考，若出现本规范未列的项目，可根据工程实际情况补充。它是一种可以调整的清单，投标人对招标文件中所列项目，可根据企业自身特点作适当的变更增减。投标人要对拟建工程可能发生的措施项目和措施费用作通盘考虑。清单一经报出，即被认为是包括了所有应该发生的措施项目的全部费用。如果报出的清单中没有列项，且施工中又必须发生的项目，业主有权认为，其已经综合在分部分项工程量清单的综合单价中。将来措施项目发生时，投标人不得以任何借口提出索赔与调整。

表 8-1　　　　　　　　　　　　　　措施项目一览表

分　类	项目名称
总价措施项目	夜间施工增加 二次搬运 冬雨季施工 已完工程及设备保护 工程定位复测 施工排水、施工降水 地上、地下设施，建筑物的临时保护设施

分 类	项 目 名 称
单价措施项目	脚手架 混凝土模板及支架（撑） 垂直运输 大型机械进出场和施工降排水 超高施工增加

措施项目清单的设置，首先，要参考拟建工程的施工组织设计，以确定环境保护、文明安全施工、材料的二次搬运等项目；其次，参阅施工技术方案，以确定夜间施工、大型机具进出场及安拆、混凝土模板与支架、脚手架、施工排水降水、垂直运输机械、组装平台、大型机具使用等项目。参阅相关的施工规范与工程验收规范，可以确定施工技术方案没有表述的，但是为了实现施工规范与工程验收规范要求而必须发生的技术措施。

措施项目清单的编制需考虑多种因素，除工程本身的因素外，还涉及水文、气象、环境、安全等因素。规范仅提供了"通用措施项目一览表"，作为措施项目列项的参考。表中所列内容是各专业工程均可列出的措施项目，各专业工程的"措施项目清单"中可列的措施项目分别在附录中规定，应根据拟建工程的具体情况选择列项。

规范将实体性项目划分为分部分项工程量清单，非实体性项目划分为措施项目。所谓非实体性项目，一般来说，其费用的发生和金额的大小与使用时间、施工方法或者两个以上工序相关，与实际完成的实体工程量的多少关系不大，典型的是大中型施工机械、文明施工和安全防护、临时设施等。但有的非实体性项目，则是可以计算工程量的项目，典型的是混凝土浇筑的模板工程，用分部分项工程量清单的方式采用综合单价，更有利于措施费的确定和调整。

（三）其他项目清单

工程建设标准的高低、工程的复杂程度、工程的工期长短、工程的组成内容、发包人对工程管理要求等都直接影响其他项目清单的具体内容，主要包括：暂列金额；暂估价，包括材料暂估单价、专业工程暂估价；计日工和总承包服务费。规范仅提供了4项内容作为列项参考。其不足部分，可根据工程的具体情况进行补充。

（1）暂列金额是招标人在工程量清单中暂定并包括在合同价款中的一笔款项。按有关部门的规定，经项目审批部门批复的设计概算是工程投资控制的刚性指标，而工程建设自身的规律决定了，设计需要根据工程进展不断地进行优化和调整，发包人的需求可能会随工程建设进展出现变化，工程建设过程还存在其他诸多不确定性因素。消化这些因素必然会影响合同价格的调整，暂列金额正是因应这类不可避免的价格调整而设立，以便合理确定工程造价的控制目标。

不管采用何种合同形式，其理想的标准是，一份合同的价格就是其最终的竣工结算价格，或者至少两者应尽可能接近。我国规定对政府投资工程实行概算管理，经项目审批部门批复的设计概算是工程投资控制的刚性指标，即使商业性开发项目也有成本的预先控制问题，否则，无法相对准确预测投资的收益和科学合理地进行投资控制。但工程建设自身的特性决定了工程的设计需要根据工程进展不断地进行优化和调整，业主需求可能会随工程建设进展出现变化，工程建设过程还会存在一些不能预见、不能确定的因素。消化这些因素必然会影响合同价格的调整，暂列金额正是为这类不可避免的价格调整而设立，以便达到合理确定和有效控制工程造价的目标。

(2) 暂估价是指招标阶段直至签订合同协议时，招标人在招标文件中提供的用于支付必然要发生但暂时不能确定价格的材料以及需另行发包的专业工程金额。一般而言，为方便合同管理和计价，需要纳入分部分项工程量清单项目综合单价中的暂估价则最好只是材料费，以方便投标人组价。以"项"为计量单位给出的专业工程暂估价一般应是综合暂估价，应当包括除规费、税金以外的管理费、利润等。

暂估价类似于 FIDIC 合同条款中的 Prime Cost Items，在招标阶段预见肯定要发生，只是因为标准不明确或者需要由专业承包人完成，暂时无法确定价格。暂估价数量和拟用项目应当结合工程量清单中的"暂估价表"予以补充说明。

为方便合同管理，需要纳入分部分项工程量清单项目综合单价中的暂估价应只是材料费，以方便投标人组价。

专业工程的暂估价一般应是综合暂估价，应当包括除规费和税金以外的管理费、利润等取费。总承包招标时，专业工程设计深度往往是不够的，一般需要交由专业设计人设计，国际上，出于提高可建造性考虑，一般由专业承包人负责设计，以发挥其专业技能和专业施工经验的优势。这类专业工程交由专业分包人完成是国际工程的良好实践，目前在我国工程建设领域也已经比较普遍。公开透明地合理确定这类暂估价的实际开支金额的最佳途径，就是通过施工总承包人与工程建设项目招标人共同组织的招标。

(3) 计日工是为了解决现场发生的零星工作的计价而设立的。国际上常见的标准合同条款中，大多数都设立了计日工（Daywork）计价机制。计日工以完成零星工作所消耗的人工工时、材料数量、机械台班进行计量，并按照计日工表中填报的适用项目的单价进行计价支付。计日工适用的所谓零星工作一般是指合同约定之外的或者因变更而产生的、工程量清单中没有相应项目的额外工作，尤其是那些时间不允许事先商定价格的额外工作。计日工为额外工作和变更的计价提供了一个方便快捷的途径。但是，在以往的实践中，计日工经常被忽略。其中一个主要原因是因为计日工项目的单价水平一般要高于工程量清单项目单价的水平。理论上讲，合理的计日工单价水平一定是高于工程量清单的价格水平，其原因在于计日工往往是用于一些突发性的额外工作，缺少计划性，承包人在调动施工生产资源方面难免不影响已经计划好的工作，生产资源的使用效率也有一定的降低，客观上造成超出常规的额外投入。另外，计日工清单往往忽略给出一个暂定的工程量，无法纳入有效的竞争，也是造成计日工单价水平偏高的原因之一。因此，为了获得合理的计日工单价，计日工表中一定要给出暂定数量，并且需要根据经验，尽可能估算一个比较贴近实际的数量。当然，尽可能把项目列全，防患于未然，也是值得充分重视的工作。

(4) 总承包服务费是为了解决招标人在法律、法规允许的条件下进行专业工程发包以及自行采购供应材料、设备时，要求总承包人对发包的专业工程提供协调和配合服务（如分包人使用总包人的脚手架、水电接剥等）；对供应的材料、设备提供收、发和保管服务以及对施工现场进行统一管理；对竣工资料进行统一汇总整理等发生并向总承包人支付的费用。招标人应当预计该项费用并按投标人的投标报价向投标人支付该项费用。

（四）规费、税金项目清单

（1）"清单规范"规费项目清单应按照下列内容列项：

1）社会保障费：包括养老保险费、失业保险费、医疗保险费、工伤保险费和生育保险费。

2）住房公积金。

3）工程排污费。

在施工实践中，有的规费项目，如工程排污费，并非每个工程所在地都要征收，实践中可作为按实计算的费用处理。对于规范未列的项目，应根据省级政府或省级有关权力部门的规定列项。

（2）税金项目清单。

目前国家税法规定应计入建筑安装工程造价内的税种包括营业税、城市建设维护税及教育费附加，当出现未列项目时，应根据税务部门的规定列项。如国家税法发生变化或地方政府及税务部门依据职权对税种进行了调整，应对税金项目清单进行相应调整。

三、工程量清单编制案例

（一）土石方工程

1. 土（石）方工程量清单的编制

【例8-1】某工程毛石基础，如图8-1所示。根据招标人提供的地质资料为三类土壤。查看现场无地面积水，地面已平整，并达到设计地面标高。假设基础长度为15.00m，试计算挖沟槽土方工程量并编制工程量清单。

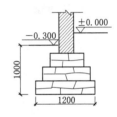

图8-1　某基础剖面图

解：

根据"A.1 土方工程"：项目编码：010101003001；项目名称：挖沟槽土方。项目特性：1. 土壤类别：三类土；2. 挖土深度：1.00m。计量单位：m³。工程量计算规则：房屋建筑按设计图示尺寸以基础垫层底面积乘以挖土深度计算。

工程数量 1.20×1.00×15.00＝18.00（m³）

将上述结果及相关内容填入"分部分项工程量清单"，见表8-2。

表8-2　　　　　　　　　分部分项工程量清单

工程名称：××工程　　　　　　　　　　　　　　　　　　　　　　第1页　共1页

序号	项目编号	项目名称	项目特征	计量单位	工程量
1	010101003001	挖沟槽土方	1. 土壤类别：三类土 2. 挖土深度：1.0m	m³	18.00

【例8-2】某单身宿舍楼，平面和基础剖面如图8-2所示，二类土，墙厚240mm，室外地坪标高为-0.15m。土方槽边就近堆放，槽底不需钎探，蛙式打夯机夯实，常地下水位为-2.40m。试计算：场地平整工程量及人工挖地槽工程量并编制工程量清单。

解：①场地平整工程量。

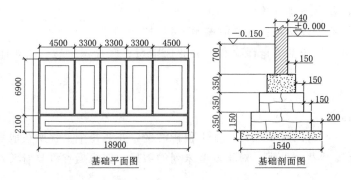

图 8-2　某建筑基础尺寸图

按设计图示尺寸以建筑物首层建筑面积计算：

$$S = (6.9+2.1+0.24) \times (4.5 \times 2+3.3 \times 3+0.24)$$

$$= 176.85 (\text{m}^2)$$

②人工挖地槽工程量。

房屋建筑按设计图示尺寸以基础垫层底面积乘以挖土深度计算：

$$L_外 = (6.9+2.1+18.9) \times 2$$

$$= 55.8 (\text{m})$$

$$L_净 = [6.9-(1.54-0.4)] \times 4+[18.9-(1.54-0.4)]$$

$$= 23.52 (\text{m})$$

$$V_{地槽} = 1.54 \times 1.9 \times (55.8+23.52)$$

$$= 232.09 (\text{m}^3)$$

③工程量清单编制。

分部分项工程量清单见表 8-3。

表 8-3　　　　　　　　　　　分部分项工程量清单

工程名称：××工程　　　　　　　　　　　　　　　　　　　　　第 1 页　共 1 页

序号	项目编号	项目名称	项目特征	计量单位	工程量
1	010101001001	平整场地	1. 土壤类别：二类土 2. 弃土运距：就近 3. 取土运距：就近	m²	176.85
2	010101003001	挖沟槽土方	1. 土壤类别：二类土 2. 挖土深度：1.0m	m³	232.09

【例 8-3】 某工程基础平面、剖面图，如图 8-3 所示，无地表水，地面已平整，已达到设计标高，现场勘查为二类土，采用就地取土回填，运土距离为 50m，根据现场施工情况，余方运到距场地 500m 处。编制回填土工程量清单。

解： 根据"B.1 回填)"项目：项目编码：010103；工程量计算规则：按设计图示尺寸以体积计算。室内回填：主墙间面积乘回填厚度，不扣除间隔墙；基础回填：按挖方清单项目工程量减去自然地坪以下埋设的基础体积（包括基础垫层及其他构筑物）。

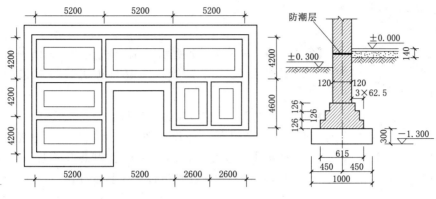

图 8-3 基础平面、剖面图

①室内回填土工程量。

$$V_室 = [(5.2×3-0.24×3)×(4.2-0.24)+(4.2×2-0.24×2)×(5.2-0.24)$$
$$+(4.6-0.24)×(2.6×2-0.24×2)]×(0.3-0.14)$$
$$= 19.01(m^3)$$

②沟槽回填土。

挖方体积＝$[5.2×3×2+4.2×6+4.6×2+(4.2-1.0)×2+(5.2-1.0)×2+(5.2-1.0)+(4.6-1.0)]×1.0×1.0=88.2(m^3)$

垫层体积＝$[5.2×3×2+4.2×6+4.6×2+(4.2-1.0)×2+(5.2-1.0)×2+(5.2-1.0)+(4.6-1.0)]×1.0×0.3=26.46(m^3)$

设计室外地坪以下基础体积＝$[5.2×3×2+4.2×6+4.6×2+(4.2-0.24)×2+(5.2-0.24)×2+(5.2-0.24)+(4.6-0.24)]×(0.0625×3×0.126×3+1.0×0.24)=28.84(m^3)$

沟槽回填土工程量＝$88.2-26.46-28.84=32.9(m^3)$

③余方弃置。

余方弃置工程量＝$88.2-26.46-28.84-19.01=13.89(m^3)$

分部分项工程量清单见表 8-4。

表 8-4　　　　　　　　　　分部分项工程量清单

工程名称：××工程　　　　　　　　　　　　　　　　　　　　　　　　　第 1 页　共 1 页

序号	项目编号	项目名称	项目特征	计量单位	工程量
1	010103001001	室内回填土	1. 密实度要求：满足设计要求的压实系数 2. 填方来源、运距：就地取土、50m	m^3	19.01
2	010103001002	沟槽回填土	1. 密实度要求：满足设计要求的压实系数 2. 填方来源、运距：就地取土、50m	m^3	32.9
3	010103002001	余方弃置	1. 废弃品种：二类土 2. 运距：500m	m^3	13.89

（二）基础工程

1. 桩基础

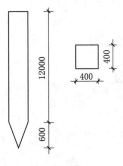

图 8-4 预制钢筋混凝土方桩

【例 8-4】 如图 8-4 所示，某工程共有 50 根预制桩，三类土，送桩深度 4.5m，计算该工程打桩工程量并编制工程量清单。

解：根据"C.1 打桩"项目：项目编码：010103001001；工程量计算规则：以米计量，按设计图示尺寸以桩长（包括桩尖）计算；以立方米计量，按设计图实际截面积乘以桩长（包括桩尖）以实体积计算；以根计量，按设计图示数量计算。

$$工程量＝12.6×50＝630（m）$$

将上述结果及相关内容填入"分部分项工程量清单"，见表 8-5。

表 8-5　分部分项工程量清单

工程名称：××工程　　　　　　　　　　　　　　　　　　　　　　　第 1 页　共 1 页

序号	项目编号	项目名称	项目特征	计量单位	工程量
1	010103001001	预制钢筋混凝土方桩	1. 地层情况：三类土 2. 单桩长度：12.6m 3. 送桩长度：4.5m 4. 桩倾斜度：垂直 5. 桩截面：400mm×400mm 6. 混凝土强度等级：C30	m	630

2. 砌体基础

【例 8-5】 某砖基础工程平面图、剖面如图 8-5 所示，MU10 机制标准红砖，M5.0 水泥砂浆砌筑，基础底铺 3∶7 灰土垫层 300mm 厚，分层夯填，压实系数 0.95，基础防潮层采用抹防水砂浆 20mm 厚。编制砖基础及垫层的工程量清单。

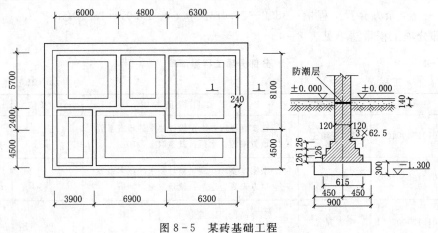

图 8-5 某砖基础工程

解：①根据"B.1 换填垫层"项目：项目编码：010201001001；工程量计算规则：按设计图示尺寸以体积计算。

3∶7 灰土垫层工程量：

$$V_{垫}=\{[(4.5+2.4+5.7)+(3.9+6.9+6.3)]\times2+[(5.7-0.9)+(4.5+2.4-0.9)$$
$$+(10.8-0.9)+(8.1+6.3-0.9)]\}\times0.9\times0.3$$
$$=25.27(m^3)$$

②根据"D.1 砖基础"项目：项目编码：010401001001；工程量计算规则：按设计图示尺寸以体积计算。包括附墙垛基础宽出部分体积，扣除地梁（圈梁）、构造柱所占体积，不扣除基础大放脚 T 形接头处的重叠部分及嵌入基础内的钢筋、铁件、管道、基础砂浆防潮层和单个面积不大于 0.3m² 的孔洞所占体积，靠墙暖气沟的挑檐不增加。基础长度：外墙按中心线，内墙按净长线计算。

砖基础工程量：

（a）外墙砖基础长：

$$L_{中}=[(4.5+2.4+5.7)+(3.9+6.9+6.3)]\times2=(12.6+17.1)\times2=59.40(m)$$

（b）内墙砖基础净长：

$$L_{内}=[(5.7-0.24)+(8.1-0.24)+(4.5+2.4-0.24)+(6.0+4.8-0.24)+6.3]$$
$$=[5.46+7.86+6.66+10.56+6.30]=36.84(m)$$

砖基础工程量：

$$V_{砖}=[0.0625\times3\times0.126\times3+0.24\times(1.3-0.3)]\times(59.40+36.84)$$
$$=29.92(m^3)$$

③工程量清单编制。

将上述结果及相关内容填入"分部分项工程量清单"，见表 8-6。

表 8-6　　　　　　　　　　　**分部分项工程量清单**

工程名称：××工程　　　　　　　　　　　　　　　　　　　　　　　　第 1 页　共 1 页

序号	项目编号	项目名称	项 目 特 征	计量单位	工程量
1	010101001001	换填垫层	1. 材料种类及配比：3∶7 灰土 2. 压实系数：0.95	m³	25.27
2	010301001001	砖基础	1. 砖品种、规格：机制标准红砖 2. 基础形式：带形基础 3. 砂浆强度等级：水泥砂浆，M5.0 4. 防潮层材料：防水砂浆 20mm 厚	m³	89.00

3. 混凝土及钢筋混凝土基础

【例 8-6】 某工程设计现浇钢筋混凝土 C20 条形基础、独立基础，尺寸如图 8-6 所示，基础下采用 C15 素混凝土垫层 100mm 厚，计算现浇钢筋混凝土条形基础、独立基的工程量，编制其基础与垫层的工程量清单。

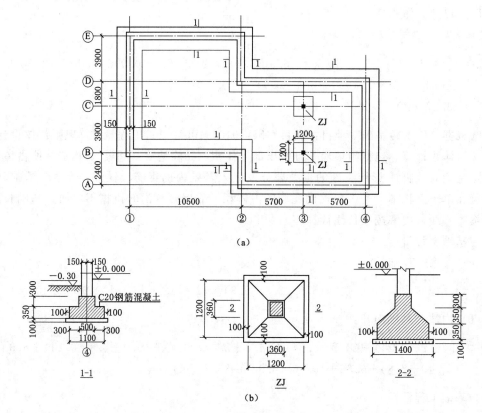

（a）

（b）

图 8-6 基础平、剖面图

解：根据"E.1 现浇混凝土基础"项目：项目编码：010501；工程量计算规则：垫层、带形基础及独立基础的工程量按设计图示尺寸以体积计算。

①现浇混凝土基础垫层工程量。

$$V_{垫} = (2.4 + 3.9 \times 2 + 1.8 + 10.5 + 5.7 \times 2) \times 2 \times 1.1 \times 0.1 \text{(带形基础垫层)}$$
$$+ 1.4 \times 1.4 \times 0.1 \times 2 \text{(独立基础垫层)}$$
$$= 7.85 \text{(m}^3)$$

②带形基础的工程量。

$$V_{带} = (2.4 + 3.9 \times 2 + 1.8 + 10.5 + 5.7 \times 2) \times 2 \times (1.1 \times 0.35 + 0.5 \times 0.3)$$
$$= 36.27 \text{(m}^3)$$

③独立基础的工程量。

$$V_{独} = 1.2 \times 1.2 \times 0.35 + (1.2^2 + 0.36^2 + 1.2 \times 0.36) \times 0.35/3 + 0.36 \times 0.36 \times 0.30$$
$$= 0.776 \text{(m}^3)$$

④工程量清单编制。

将上述结果及相关内容填入"分部分项工程量清单"，见表 8-7。

表 8-7　　　　　　　　　　　　　**分部分项工程量清单**

工程名称：××工程　　　　　　　　　　　　　　　　　　　　　　　　　　第 1 页　共 1 页

序号	项目编号	项目名称	项目特征	计量单位	工程量
1	010501001001	垫层	1. 现浇混凝土 2. 混凝土等级：C15	m^3	7.85
2	010501002001	带形基础	1. 现浇混凝土 2. 混凝土等级：C20	m^3	36.27
3	010501003001	独立基础	1. 现浇混凝土 2. 混凝土等级：C20	m^3	0.776

（三）墙体工程

【例 8-7】 某一砖实心砖墙工程如图 8-7 所示，M5.0 混合砂浆砌筑，其中：C_1：1.5m×1.5m，M_1：1.4m×2.5m，圈（过）梁一道（包括砖垛内墙上），断面均为 0.24m×0.24m，计算该工程砖墙的工程量并编制工程量清单。

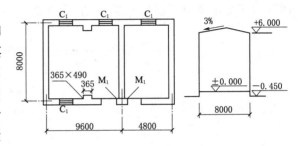

图 8-7　某工程平、剖面图

解：根据"D.1 砖砌体实心砖墙"项目，项目编码：010401003；工程量按设计图示尺寸以体积计算。扣除门窗、洞口、嵌入墙内的钢筋混凝土柱、梁、圈梁、挑梁、过梁等，凸出墙面的砖垛并入墙体体积内计算。

①外墙工程量。

墙长 $L_{中}$＝(14.4＋8)×2＝44.8(m)

墙高 H＝6m

山墙平均高 3.12×3％/2＝0.0468(m)

墙体积 $V_{外}$＝[44.8×(6－0.24)－(1.5×1.5×3＜C_1＞＋1.4×2.5×2＜M_1＞)
　　　　＋8.24×0.0468×2]×0.24＋(6－0.24)×0.365×0.25＜砖垛＞
　　　　＝58.97(m^3)

②内墙工程量。

墙长 $L_{内}$＝8－0.24＝7.76(m)

墙高 H＝6＋0.0468－0.24＝5.807(m)

墙体积 $V_{内}$＝7.76×5.807×0.24＝10.81(m^3)

墙体工程量合计

V＝58.97＋10.81＝69.79(m^3)

③工程量清单编制。

将上述结果及相关内容填入"分部分项工程量清单"，见表 8-8。

表 8－8   **分部分项工程量清单**

工程名称：××工程   第 1 页 共 1 页

序号	项目编号	项目名称	项目特征	计量单位	工程量
1	010401003001	实体砖墙	1. 标准黏土砖 2. 一砖墙 3. M5 混合砂浆砌筑	m³	69.79

（四）混凝土及钢筋混凝土工程

【例 8－8】 某房屋结构平面如图 8－8 所示，GZ$_1$、GZ$_2$ 断面为 240mm×240mm，圈梁断面为 240mm×180mm，板厚 130mm，圈梁与板整体浇注，混凝土强度为 C20。计算圈梁和楼板的混凝土工程量，编制工程量清单。

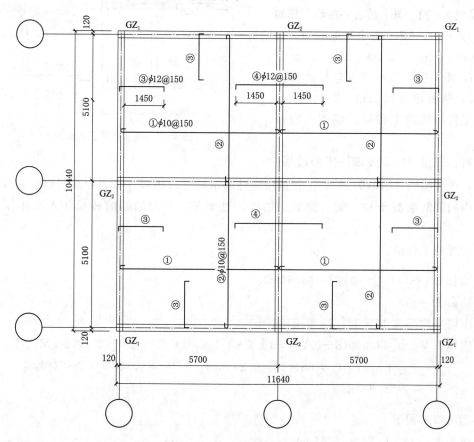

图 8－8　某工程结构平面图

解：清单工程量：

圈梁混凝土工程量计算：

$L_{外} = [(5.7 - 0.12 × 2) × 2 + (5.1 - 0.12 × 2) × 2] × 2 = 41.28 (m)$

$L_{内} = (5.7 × 2 - 0.12 × 2) + (5.1 × 2 - 0.24 × 2) = 20.88 (m)$

圈梁混凝土：$V = 0.24 × 0.18 × (41.28 + 20.88) = 2.69 (m^3)$

板混凝土工程量计算:$V=(5.7-0.12\times2)\times(5.1-0.12\times2)\times0.13\times4=13.80(m^3)$

将上述结果及相关内容填入"分部分项工程量清单",见表 8-9。

表 8-9 **分部分项工程量清单**

工程名称:××工程 第 1 页 共 1 页

序号	项目编码	项目名称	项目特征	计量单位	工程数量
1	010403004001	圈梁混凝土	梁断面 240mm×180mm,混凝土强度 C20	m^3	2.69
2	010405003001	板混凝土	板厚度 130mm,混凝土强度 C20	m^3	13.80

【例 8-9】 如图 8-9 所示,某现浇花篮梁 30 根,混凝土 C25,钢筋保护层厚度为 25mm,梁垫尺寸为 800mm×240mm×240mm。计算现浇混凝土梁和钢筋的工程量并编制工程量清单。

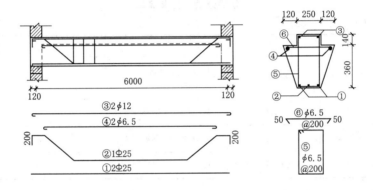

图 8-9 某现浇花篮梁钢筋图

解: ①现浇混凝土梁的工程量。

根据"E.4 现浇混凝土梁"项目,项目编码:010503,工程量按设计图示尺寸以体积计算。伸入墙内的梁头、梁垫并入梁体积内。

$$V=[6.24\times0.25\times0.5+5.76\times0.12\times0.36]\times30=30.86(m^3)$$

②梁钢筋工程量。

根据"E.15 钢筋工程"项目,项目编码:010515,工程量按设计图示钢筋(网)长度(面积)乘单位理论质量计算。

①号钢筋:2Φ25 单根长度=6.24-0.025×2=6.19(m)

Φ25 钢筋质量=6.19×2×3.85×30=1430(kg)

②号钢筋:1Φ25 单根长度=6.24-0.025×2+2×0.414×(0.50-0.039×2)+0.20×2=6.70(m)

Φ25 钢筋质量=6.70×3.85×30=774(kg)

现浇构件螺纹钢筋Φ25 工程量=1430+774=2204(kg)

③号钢筋:2ϕ12 单根长度=6.24-0.025×2+6.25×0.012×2=6.34(m)

现浇构件圆钢筋 ϕ12 工程量=6.34×2×0.888×30=338(kg)

④号钢筋：$2\phi6.5$ 单根长度$=6.0-0.24-0.025\times2+6.25\times0.0065\times2=5.79$（m）

现浇构件圆钢筋 $\phi6.5$ 质量$=5.79\times2\times0.260\times30=90$（kg）

⑤号钢筋：$\phi6.5$ 根数$=(6.24-0.05)\div0.20+1=32$（根）

单根长度$=2\times(0.25+0.50)-8\times0.025-4\times0.0065+(1.9\times0.0065+0.075)\times2$
$=1.45$（m）

现浇构件箍筋 $\phi6.5$ 工程量$=1.45\times32\times0.260\times30=362$（kg）

⑥号钢筋：$\phi6.5$ 根数$=(5.50-0.24-0.05)\div0.20+1=27$（根）

单根长度$=0.49-0.05+0.05\times2=0.54$（m）

现浇构件圆钢筋 $\phi6.5$ 质量$=0.54\times27\times0.260\times30=114$（kg）

现浇构件圆钢筋 $\phi6.5$ 工程量$=90+362+114=566$（kg）

将上述结果及相关内容填入"分部分项工程量清单"，见表 8-10。

表 8-10   分部分项工程量清单

工程名称：××工程   第 1 页 共 1 页

序号	项目编码	项目名称	项目特征	计量单位	工程数量
1	010503003001	异形梁	1. 现场搅拌混凝土 2. 混凝土强度 C25	m³	30.86
2	010515001001	现浇构件钢筋	HRB335 级钢筋（Φ25）	t	2.204
3	010515001002	现浇构件钢筋	HRB300 级钢筋（$\phi12$）	t	0.338
4	010515001003	现浇构件钢筋	HRB300 级钢筋（$\phi6.5$）	t	0.566

（五）屋面及防水工程

【例 8-10】 某工程屋面平面如图 8-10 所示，工程做法：在混凝土结构层上面做 80mm 厚聚苯乙烯泡沫塑料板保温层，1∶6 水泥焦渣找坡，最薄处 30mm 厚，1∶3 水泥砂浆找平层，3mm 厚高聚性改性沥青卷材防水层，女儿墙厚 240mm，高 600mm，计算该工程的屋面防水工程量。

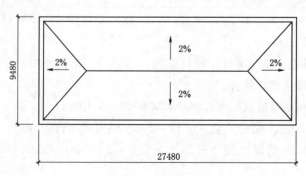

图 8-10 屋顶平面图

解：项目编码：010702001   项目名称：屋面卷材防水

清单工程量：

屋面水平投影面积：$S=(9.48-0.24\times2)\times(27.48-0.24\times2)=243$（m²）

屋面保温层：$V=243\times0.08=19.44(\text{m}^3)$

水泥焦渣找坡：$V=243\times[0.03+(9.48-0.24\times2)\div2\times2\%\div2]=18.23(\text{m}^3)$

屋面找平层：$S=243+(9+27)\times2\times0.25=261(\text{m}^2)$

屋面防水层：$S=243+(9+27)\times2\times0.25=261(\text{m}^2)$

清单工程量见表 8-11。

表 8-11　　　　　　　　　　分部分项工程量清单

工程名称：××工程　　　　　　　　　　　　　　　　　　　　　　　第1页　共1页

项目编码	项目名称	项目特征	计量单位	工程数量
010702001	屋面卷材防水	80mm厚聚苯乙烯泡沫塑料板保温层，1:6水泥焦渣找坡，最薄处30mm厚，1:3水泥砂浆找平层，3mm厚高聚性改性沥青卷材防水层	m²	261

（六）措施项目

【例 8-11】　某工程主楼及裙房尺寸如图 8-11 所示，屋面以上电梯间为砖砌外墙，女儿墙高 1.5m。施工组织设计中外脚手架为钢管脚手架。计算措施项目中脚手架工程量并编制清单。

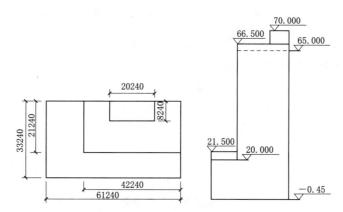

图 8-11　主楼及裙房示意图

解：根据"S.1 外脚手架"项目，项目编码：011701002，工程量按所服务对象的垂直投影面积计算。

主楼部分外脚手架清单工程量 $=(42.24+21.24)\times(66.5+0.45)+(42.24+21.24)$
$\times(66.50-20.00)+(20.24+8.24\times2)$
$\times(70.00-65.00)+20.24\times(70.00-66.50)$
$=7456.25(\text{m}^2)$

裙房部分外脚手架清单工程量 $=(61.24\times2-42.24+33.24\times2-21.24)\times(21.5+0.45)$
$=2754.29(\text{m}^2)$

清单工程量合计：$7456.25+2754.29=10210.54(\text{m}^2)$

清单工程量见表 8-12。

表 8－12　　　　　　　　　**分部分项工程量清单**

工程名称：××工程　　　　　　　　　　　　　　　　　　　第 1 页　共 1 页

项目编码	项目名称	项目特征	计量单位	工程数量
011701002001	外脚手架	1. 搭设方式：双排 2. 脚手架材质：钢管脚手架	m²	10210.54

【例 8－12】 某现浇混凝土花篮梁 25 根，如图 8－12 所示。混凝土强度等级 C25，两端有现浇梁垫，混凝土强度等级与梁相同，采用现场搅拌混凝土。根据施工组织设计要求采用木模板、木支撑。计算工程量并编制工程量清单。

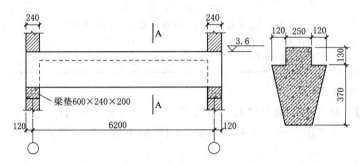

图 8－12　某花篮梁纵剖面与断面图

解： 根据"S.2 混凝土模板及支架（撑）"项目，项目编码：011702007，工程量按模板与现浇混凝土构件的接触面积计算。

$$花篮梁清单工程量 = [(0.25 + \sqrt{0.37^2 + 0.12^2} \times 2 + 0.13 \times 2 + 0.12 \times 2) \times (6.2 - 0.24)$$
$$+ 0.24 \times 0.50 \times 4 + 0.25 \times 0.50 \times 4 + (0.24 + 0.6)$$
$$\times 2 \times 0.2 \times 2] \times 25$$
$$= 268.97(\text{m}^2)$$

清单工程量见表 8－13。

表 8－13　　　　　　　　　**分部分项工程量清单**

工程名称：××工程　　　　　　　　　　　　　　　　　　　第 1 页　共 1 页

项目编码	项目名称	项目特征	计量单位	工程数量
011702007001	异形梁模板	1. 梁截面形状：花篮梁 2. 支撑高度：3.6m	m²	268.97

【例 8－13】 某四层住宅楼，如图 8－13 所示，根据施工组织设计，采用双排钢管外脚手架，垂直运输采用一台塔式起重机（8t），计算该工程脚手架、垂直运输机械的工程量并编制清单。

解： ①脚手架工程量。

根据"S.1 外脚手架"项目，项目编码：011701002，工程量按建筑面积计算。

$$外脚手架清单工程量 = (3.3 + 4.2 + 3.6 + 0.24 + 6.0 + 0.24) \times 2 \times (3 \times 3 + 1 + 0.45)$$
$$= 367.42(\text{m}^2)$$

②垂直运输工程量。

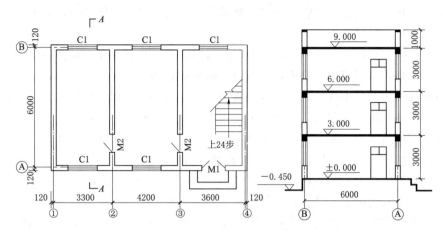

图 8-13 某住宅楼平、剖面图

根据"S.3 垂直运输"项目，项目编码：011703，工程量按建筑面积计算。

垂直运输清单工程量＝(3.3＋4.2＋3.6＋0.24)×(6.0＋0.24)×3＝212.28（m²）

③大型设备进出场及安拆。

根据"S.5 垂直运输"项目，项目编码：011705001，工程量按使用机械设备的数量计算。

大型设备进出场及安拆清单工程量＝1 台

清单工程量见表 8-14。

表 8-14   分部分项工程量清单

工程名称：××工程   第1页 共1页

项目编码	项目名称	项目特征	计量单位	工程数量
011701002001	外脚手架	1. 搭设方式：双排 2. 脚手架材质：钢管脚手架	m²	10210.54
011703001001	垂直运输	1. 建筑物建筑类型及结构形式：民用建筑、砖混结构 2. 建筑物檐口高度、层数：10.45m、3 层	m²	212.28
011705001001	大型设备进出场及安拆	1. 机械设备名称：塔式起重机 2. 机械设备规格、型号：8t	台	1

第三节 工程量清单计价

一、工程量清单计价的一般规定

工程量清单计价应包括按招标文件规定，完成工程量清单所列项目的全部费用，包括分部分项工程费、措施项目费、其他项目费和规费、税金。分部分项工程费是指为完成分部分项工程量所需的实体项目费用。措施项目费是指分部分项工程费以外，为完成该工程项目施工，发生于该工程施工前和施工过程中技术、生活、安全等方面的非工程实体项目所需的费用。其他项目费是指分部分项工程费和措施项目费以外，该工程项目施工中可能发生的其他费用，规范给出了暂列金额、暂估价、计日工和总包服务费，其不足部分，可根据工程的具体情况进行补充。

投标企业应根据招标文件中提供的工程量清单，遵循招标人在招标文件中要求的报价方式和工程内容，填写投标报价单，也可以依据企业定额和市场价格信息确定。

清单报价采用综合单价。综合单价指为完成一个规定清单项目所需的人工费、施工机械使用费和企业管理费、利润，以及一定范围内的风险的费用。包括除规费、税金以外的全部费用。不但适用于分部分项工程量清单，也适用于措施项目清单、其他项目清单。

"计价规范"对人工、材料、机械费的价格没有具体规定，目前，工程量清单综合单价的确定一般采取如下方式：①以地区消耗量定额为依据，结合竞争需要的政府定额定价；②以企业定额为依据，结合竞争需要的企业成本定价；③以分包商报价为依据，结合竞争需要的实际成本定价。同时必须考虑工程本身的特点、工程现场情况、招标文件的有关规定，以及其他方面的因素，如工程进度、质量好坏、资源安排及风险等特殊要求。

措施项目费的编制应考虑多种因素，除工程本身的因素外，还应考虑水文、地质、气象、环境、安全等和施工企业的实际情况。详细项目可参考"措施项目一栏表"，如果出现表中未列的项目，编制人可在清单项目后补充，其综合单价的确定可参见企业定额或建设行政主管部门发布的系数计算。

综合单价的计算程序应按《建设工程工程量清单计价规则》的规定计算。

二、工程量清单计价流程

工程量清单项目比较多，计算过程也较复杂，根据实际承包的项目不同所填报的表格也不同，下面计价流程是一个完整的过程，编制时可根据实际情况选用。工程量清单计价流程图如图 8-14 所示。

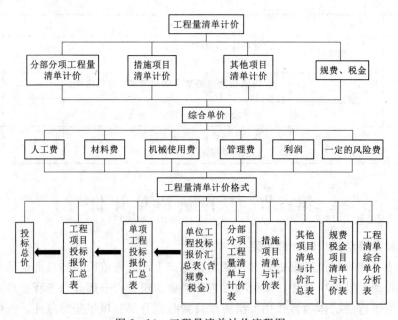

图 8-14 工程量清单计价流程图

三、工程量清单报价的编制

1. 投标总价封面和扉页的填写

对每一部分内容，投标单位应分别按规定内容填写、签字并盖章，其中"投标人"一栏应填写单位名称；"编制人"为造价工程师时也可填"注册证号"。

2. 总说明

主要应包括两方面的内容：一是对招标人提出的包括清单在内有关问题的说明，即工程量清单报价文件所包括的内容，工程量清单报价编制依据，工程质量和工期；二是有利于自身中标等问题的说明，即有关优惠条件的说明，优越于招标文件中技术标准的备选方案的说明，对招标文件中的某些问题有异议时的说明和其他需要说明的问题。

3. 汇总表

汇总表主要包括以下内容：

（1）工程项目招标控制价/投标报价汇总表；表中单项工程名称应按单项工程费汇总表的工程名称填写，金额应按单项工程费汇总表的合计金额填写。

（2）单项工程招标控制价/投标报价汇总表；表中单位工程名称应按单位工程费汇总表的工程名称填写，金额应按单位工程费汇总表的合计金额填写。

（3）单位工程招标控制价/投标报价汇总表；表中金额应分别按分部分项工程量清单计价表、措施项目清单计价表、其他项目清单计价表的合计金额和有关规定计算的规费和税金填写。

（4）工程项目竣工结算汇总表。

（5）单项工程竣工结算汇总表。

（6）单位工程竣工结算汇总表。

4. 分部分项工程量清单计价表

（1）分部分项工程量清单与计价表。

（2）工程量清单综合单价分析表。

分部分项工程量清单计价应注意以下两点：一是分部分项工程量清单计价表的项目编码、项目名称、项目特征、计量单位和工程数量必须按照分部分项工程量清单的相应内容填写，不允许增加或减少，也不允许修改，工程数量严格按照规范规定的工程量计算规则计算；二是分部分项工程量清单报价，核心是综合单价的确定。

综合单价的确定要按照清单计价规范，依据企业定额、参照市场情况来确定，没有企业定额的，可以参照当地造价管理部门发布的地区定额，按照下列顺序进行：

1）确定工程内容。根据工程量清单项目和拟建工程的实际，或参照"分部分项工程量清单项目设置及其消耗量定额"表中的"工程内容"，确定该清单项目的主体及其相关工程内容，并选用相应定额。

2）计算工程数量。按照《××省建筑工程消耗量定额》工程量计算规则，计算清单项目所包含的每一项工程内容的工程数量。

3）计算单位含量。计算清单项目的每计量单位的工程数量应包含的工程内容的实际工程数量。

$$含量＝定额工程数量×相应清单项目工程数量$$

4）选择定额。根据确定的工程内容，依据分部分项工程量清单项目设置及其消耗量定额表中的定额名称及其编号，分别选定定额、确定人工、材料和机械台班消耗量；或者根据企业自身定额确定人工、材料和机械台班的消耗量。

5）选择单价。根据建设工程工程量清单计价规则规定的费用组成，参照工程造价主管部门发布的人工、材料和机械台班信息价格，或者企业自己掌握的价格信息确定相应单价。

6）计算分部分项工程费用。

（a）"工程内容"中的人工、材料、机械费。

$$(a)＝\sum[4)\times5)]\times3)$$

（b）清单项目人、材、机费

$$(b)＝\sum(a)$$

（c）计算管理费。

按照《××省建筑工程工程量清单计价办法》规定的费率或参照工程造价主管部门发布的相关费率，结合本企业和市场情况，确定管理费费率。

$$管理费＝清单项目人、材、机费\times管理费率$$

或 $$管理费＝清单项目人工费\times管理费率$$

（d）利润。

按照《××建筑工程工程量清单计价办法》规定的费率或参照工程造价主管部门发布的相关费率，结合本企业和市场情况，确定利润率。

$$利润＝清单项目人、材、机费\times利润率$$

或 $$利润＝清单项目人工费\times利润率$$

（e）考虑风险费用。

（f）计算分部分项工程总价。

$$分部分项工程总价＝(b)＋(c)＋(d)＋(e)$$

7）计算综合单价。

$$综合单价＝分部分项工程总价÷清单工程量$$

8）填制分部分项工程工程量清单计价表。

5. 措施项目清单计价表

措施项目清单计价表中的序号、名称、应根据措施项目清单的相应内容填写，不得减少或修改，但根据工程的实际可增加措施项目并报价。《××省建设工程工程量清单计价规则》提供了两种计算方法：

（1）措施项目中可以计算工程量的项目，宜采用分部分项工程量清单的方式编制，列出项目编码、项目名称、项目特征、计量单位和工程量。

1）根据措施项目清单和拟建工程的施工组织设计，确定措施项目。

2）确定项目所包含的工程内容。

3）计算措施项目所含每项工程内容的工程量。

4）根据项目所包含的工程内容，确定人工、材料和机械台班消耗量。

5）参照价格信息或市场行情，确定相应单价。

6）计算措施项目所含某项工程内容的人、材、机价款。

措施项目所含工程内容的人、材、机价款＝∑人、材、机消耗量×人、材、机单价×措施项目所含每项工程内容的工程量

7）计算措施项目人工、材料和机械台班价款。

措施项目人工、材料和机械台班价款＝∑措施项目所含某项工程内容的人、材、机价款

8）按照《山东省建筑工程工程量清单计价办法》规定的费率或参照工程造价主管部门发布的相关费率，结合本企业和市场情况，确定管理费费率和利润费率。

9）计算措施项目费。

措施项目费＝措施项目人工、材料和机械台班价款＋定额人工费×（1＋管理费率＋利润率）

（2）不能计算工程量的清单项目，主要是对于以工程造价管理机构发布的费率计算的总价措施项目费，计算如下：

$$总价措施费＝分部分项工程人工费×相应措施项目费率$$

或 　　　总价措施费＝分部分项工程（人工费＋机械台班费）×相应措施项目费率

6. 其他项目清单计价表

其他项目费应按下列规定计价：

（1）其他项目清单与计价汇总表。

（2）暂列金额明细表：暂列金额应根据工程特点，按有关计价规定估算；可根据工程的复杂程度、设计深度、工程环境条件（包括地质、水文、气候条件等）进行估算，一般可按分部分项工程费的 10％～15％作为参考。

（3）材料暂估单价表：材料暂估单价应按工程造价管理机构发布的工程造价信息中的材料单价计算，工程造价信息未发布的材料单价，其单价参考市场价格估算。

（4）专业工程暂估价表：暂估价中的专业工程金额应分不同专业，按有关计价规定估算。

（5）计日工表：表 12-4 计日工包括计日工人工、材料和施工机械。在编制招标控制价时，对计日工中的人工单价和施工机械台班单价应按省级、行业建设主管部门或其授权的工程造价管理机构公布的单价计算；材料应按工程造价管理机构发布的工程造价信息中的材料单价计算，工程造价信息未发布材料单价的材料，其价格应按市场调查确定的单价计算。

（6）总承包服务费计价表：表 12-5 总承包服务费应根据招标文件列出的内容和要求估算；规范在条文说明中列出了可供参考的标准：

1）招标人仅要求对分包的专业工程进行总承包管理和协调时，按分包的专业工程估算造价的 1.5％计算。

2）招标人要求对分包的专业工程进行总承包管理和协调，并同时要求提供配合服务时，根据招标文件列出的配合服务内容和提出的要求，按分包的专业工程估算造价的 3％～5％计算。

3）招标人自行供应材料的，按招标人供应材料价值的 1％计算。

（7）索赔与现场签证计价汇总表。

（8）费用索赔申请（核准）表。

（9）现场签证表。

7. 规费、税金项目清单与计价表

投标人在投标报价时必须按照国家或省级、行业建设主管部门的有关规定计算规费和税金。规费和税金的计取标准是依据有关法律、法规和政策规定制定的，具有强制性。投标人是法律、法规和政策的执行者，不能改变，更不能制定，而必须按照法律、法规、政策的有关规定执行。

8. 工程款支付申请（核准）表

承包人应在每个付款周期末，向发包人递交进度款支付申请，并附相应的证明文件。发包人应在接到报告后按合同约定进行核对、计量和支付工程进度款。

四、工程量清单计价实例

（一）土石方工程

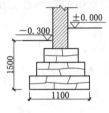

图 8-15　某基础剖面图

【例 8-14】　某工程毛石基础，如图 8-15 所示。根据招标人提供的地质资料为三类土壤。查看现场无地面积水，地面已平整，并达到设计地面标高。假设基础长度为 15.00m，编制土方工程量清单和工程量清单报价。

解： ①挖沟槽土方工程量清单的编制。

沟槽土方工程量 $= 1.1 \times 1.5 \times 15 = 24.75(m^3)$

分部分项工程量清单见表 8-15。

表 8-15　　　　　　　分部分项工程量清单

工程名称：××工程　　　　　　　　　　　　　　　　　　　　第 1 页　共 1 页

序号	项目编号	项目名称	项目特征	计量单位	工程量
1	010101003001	挖沟槽土方	1. 土壤类别：三类土 2. 挖土深度：1.5m	m^3	24.75

②挖沟槽土方工程量清单计价表的编制。

按照消耗量定额工程量计算规则，毛石基础施工每边应保留 25cm 宽的工作面，放坡系数 1:0.33。

基础土方工程量 $= (1.1 + 2 \times 0.25 + 0.33 \times 1.5) \times 15 \times 1.5 = 47.14(m^3)$

人工挖沟槽（2m 以内）坚土，套定额 1-2-8：单价 672.6 元/$10m^3$，其中人工单价 672.6 元/$10m^3$。

$$直接工程费 = 47.14 \times 672.6 = 3170.64(元)$$
$$人工费 = 47.14 \times 672.6 = 3170.64(元)$$

③综合单价计算。根据企业情况确定管理费率为 25.6%，利润率为 15%。

$$分部分项工程费用 = 直接工程费 + 人工费 \times (管理费率 + 利润率)$$
$$= 3170.64 + 3170.64 \times (25.6\% + 15\%)$$
$$= 4457.92(元)$$
$$综合单价 = 分部分项工程费用 \div 清单工程量$$

$$=4457.92 \div 24.75$$
$$=180.12(元/m^3)$$
$$合价＝清单工程量×综合单价＝24.75×180.12$$
$$=4457.92(元)$$

④填写清单计价表。分部分项工程量清单计价表，见表8-16。

表8-16　　　　　　　　　　分部分项工程量清单计价表

工程名称：××工程　　　　　　　　　　　　　　　　　　　　　　第1页　共1页

项目编码	项目名称	项目特征	计量单位	工程数量	金额/元	
					综合单价	合价
010101003001	挖沟槽土方	1. 土壤类别：三类土 2. 挖土深度：1.5m	m³	24.75	180.12	4457.92

【例8-15】 某工程地下室有梁式满堂基础如图8-16所示，挖掘机大开挖土方工程，招标人提供的地质资料为三类土，设计放坡系数为0.33，地下水位－6.30m，地面已平整并达到设计地面标高，钎探数量按垫层底面积平均每平方米1个计算，施工现场留下约500m³用作回填土，其余全部用自卸汽车外运，余土运输距离800m，编制挖运土工程量和工程量清单报价。

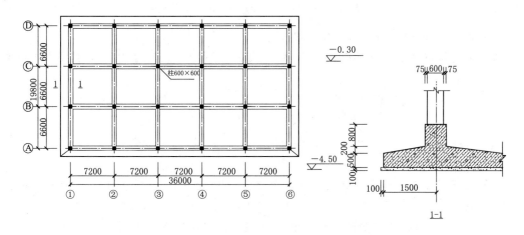

图8-16　某满堂基础平、剖面图

解： ①挖运土方工程量清单的编制。

挖一般土方工程量＝(38.00＋1.6×2)×(19.80＋1.6×2)×4.2＝3979.92(m³)

余土弃置工程量＝3979.92－500.00＝3479.92(m³)

分部分项工程量清单见表8-17。

②分部分项工程量清单计价表的编制。

该项目发生的工程内容为：机械挖土方（含排地表水）、运土方、基底钎探。

工作面：由于$d＝400－150－100×0.1－100＝140(mm)$，因此工作面＝$150＋140≈290(mm)$。

表 8 - 17　　　　　　　　　　　　分部分项工程量清单

工程名称：××工程　　　　　　　　　　　　　　　　　　　　　第1页　共1页

序号	项目编号	项目名称	项目特征	计量单位	工程量
1	010101002001	挖基坑土方	1. 土壤类别：三类土 2. 挖土深度：3.75m 3. 土方运距：就地装车和堆放	m^3	3979.92
2	010103002001	余方弃置	1. 废弃品种：三类土 2. 运距：800m	m^3	3479.92

$$V_{挖}=(a+2c+mh)\times(b+2c+mh)\times h+1/3m^2h^3$$
$$=(36+3.2+2\times0.27+0.33\times4.2)\times(19.6+3.2+2\times0.27+0.33\times4.2)$$
$$\times4.2+\frac{1}{3}\times0.33^2\times4.2^3$$
$$=4273.59(m^3)$$

（a）挖掘机挖装土工程量 $=4273.59\times0.95=4059.91(m^3)$。

挖掘机挖装坚土：套 1 - 2 - 42 单价 61.4 元/10m³，其中人工单价 8.55 元/10m³。

$$直接工程费计算=4059.91\times61.4/10=24927.85(元)$$
$$人工费=4059.91\times8.55/10=3471.22(元)$$

（b）人工清理修整工程量 $=4273.59\times0.063=269.24(m^3)$。

人工清理修整坚土，深度 6m 以内：套 1 - 2 - 5 单价 681.15 元/10m³，其中人工单价 681.15 元/10m³。

$$直接工程费计算=269.24\times681.15/10=18339.02(元)$$
$$人工费=269.24\times681.15/10=18339.02(元)$$

（c）自卸汽车运土方工程量 $=4273.59\times0.95+4273.59\times0.063-500$
$$=3829.15(m^3)$$

自卸汽车运土方，运距 1km 内：套 1 - 2 - 58 单价 62.78 元/10m³，其中人工单价 2.85 元/10m³。

$$直接工程费计算=3829.15\times62.78/10=24039.40(元)$$
$$人工费=3829.15\times2.85/10=1091.31(元)$$

（d）基底钎探工程量 $=(36+3.2)\times(19.8+3.2)=901.6(m^2)$。

基底钎探：套 1 - 4 - 4 单价 61.74 元/10m²，其中人工单价 39.90 元/10m²。

$$直接工程费计算=901.6\times61.74/10=5566.48(元)$$
$$人工费=901.6\times39.90/10=3597.38(元)$$

③综合单价计算。

根据企业情况确定管理费率为 25.6%，利润率为 15%。

（a）挖基坑土方。

分部分项工程费用 = 直接工程费 + 人工费 × （管理费率 + 利润率）

$$=24927.85+18339.02+5566.48+(3471.22+18339.02$$

$$+3597.38) \times (25.6\% + 15\%)$$
$$= 48833.35 + 10315.49$$
$$= 59148.84(元)$$

综合单价＝分部分项工程费用÷清单工程量
$$= 59148.84 \div 3979.92$$
$$= 14.86(元/m^3)$$

合价＝清单工程量×综合单价＝3979.92×14.86＝59148.84(元)

（b）余土弃置。

分部分项工程费用＝直接工程费＋人工费×（管理费率＋利润率）
$$= 24039.40 + 1091.31 \times (25.6\% + 15\%)$$
$$= 24482.47(元)$$

综合单价＝24482.47÷3479.92＝7.04(元/m³)

合价＝3479.92×7.04＝24482.47(元)

④填写清单计价表。

分部分项工程量清单计价表，见表8-18。

表8-18　　　　　　　　**分部分项工程量清单计价表**

工程名称：××工程　　　　　　　　　　　　　　　　　　　　第1页　共1页

序号	项目编号	项目名称	项目特征	计量单位	工程量	金额/元	
						单价	合价
1	010101002001	挖基坑土方	1. 土壤类别：三类土 2. 挖土深度：3.75m 3. 土方运距：就地装车和堆放	m³	3979.92	14.86	59148.84
2	010103002001	余方弃置	1. 废弃品种：三类土 2. 运距：800m	m³	3479.92	7.04	24482.47

【例8-16】　某建筑平面如图8-17所示。墙体厚度240mm，阳台卫全封闭。按要求平整场地，土壤类别为三类土，大部分场地挖、填找平厚度在±30cm以内，但局部有26m³挖土，平均厚度50cm，5m弃土运输，编制平整场地的工程量清单和工程量清单报价。

解：①计算砖墙清单工程量。

该项目发生的工程内容：平整场地、挖土方。

平整场地工程量＝13.00×10.44－3.6×3.3－4.2×(1.4×2＋2.3)＝102.42(m²)

挖土方工程量＝26m³

编制平整场地分部分项工程量清单，见表8-19。

②对该平整场地工程量清单报价。

（a）定额工程量。

平整场地工程量＝13.00×10.44－3.6×3.3－4.2×(1.4×2＋2.3)＝102.42(m²)

挖土方工程量＝26m³

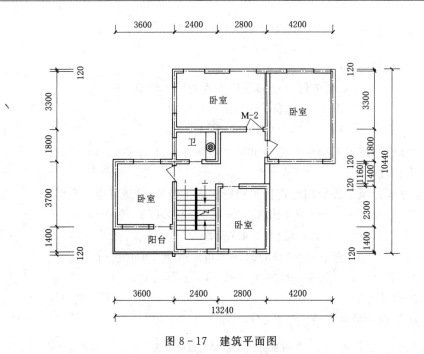

图 8-17 建筑平面图

表 8-19 分部分项工程量清单计价表

工程名称：××工程 　　　　　　　　　　　　　　　　　　　　　　　　第 1 页　共 1 页

序号	项目编号	项目名称	项目特征	计量单位	工程量
1	010101001001	平整场地	1. 土壤类别：三类土 2. 挖土深度：5m 3. 土方运距：5m	m²	102.42
2	010101002001	挖一般土方	1. 土壤类别：三类土 2. 挖土深度：5m 3. 弃土运距：5m	m³	26

（b）计算综合单价。

平整场地，套定额 1-4-1。

挖土方，套定额 1-2-3。

根据企业情况确定管理费率为 25.6%，利润率为 15%，分部分项工程量清单计价见表 8-20。

表 8-20 分部分项工程量清单计价表

工程名称：××工程 　　　　　　　　　　　　　　　　　　　　　　　　第 1 页　共 1 页

序号	项目编号	项目名称	项目特征	计量单位	工程量	金额/元 单价	金额/元 合价
1	010101001001	平整场地	1. 土壤类别：三类土 2. 挖土深度：±30cm 以内	m²	102.42	5.61	574.58
2	010101002001	挖一般土方	1. 土壤类别：三类土 2. 挖土深度：5m 3. 弃土运距：5m	m³	26	63.18	1642.68

【例 8-17】 某工程基础平面图及详图如图 8-18 所示。土类为混合土质，其中，二类土（普通土）深 1.4m，下面是三类土（坚土），土方槽边就近堆放，槽底不需钎探，蛙式打夯机夯实，常地下水位为－2.40m。C15 混凝土垫层，C25 混凝土基础，基础墙厚240mm。根据企业情况确定管理费率为 25.6%，利润率为 15%。计算平整场地、人工开挖沟槽土方的工程量清单和工程量清单报价。

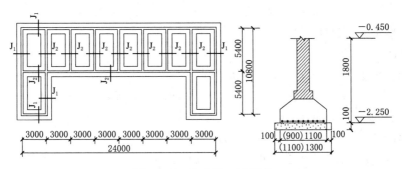

图 8-18 基础平、剖面图

1. 平整场地、挖沟槽土方工程量清单的编制

（1）平整场地工程量计算如下：

工程量＝24.24×11.04－(3×6.00－0.24)×5.40＝171.71(m²)

（2）挖沟槽土方工程量计算如下：

J_1：$L_{中}$＝24.00＋(10.80＋3.00＋5.40)×2＝62.40(m)

J_1 工程量＝62.40×1.10×1.90＝130.42(m³)

J_2：$L_{中}$＝3.00×6＝18.00(m)

$L_{净}$＝[5.40－(1.10＋1.30)÷2]×7＋(3.00－1.10)×2＝33.20(m)

L＝18.00＋33.20＝51.20(m)

J_2 工程量＝51.20×1.30×1.90＝126.46(m³)

挖沟槽土方工程量＝130.42＋126.46＝256.88(m³)

（3）分部分项工程量清单见表 8-21。

表 8-21　　　　　　　　　　分部分项工程量清单

工程名称：某工程　　　　　　　　　　　　　　　　　　　　　　　第 1 页　共 1 页

序号	项目编号	项目名称	项目特征	计量单位	工程量
1	010101001001	平整场地	1. 土壤类别：二类土 2. 挖土深度：±30cm 以内	m²	171.71
2	010101003001	挖沟槽土方	1. 土壤类别：二、三类土 2. 挖土深度：二类土 1.4m，三类土 0.5m 3. 弃土运距：就近堆放	m³	256.88

2. 平整场地、挖沟槽土方工程量清单计价表的编制

（1）工程量计算。该项目发生的工程内容为：人工场地平整和人工挖地槽。

1）人工场地平整。

工程量＝24.24×11.04－(3×6.00－0.24×5.40)＝171.71(m^2)

2) 人工挖地槽。

放坡起点深度：(1.2×1.4＋1.7×0.5)/(1.4＋0.5)＝1.33(m)

本工程开挖深度：H＝0.1＋1.8＝1.9(m)＞1.33m，所以需要放坡。

综合放坡系数 k＝$(k_1 h_1＋k_2 h_2)/(h_1＋h_2)$

$$＝(0.5×1.4＋0.3×0.5)/(1.4＋0.5)＝0.47$$

计算沟槽土方工程量

(a) 普通土。

J_1 断面：$S_{1普通}＝(b＋2c＋2kh_1＋kh_2)h_2$

$$＝(1.1＋2×0.15＋2×0.47×0.5＋0.47×1.4)×1.4$$

$$＝3.54(m^2)$$

$L_{中}$＝24＋(10.8＋3＋5.4)×2＝62.4(m)

$V_{1普通土}＝S_{1普通}×L_{中}＝3.54×62.4＝220.90(m^3)$

J_2：$L_{中}$＝3×6＝18(m)

$L_{净}$＝(5.4－1.1/2－1.3/2)×7＋[3－1.1/2－(1.1＋1.3)/4]×2

　＝33.1(m)

L＝18＋33.1＝51.1(m)

$V_{2普通土}＝S_{2普通土}×L＝3.82×51.1＝195.20(m^3)$

沟槽普通土土方工程量合计：

$V_{普通土}＝V_{1普通土}＋V_{2普通土}＝220.9＋195.20＝416.10(m^3)$

(b) 坚土。

$V_{坚土}＝(b＋2c＋kh_1)h_1 l$

　＝(0.9＋2×0.15＋0.47×0.50)×0.50×62.4＋(1.1＋2×0.15＋0.47×0.50)

　　×0.50×51.1m

　＝44.77＋41.77＝86.54(m^3)

沟槽土方工程量合计：V 挖＝422.98＋88.02＝511(m^3)

(2) 直接工程费计算。

1) 人工场地平整，套定额 1－4－1。单价 39.9 元/10m^2，其中人工单价 39.9 元/10m^2。

直接工程费＝171.71×39.9/10＝685.12(元)

人工费＝171.71×39.9/10＝685.12(元)

2) 人工挖沟槽（2m 以内）坚土，套定额 1－2－8：单价 672.6 元/10m^3，其中人工单价 672.6 元/10m^3。

人工挖沟槽（2m 以内）普通土，套 1－2－6，单价 334.4 元/10m^3，其中人工费单价 334.4 元/10m^3。

由于清单没有按土类分项，此时不能改动清单特征和工程量，可以分别组价。

直接工程费＝86.54×672.6 元/10m^3＋416.10×334.4 元/10m^3

　　　　＝19735.06(元)

人工费 $=86.54 \times 672.6$ 元 $/10\mathrm{m}^3 + 6.10 \times 334.4$ 元 $/10\mathrm{m}^3$

$\qquad = 19735.06$（元）

（3）综合单价计算。根据企业情况确定管理费率为 25.6%，利润率为 15%。

1）平整场地综合单价：

分部分项工程费用 $=$ 直接工程费 $+$ 人工费 $\times$（管理费率 $+$ 利润率）

$\qquad = 685.12 + 685.12 \times (25.6\% + 15\%)$

$\qquad = 963.28$（元）

综合单价 $=$ 分部分项工程费用 $\div$ 清单工程量

$\qquad = 963.28 \div 171.71 = 5.61$（元 $/\mathrm{m}^2$）

合价 $=$ 清单工程量 $\times$ 综合单价 $= 171.71 \times 5.61 = 963.28$（元）

2）挖沟槽土方综合单价：

分部分项工程费用 $=$ 直接工程费 $+$ 人工费 $\times$（管理费率 $+$ 利润率）

$\qquad = 19735.06 + 19735.06 \times (25.6\% + 15\%) = 27747.50$（元）

综合单价 $=$ 分部分项工程费用 $\div$ 清单工程量

$\qquad = 27747.50 \div 256.88 = 108.02$（元 $/\mathrm{m}^3$）

合价 $=$ 清单工程量 $\times$ 综合单价 $= 256.88 \times 108.02 = 27747.50$（元）

（4）填写清单计价表

分部分项工程量清单计价表，见表 8-22。

表 8-22　　　　　　　　分部分项工程量清单计价表

工程名称：××工程　　　　　　　　　　　　　　　　　　　　第 1 页　共 1 页

序号	项目编号	项目名称	项 目 特 征	计量单位	工程量	金额/元	
						综合单价	合价
1	010101001001	平整场地	1. 土壤类别：二类土 2. 挖土深度：±30cm 以内，就近找平	m^2	171.71	5.61	963.28
2	010101003001	挖沟槽土方	1. 土壤类别：二、三类土 2. 挖土深度：二、三类土 1.4m，三类土 0.5m；就近堆放	m^3	256.88	108.02	27747.50

（二）地基处理与桩基础工程

【例 8-18】 某强夯工程，夯点布置如图 8-19 所示，夯击能 4000kN·m，夯击次数 4 击，设计要求第一遍、第二遍隔点夯击，第三遍低锤满夯。土质为二类土，编制工程量清单及工程量清单报价。

解：①工程量清单编制。

强夯工程量 $=24 \times 12 = 288$（m^2）

分部分项工程量清单见表 8-23。

②工程量清单计价表的编制。

（a）定额工程量。

强夯工程量 $=24 \times 12 = 288$（m^2）

第一遍夯击密度（夯点）：

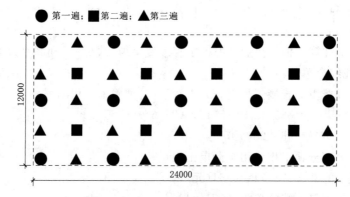

图 8-19 某工程夯点布置示意图

表 8-23   分部分项工程量清单

工程名称：某工程   第 1 页 共 1 页

序号	项目编号	项目名称	项目特征	计量单位	工程量
1	010201004001	强夯	1. 夯击能量：4000kN·m 2. 夯击遍数：3 遍 3. 夯击点布置形式：正方形布置 4. 地耐力要求：250kPa	m²	288

$15 \div 288 \times 100 = 5.2$

第二遍夯击密度（夯点）：

$8 \div 288 \times 100 = 2.8$

（b）计算综合单价。

第一遍夯击，套定额 2-1-59。

第二遍夯击，套定额 2-1-61。

低锤满夯：套定额 2-1-63。

根据企业情况确定管理费率为 25.6%，利润率为 15%，分部分项工程量清单计价见表 8-24。

表 8-24   分部分项工程量清单计价表

工程名称：××工程   第 1 页 共 1 页

序号	项目编号	项目名称	项目特征	计量单位	工程量	金额/元	
						单价	合价
1	010201004001	强夯	1. 夯击能量：4000kN·m 2. 夯击遍数：3 遍 3. 夯击点布置形式：正方形布置 4. 地耐力要求：250kPa	m²	288	75.72	21807.66

【例 8-19】 某场地为淤泥质土质，拟采用 42.5MPa 硅酸盐水泥粉喷桩处理，水泥掺量 8%，设计桩长 8m，桩体直径 1mm，共 86 根，编制工程量清单及工程量清单报价。

解：①工程量清单编制。

粉喷桩工程量＝8×1.0×86＝688.00（m）

分部分项工程量清单见表8－25。

表8－25　　　　　　　　　　　　分部分项工程量清单

工程名称：某工程　　　　　　　　　　　　　　　　　　　　　　　　　　　　第1页　共1页

序号	项目编号	项目名称	项 目 特 征	计量单位	工程量
1	010201010001	粉喷桩	1. 地层情况：一、二类土 2. 桩长：8m 3. 桩径：1000mm 4. 粉体种类、掺量：硅酸盐水泥、掺量8％ 5. 水泥强度等级：42.5MPa	m	688.00

②工程量清单计价表的编制。

定额工程量

水泥粉喷桩工程量＝3.148×0.5²×86＝67.51（m³）

粉喷桩（水泥掺量10％）套定额2－1－90。

水泥掺量每减少1％工程量＝67.51×2＝135.02（m³）

水泥掺量每减少1％套定额2－1－92。

根据企业情况确定管理费率为25.6％，利润率为15％，则

工程直接费＝6.751×1661.93－13.502×71.43＋6.751×456.95×（25.6％＋15％）＝11507.70（元）

综合单价＝11507.70÷688.0＝16.73（元）

分部分项工程量清单计价见表8－26。

表8－26　　　　　　　　　　　　分部分项工程量清单计价表

工程名称：××工程　　　　　　　　　　　　　　　　　　　　　　　　　　　第1页　共1页

序号	项目编号	项目名称	项 目 特 征	计量单位	工程量	金额/元 单价	金额/元 合价
1	010201010001	粉喷桩	1. 地层情况：一、二类土 2. 桩长：8m 3. 桩径：1000mm 4. 粉体种类、掺量：硅酸盐水泥、掺量8％ 5. 水泥强度等级：42.5MPa	m	688.0	16.73	11507.70

【例8－20】　［例8－4］中预制成品桩价格为820元/m³，编制打桩清单工程量计价。

该项目发生的工程内容：混凝土预制桩的购置、打桩、送桩。

打桩工程量＝0.4×0.4×12.6×50＝100.8（m³）＜200m³（属于小型工程）

送桩工程量＝0.4×0.4×（4.5＋0.5）×50＝40.0（m³）

打预制钢筋混凝土方桩25m以内，套定额3－1－2（换）。

单位工程的钢筋混凝土桩工程量在200m³以内时，打桩相应定额人工、机械乘系数1.25。

工厂预制成品桩费用＝100.8×1.01×820.00＝83548.82(元)

根据企业情况确定管理费率为25.6％,利润率为15％,分部分项工程量清单计价见表8-27。

表 8-27　分部分项工程量清单计价表

工程名称：××工程　　　　　　　　　　　　　　　　　　　　　　第1页　共1页

序号	项目编号	项目名称	项目特征	计量单位	工程量	金额/元	
						单价	合价
1	010103001001	预制钢筋混凝土方桩	1. 地层情况：三类土 2. 单桩长度：12.6m 3. 送桩长度：4.5m 4. 桩倾斜度：垂直 5. 桩截面：400mm×400mm 6. 混凝土强度等级：C30	m	630	180.19	113519.89

(三)　砌筑工程

【例 8-21】　某建筑物基础平面图及详图如图8-20所示,地面做法：20厚1：2.5的水泥砂浆,100厚C10的素混凝土垫层,素土夯实。基础为M5.0的水泥砂浆砌筑标准黏土砖。计算砖基础、垫层清单工程量并进行工程量清单报价。

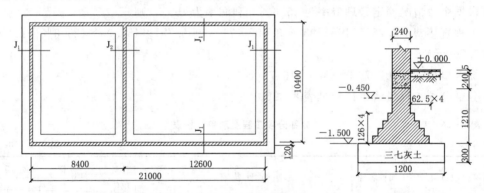

图8-20　某建筑物基础平剖面图

解：①工程量清单编制。

灰土垫层工程量＝[21＋10.4＋(10.4-1.2)]×1.2×0.3＝14.62(m³)

砖基础工程量＝[21＋10.4＋(10.4-0.24)]×[0.0625×4×0.126

　　　　　　×4＋(1.5-0.24)]＝57.60(m³)

混凝土地面垫层工程量＝[(8.4-0.24)×(10.4-0.24)＋(12.6-0.24)

　　　　　　×(10.4-0.24)]×0.10

　　　　　　＝20.85(m³)

分部分项工程量清单见表8-28。

②工程量清单计价表的编制。

(a) 灰土垫层定额工程量＝[21＋10.4＋(10.4-1.2)]×1.2×0.3＝14.62(m³)

套定额2-1-2。

垫层定额按地面垫层编制，条形基础垫层人工、机械乘系数 1.05。

表 8 - 28   **分部分项工程量清单**

工程名称：某工程   第 1 页 共 1 页

序号	项目编号	项目名称	项 目 特 征	计量单位	工程量
1	010201001001	灰土垫层	1. 材料种类及配合比：3：7 灰土 2. 压实系数：符合设计要求 3. 掺加剂品种：石灰、黏土	m^3	14.62
2	010401001001	砖基础	1. 砖品种、规格、强度等级：标准黏土砖 2. 基础类型：砖条形基础 3. 砂浆强度等级：M5.0 的水泥砂浆 4. 防潮层材料种类：混凝土	m^3	57.60
3	010501001001	素混凝土垫层	1. 混凝土种类：现浇 2. 混凝土强度等级：C10	m^3	20.85

（b）砖基础定额工程量 $=[21+10.4+(10.4-0.24)]\times[0.0625\times4\times0.126\times4+(1.5-0.24)]=57.60(m^3)$

套定额 4 - 1 - 1。

（c）混凝土地面垫层定额工程量 $=[(8.4-0.24)\times(10.4-0.24)+(12.6-0.24)\times(10.4-0.24)]\times0.10=20.85(m^3)$

套定额 2 - 1 - 26。

根据企业情况确定管理费率为 25.6%，利润率为 15%，分部分项工程量清单计价见表 8 - 29。

表 8 - 29   **分部分项工程量清单计价表**

工程名称：某工程   第 1 页 共 1 页

序号	项目编号	项目名称	项 目 特 征	计量单位	工程量	金额/元	
						单价	合价
1	010201001001	灰土垫层	1. 材料种类及配合比：3：7 灰土 2. 压实系数：符合设计要求 3. 掺加剂品种：石灰、黏土	m^3	14.62	176.00	2573.12
2	010401001001	砖基础	1. 砖品种、规格、强度等级：标准黏土砖 2. 基础类型：砖条形基础 3. 砂浆强度等级：M5.0 水泥砂浆 4. 防潮层材料种类：混凝土	m^3	57.60	356.65	20543.04
3	010501001001	素混凝土垫层	1. 混凝土种类：现浇 2. 混凝土强度等级：C10	m^3	20.85	417.55	8705.92

【例 8 - 22】 某多层建筑物，如图 8 - 21 所示。内、外墙厚均为 240mm，外墙（含女儿墙）采用标准黏土砖，内墙采用黏土多孔砖，内外墙均采用 M5.0 混合砂浆砌筑。内外

墙各层均设置钢筋混凝土圈梁，断面为 240mm×300mm，遇窗时以圈梁代过梁，楼板遇圈梁整体现浇，板厚 100mm，M 过梁断面为 240mm×180mm，其中女儿墙压顶厚 50mm。计算内外墙清单工程量并进行工程量清单报价。

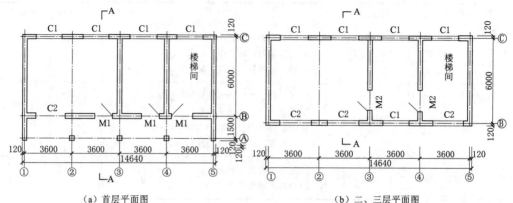

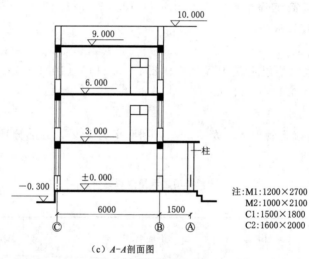

（c）A-A剖面图

图 8-21　某建筑平、剖面示意图

解： 该项目发生的工程内容：砂浆制作、运输、砌砖、材料运输。清单工程量计算规则与消耗量定额基本相同。

① 外墙清单工程量 = [(14.64+6.0)×2×(10-0.3×3-0.05)-1.2×2.7×3
　　　　　　　　　　-1.5×1.8×14-1.6×2.0×7]×0.24+1.5×2×3.0×0.24
　　　　　　　　 = 70.72(m³)

标准黏土砖墙，套定额 4-1-7。

② 清单工程量 = [(6-0.24)×2×(3-0.3×3)-1.0×2.1×4]×0.24
　　　　　　　 = 3.79(m³)

黏土多孔砖内墙，套定额 4-1-13。

根据企业情况确定管理费率为 25.6%，利润率为 15%，措施项目计价见表 8-30。

       分部分项工程量清单计价表

工程名称：某工程   第1页 共1页

序号	项目编号	项目名称	项目特征	计量单位	工程量	金额/元 单价	金额/元 合价
1	010401003001	实心砖墙	1. 砖品种、规格、强度等级：标准黏土砖 240mm×115mm×53mm 2. 基础类型：一砖外墙 3. 砂浆强度等级：M5.0 混合砂浆	m³	70.72	422.10	29850.92
2	010401001001	多孔砖墙	1. 砖品种、规格、强度等级：多孔砖 240mm×115mm×53mm 2. 基础类型：一砖内墙 3. 砂浆强度等级：M5.0 混合砂浆	m³	3.79	394.86	1496.52

（四）措施项目

【例 8－23】 某工程采用现浇钢筋混凝土有梁式条形基础，，其基础平面图和剖面图如图 8－22 所示。施工组织设计中，条形基础和独立基础采用组合钢模板木支撑。进行该分项工程的模板措施费计算。

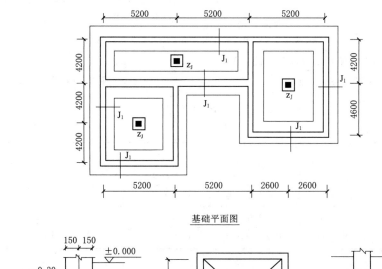

基础平面图

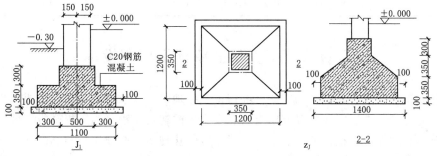

图 8－22 现浇钢筋混凝土有梁式条形基础

解： 该项目发生的工程内容：模板制作、模板安拆和刷隔离剂等。

条形基础模板清单工程量＝$[(5.2×3+0.55×2)×2+(4.2×3+0.55×2)+(4.6$
$+4.2+0.55×2)+4.2×2+4.6+(5.2×2-0.55×2$
$+4.2-0.55×2)×2+(5.2-0.55×2+4.2+4.6$
$-0.55×2)×2+(5.2-0.55×2+4.2×2-0.55×2)$
$×2]×0.35+[(5.2×3+0.25×2)×2+(4.2×3+0.25$
$×2)+(4.6+4.2+0.25×2)+4.2×2+4.6+(5.2×2$
$-0.25×2+4.2-0.25×2)×2+(5.2-0.25×2+4.2$
$+4.6-0.25×2)×2+(5.2-0.25×2+4.2×2-0.25$
$×2)×2]×0.30$

$=93.22(m^2)$

带形基础（有梁式）钢筋混凝土组合钢模板木支撑，套定额 18-1-9。

独立基础模板清单工程量＝$(1.2×4×0.35+0.35×4×0.3)×3=6.30(m^2)$

独立基础钢筋混凝土组合钢模板木支撑，套定额 18-1-14。

素混凝土垫层模板工程量＝$[(5.2×3+0.65×2)×2+(4.2×3+0.65×2)+(4.6$
$+4.2+0.65×2)+4.2×2+4.6+(5.2×2-0.65×2$
$+4.2-0.65×2)×2+(5.2-0.65×2+4.2+4.6$
$-0.65×2)×2+(5.2-0.65×2+4.2×2-0.65×2)$
$×2]×0.10+1.4×4×0.1×3$

$=15.72(m^2)$

混凝土基础垫层木模板，套定额 18-1-1。

根据企业情况确定管理费率为 25.6%，利润率为 15%，措施项目计价见表 8-31。

表 8-31　　　　　　　　　　分部分项工程量清单计价表

工程名称：某工程　　　　　　　　　　　　　　　　　　　　　　第1页　共1页

序号	项目编号	项目名称	项目特征	计量单位	工程量	金额/元	
						单价	合价
1	011702001001	基础模板	条形基础，组合钢模板木支撑	m²	93.22	73.11	6815.31
2	011702001002	基础模板	独立基础，组合钢模板木支撑	m²	6.30	74.24	467.71
3	011702001003	素混凝土垫层	混凝土基础垫层，木模板	m³	20.85	36.22	755.19

第四节　工程量清单计价与招投标

招投标制度在我国建设市场中的已经占据主导地位，竞争已成为市场形成工程造价的主要形式。尤其是国有资产投资或国有资金占主体的建设工程，为了提高投资效益，保障国有资金的有效使用，很多地方也都出台了相应的法规要求必须实行招标。在招投标工程中推行工程量清单计价，正是目前规范建设市场秩序的治本措施之一，同时也是我国招投标制度与国际接轨的需要。因此，在刚刚修订的《建设工程工程量清单计价规范》中强调："全部使用国有资金投资或国有资金投资为主的工程建设项目应执行本规范"，在招标中采用工程量清单计价。

一、在建设工程招标中采用工程量清单计价的优点

（一）工程量清单计价的特点

工程量清单是指"拟建工程的分部分项工程项目、措施项目、其他项目名称和相应数量的明细清单"。采用工程量清单计价，企业可以将自己的实际情况和在市场中的地位充分考虑到工程报价上去，因而可以做到科学、准确地反映实际情况。同时，由于大家拿到的是同一份清单，各投标单位都站在同一起跑线上，有利于通过公平竞争形成工程造价。另外，工程量清单计价从技术上便于规范招投标过程中有关各方的计价行为，避免"暗箱操作"，增加透明度。

（二）在招标中采用工程量清单计价的优点

1. 增加透明度，使公平、公正、公开性得到更充分体现

传统的招投标，评标多采用百分法，总报价分值占至 60% 以上。无论是用一次标底，还是二次标底作为评标的基准来评定报价得分，标底的作用始终显得至关重要。尽管采用了种种封闭做标底的方法，其保密性始终使未中标单位心存疑虑，同时确因个别投标单位煞费苦心打探标底，给投标单位和参与招标工作的人员造成一定影响。在对其他指标评定打分时也容易渗入人为因素，其公平、公正、公开性在某种程度上难以令人信服。而采用工程量清单报价方式招标，标底只作为招标人对投标的上限控制线，评标时不作为评分的基准值，其作用也不再突出。通过资格预审选择信誉好、质量优、管理水平高的施工单位参加投标。无特殊技术要求的工程项目如果其技术标经专家评审合格，经济标的评审原则上选取报价最低（不低于成本）的单位为中标单位。一切操作均公开、透明，无人为操作的环节和余地，杜绝了暗箱操作。传统的招标工作中，由于没有统一的工程量提供给各投标单位，在投标时由于工程量计算失误而造成价格太高或太低而造成废标的情况比比皆是。采用工程量清单计价以后，工程量清单作为招标文件的重要组成部分，其分部分项工程项目、措施项目、其他项目名称和相应数量的明细清单，都由招标人负责统一提供，从而有效保证了投标单位竞争基础的一致性，减少了由于投标单位编制投标文件时出现的偶然性错误而导致投标失败的可能，充分体现招投标公平竞争的原则。

2. 采用工程量清单招标有利于发挥企业的综合实力

工程质量、工程造价和工期之间存在着对立统一的矛盾关系，要提高工程质量，就很可能提高工程造价和延长施工周期，如何在不增加投资和延长工期的情况下提高工程质量，是工程管理的一项重要工作内容，也是反映一个企业综合实力的重要标准。现行的标底编制方法、依据、原则是一致的，招标文件规定的收费标准，执行的差价文件也一致，投标单位不能按照自己的具体施工条件，施工设备和技术特长来确定报价，不能按照自己的采购优势来确定材料预算价格，不能按照企业的管理水平来确定工程的费用开支。采用清单模式招标，投标单位可以结合本身的特点，充分考虑自身的优势，考虑可竞争的现场费用，技术措施费用及所承担的风险，最终确定综合单价和总价进行投标，真正体现企业自主报价。体现我国工程造价管理改革的目标"控制量，指导价，竞争费"，实现通过市场机制决定工程造价。投标企业报价时综合考虑招标文件规定完成工程量清单所需的全部费用，不仅要考虑工程本身的实际情况，还要求企业将进度、质量、工艺及管理技术等方

案落实到清单。投标报价时，能在竞争中真正体现出企业的综合实力。

3. 工程量清单计价有使风险的分担更加合理

由于建筑工程本身持续时间长，工程的不确定和变更因素众多，现场复杂，工程建设的风险也比较大。在传统的计价模式下，不论采用总价合同和单价合同，风险的承担往往存在着不合理性。比如在工期比较短，图纸设计比较完整的情况下，甲乙双方一班签订固定总价合同，几乎所有的风险都有施工单位承担，这显然是不够公平的。采用工程量清单计价模式后，投标单位只对自己所报的成本、单价等内容负责，而对工程量的变更或计算错误等不负责任，因此由这部分引起的风险由业主承担，这种格局符合风险合理分担与责权利关系对等的原则，因而更加合理。修订后的清单计价规范按照"政府宏观调控、企业自主报价、市场形成价格、加强市场监管"的改革思路，在发展和完善社会主义市场经济体制的要求下，对工程建设领域中施工阶段发、承包双方的计价，适宜采用市场定价的充分放开，政府监管不越位；在现阶段还需政府宏观调控的，政府监管一定不缺位，并且要切实做好。因此，在安全文明施工费、规费等计取上，规定了不允许竞价；在应对物价波动对工程造价的影响上，较为公平地提出了发、承包双方共担风险的规定。避免了招标人凭借工程发包中的有利地位无限制地转嫁风险的情况，同时遏制了施工企业以牺牲职工切身利益为代价作为市场竞争中降价的利益驱动。

4. 工程量清单招标有利于企业自身的竞争能力的提高

企业中标以后，可以根据中标价以及投标文件中的承诺，通过对单位工程成本、利润进行分析，统筹考虑，精心选择施工方案，采用切实可行的先进技术，逐步建立企业自己的定额库，通过在施工过程中不断地调整、优化组合，合理控制现场费用和施工技术措施费用等，从而不断地促进企业自身的发展和进步。同时，由于工程量清单的统一提供，简化了投标报价的计算过程，节省了报价时间，减少不必要的重复劳动，也节省了投标企业的成本。作为施工单位要在激烈的竞争中取胜，必须具备先进的设备、先进技术和管理方法，这就要求施工单位在施工中要加强管理、鼓励创新，从技术中要效率、从管理中要利润，在激烈的竞争中不断发展、不断壮大，促进建筑业的健康发展。

5. 有利于业主以最合理的造价发包工程，降低工程造价

按照工程量清单计价确定的中标价格，在没有设计变更的情况下，中标价与最终结算价是一致的，就是说中标单位所报的综合单价是不变的，而且工程量清单计价实体项目和措施项目分开，实体项目费可随工程量的变化而变化，措施项目费不随工程量变化。国际承包工程中，一般工程量超过 15％ 时才允许调整。因此，有利于建设单位控制造价。

为进一步规范企业报价，在修订后的清单计价规范中又增加了招标控制价，规定国有资金投资的工程进行招标，根据《中华人民共和国招标投标法》的规定，招标人可以设标底；当招标人不设标底时，为有利于客观、合理的评审投标报价和避免哄抬标价，造成国有资金流失，招标人应编制招标控制价。招标控制价是招标人在工程招标时能接受投标人报价的最高限价。国有资金中的财政性资金投资的工程在招标时还应符合《中华人民共和国政府采购法》相关条款的规定，如：国有资金投资的工程，投标人的投标不能高于招标控制价，否则，其投标将被拒绝。

6. 工程量清单招标有利于控制工程索赔

在传统的招标方式中，"低价中标、高价索赔"的现象屡见不鲜，其中，设计变更、现场签证、技术措施费用及价格是索赔的主要内容，变更是否合理、签证是否规范，一直影响着工程的正常结算，有的因此走上法律程序。工程量清单计价招标中，由于单项工程的综合单价不因施工数量变化、施工难易程度、施工技术措施差异、取费等变化而调整，大大减少了施工单位不合理索赔的可能。监理单位在签订变更工程数量和单价时，也更加有据可依，减少了不必要的扯皮和推诿，有利于工程的结算工作。

二、招标文件的编制

所谓工程量清单招标，是指由招标单位提供统一含工程量清单的招标文件，投标单位根据招标文件中的工程量清单数量和要求，考察施工现场实际情况，拟定施工组织设计，按企业定额或参照建设行政主管部门发布的现行消耗量定额以及造价管理机构发布的价格信息或自己掌握的市场价格信息进行投标报价，招标单位择优选定中标人的过程。

采用工程量清单招标以后，工程量清单在招标文件中占有比较重要的地位。在招标准备阶段，招标人自行编制或委托有资质的工程造价咨询单位（或招标代理机构）编制招标文件，包括工程量清单。在编制工程量清单时，若该工程是"全部使用国有资金投资或国有资金投资为主的大中型建设工程"，应严格执行建设部颁发的《建设工程工程量清单计价规范》进行。工程量清单编制完成后，作为招标文件的一部分，发给各投标单位。投标单位在接到招标文件后，可对现场进行察看，对工程量清单进行复核，如果没有大的出入，即可考虑各种因素按照企业实际情况进行工程报价；如果投标单位发现工程量清单中工程量与按关图纸计算的工程量差异比较大，可要求招标单位进行澄清，招标单位若变更工程量，必须将变更后的工程量同时递交所有投标人。投标单位不得擅自变动工程量，否则视为不响应标书实质性内容而废标。投标报价完成后，投标单位在约定的时间内提交投标文件，评标委员会根据招标文件确定的评标标准和方法进行评标定标。由于采用了工程量清单计价方法，所有投标单位都站在同一起跑线上，因而使竞争更为公平合理。

从以上招标工作的程序可也看出，招标文件的编制是一项关键工作。

（一）招标文件的编制人

《招标投标法》规定，招标文件可由有编制能力的招标人自行编制，也可以委托招标代理机构办理招标事宜。《计价规范》规定："工程量清单应由具有编制招标文件能力的招标人或受其委托具有相应资质的中介机构编制"，其中，有资质的中介机构一般包括招标代理机构和工程造价咨询机构。

（二）编制依据

建设部107号令《建筑工程施工发包与承包计价管理办法》规定："工程量清单应当依据招标文件、施工设计图纸、施工现场条件和国家制定的统一工程量计算规则、分部分项工程项目划分、计量单位等进行编制"。不论是招标人自己或受其委托具有相应资质的中介机构都应严格按照《建设工程工程量清单计价规范》进行编制。

（三）编制内容

招标文件的编制，应当包含工程量清单的所有内容，即应包括分部分项工程量清单、措施项目清单、其他项目清单，且必须严格按照《计价规范》规定的计价规则和标准格式进行。在编制工程量清单时，应根据规范规定的项目编码、项目名称、工程量计算规则和工程计量单位，对照设计图纸及其他有关要求对清单项目进行准确详细的描述，以保证投标企业正确理解各清单项目的内容，合理报价，不应出现模棱两可、容易造成分歧的情况。

（四）招标控制价

在招标过程中，一般都设有标底，规定所有投标单位的投标报价不得高于标底，但有时会出现招标项目上所有投标人的报价均高于标底的现象，致使中标人的中标价高于招标人的预算，对招标工程的项目业主带来了困扰。因此，为有利于客观、合理的评审投标报价和避免哄抬标价，造成国有资产流失，招标人应编制招标控制价，作为招标人能够接受的最高交易价格。2008 工程量清单计价规范规定，国有资金投资的工程建设项目应实行工程量清单招标，并应编制招标控制价。招标控制价超过批准的概算时，招标人应将其报原概算审批部门审核。投标人的投标报价高于招标控制价的，其投标应予以拒绝。"招标控制价超过批准的概算时，招标人应将其报原概算审批部门审核"。招标控制价应由具有编制能力的招标人，或受其委托具有相应资质的工程造价咨询人编制。

三、利用工程量清单投标报价

投标单位拿到招标文件以后，根据招标文件及有关计价办法，并且根据企业自身的实际情况和市场状况，计算出投标报价，在此基础上研究投标策略，提出更有竞争力的报价。投标报价对投标单位竞标的成败和将来实施工程的盈利水平起着决定性的作用，因而，编制合理的投标报价对投标企业来说是一项非常重要的工作。

（一）编制投标报价的原则

按照传统的招投标管理模式，企业得到招标文件以后，按照图纸和相关定额编制投标文件，如果工程量计算都是准确的，又按规定套用相同的定额，则有可能造成相同的价格，企业缺乏报价的自主权。采用工程量清单招标后，投标单位才真正有了报价的自主权，但企业在充分合理地发挥自身的优势自主定价时，还应遵守有关文件的规定。

《建筑工程施工发包与承包计价管理办法》明确指出：投标报价①应当满足招标文件要求；②应当依据企业定额和市场参考价格信息，并按照国务院和省、自治区、直辖市人民政府建设行政主管部门发布的工程造价计价办法进行编制。

《计价规范》规定：投标报价应根据招标文件中的工程量清单和有关要求、施工现场实际情况及拟定的施工方案或施工组织设计，依据企业定额和市场价格信息，或参照建设行政主管部门发布的消耗量定额及有关规定进行编制。

除规范强制性规定外，投标价由投标人自主确定，但不得低于成本。

（二）投标报价编制方法

（1）投标人在投标报价中填写的工程量清单的项目编码、项目名称、项目特征、计量单位、工程量必须于招标人招标文件中提供的一致。实行工程量清单招标，招标人在招标文件中提供工程量清单，其目的是使各投标报价中具有共同的竞争平台。

（2）分部分项工程费应依据本规范第 2.0.4 条综合单价的组成内容，按招标文件中分部分项工程量清单项目的特征描述确定综合单价计算。在招投标过程中，当出现招标文件中分部分项工程量清单特征描述与设计图纸不符时，投标人应以分部分项工程量清单的项目特征描述为准，确定投标报价的综合单价。当施工中施工图纸或设计变更与工程量清单项目特征描述不一致时，发、承包双方应按实际施工的项目特征，依据合同约定重新确定综合单价。综合单价中应考虑招标文件中要求投标人承担的风险费用，在施工过程中，当出现的风险内容及其范围（幅度）在合同约定的范围内时，工程价款不做调整。招标文件中提供了暂估单价的材料，按暂估的单价计入综合单价。

（3）投标人可根据工程实际情况结合施工组织设计，对招标人所列的措施项目进行增补。措施项目费应根据招标文件中的措施项目清单及投标时拟定的施工组织设计或施工方案按规范第 4.1.4 条的规定自主确定。其中安全文明施工费应按照规范第 4.1.5 条的规定确定。

由于各投标人拥有的施工装备、技术水平和采用的施工方法有所差异，招标人提出的措施项目清单是根据一般情况确定的，没有考虑不同投标人的"个性"，投标人投标时应根据自身编制的投标施工组织设计或施工方案确定措施项目，对招标人提供的措施项目进行调整。

（4）投标人对其项目费的投标报价，主要有以下几种：

1）暂列金额应按照其他项目清单中列出的金额填写，不得变动。

2）暂估价不得变动和更改。暂估价中的材料必须按照暂估单价计入综合单价；专业工程暂估价必须按照其他项目清单中列出的金额填写。

3）计日工应按照其他项目清单列出的项目和估算的数量，自主确定各项综合单价并计算费用。

4）总承包服务费应依据招标人在招标文件中列出的分包专业工程内容和供应材料、设备情况，按照招标人提出协调、配合与服务要求和施工现场管理需要自主确定。

（5）规费和税金的计取标准是依据有关法律、法规和政策规定制定的，具有强制性。投标人在投标报价时必须按照国家或省级、行业建设主管部门的有关规定计算规费和税金。

（6）实行工程量清单招标，投标人的投标总价应当与组成工程量的分部分项工程费、措施项目费、其他项目费和规费、税金的合计金额相一致，即投标人在投标报价时，不能进行投标总价优惠（或降价、让利），投标人对招标人的任何优惠（或降价、让利）均应反映在相应清单项目的综合单价中。

（三）编制投标报价时应注意的问题

工程量清单计价包括了按招标文件规定完成工程量清单所需的全部费用，包括分部分项工程量清单费、措施清单项目费、其他清单费和规费、税金以及风险因素。由于工程量清单计价规范在工程造价的计价程序、项目的划分和具体的计量规则上与传统的计价方式有较大的区别，因此，施工单位应加强学习和培训，以适应工程量清单方式的投标工作。

（1）应注意投标文件中的工程量清单与招标文件的工程量清单在格式、内容、描述等各方面须保持一致，避免由此而造成投标的失败。

（2）应注意阅读工程量清单的描述，避免由于理解上的差异，造成投标报价时的失误，注意使投标文件的清单项目编码、项目名称、计量单位必须与招标文件一致。

（3）仔细区分分部分项工程量清单费、措施项目清单费、其他项目清单费和规费、税金等各项费用的组成，避免重复计算和遗漏。

（4）在投标报价书中，没有填写单价和合价的项目将不予支付，因此投标企业应仔细填写每一单项的单价和合价，做到报价时不漏项不缺项，并且使单价与合价对应起来，避免造成废标的发生。

（5）注意技术标报价与商务标报价不得重复，尤其是在技术标中已经包括的措施项目报价，在列措施项目清单时应避免重复报价。

（6）掌握一定的投标报价策略和技巧，根据各种影响因素和工程具体情况灵活机动地调整报价，提高企业的市场竞争力。

四、采用工程量清单计价后的评标问题

目前，对投标文件的评价方法有很多。有的采用有标底的评标方法，根据标底，对投标报价进行报价分数的计算，另外对每一家企业的施工组织等内容进行专家评述，最后总额打分，选出中标人；有的事先不计算标底，采用投标单位投标报价的平均值作为标底进行评标；还有的采用无标底的办法进行评标，采用低价中标的办法。无论采用哪一种评标办法，都有其长处和不足，实际应用时，应根据招标人的需求进行选择。比如某些较复杂的项目，或者招标人招标主要考虑的不是价格而是投标人的个人技术和专门知识及能力，那么，最低投标价中标的原则就难以适用，而必须采用综合评价方法，这样招标人的目的才能实现。因此，推行工程量清单招标后，需要有关部门对评标标准和评标方法进行相应的改革和完善：

（1）制定更多的适应不同要求的、法律法规允许的评标方法，供招标人灵活选择，以满足不同类型、不同性质和不同特点的工程招标需要。国家计委等七部委 2001 年 7 月颁发的《评标委员会和评标办法暂行规定》，在关于低于成本价的认定标准、中标人的确定条件以及评标委员会的具体操作等方面做出了比较具体的规定，为我们制定新的评定标方法提供了依据。广东省在实施工程量清单计价试点后，针对新的竞争环境和不同的需求，制定了具体的"合理低价评标法""平均报价评标法""两阶段低价评标法"以及"A＋B评标法"等多种评定标试行办法，招标人可根据工程具体情况，选择一种或其中的几种方法综合修改经建设行政主管部门备案后使用。这些方法和指导思想都值得各地或有关部门参考。

（2）充分发挥行业协会、学会的作用，将行业协会制定出的行业标准引入具体的评审标准和评标方法中，以定量代替定性坪标办法，提高评审的合理性。

在采用工程量清单招标的试点地区中，有的地区在评定标中将造价工程师协会制定的"市场报价低于成本"的评定原则切实引入评定标办法中，借助专业的电脑软件，按照设定的量化指标标准，对投标企业报价的消耗量材料报价进行全面、系统的分析对比，为专家评审提供公正、全面的基础数据。

第五节　清单计价的合同问题

我国现在推行的建设工程施工合同是 1999 年 12 月建设部和工商行政管理局联合印发的《示范文本》（GF—1999—0201）。施工合同示范文本的推行依据《中华人民共和国合同法》第十二条第二款"当事人可以参考各类合同的示范文本订立合同"的规定。

一、工程量清单与施工合同主要条款的关系

采用工程量清单计价以后，工程量清单与施工合同关系密切，合同里有很多条款是涉及工程量清单的。

（一）工程量清单是合同文件的组成部分

施工合同不仅仅指发包人和承包人签订的协议书，它还应包括与建设项目施工有关的资料和施工过程中的补充、变更文件。《建设工程工程量清单计价规范》颁布实施后，工程造价采用工程量清单计价模式的，其施工合同也即通常所说的"工程量清单合同"或"单价合同"。

《示范文本》第二条第一款规定：合同文件应能相互解释，互为说明。除专用条款另有约定外，组成本合同的文件及优先解释顺序如下：

（1）本合同的协议书。

（2）中标通知书。

（3）投标书及其附件。

（4）本合同专用条款。

（5）本合同通用条款。

（6）标准、规范及有关的技术文件。

（7）图纸。

（8）工程量清单。

（9）工程报价单或预算书。

对于采用清单计价的招标工程而言，工程量清单是合同的重要组成部分，对于工程结算时的变更和索赔价款，也都涉及工程量清单的计价。非招标的建设项目，其计价活动也必须遵守《建设工程工程量清单计价规范》，作为工程造价的计算方式和施工履行的标准之一，其合同内容必须涵盖工程量清单。因此，无论招标抑或非招标的建设工程，工程量清单都是施工合同的组成部分。

（二）工程量清单是计算合同价款和确认工程量的依据

工程量清单中所载工程量是按照《计价规范》规定的工程量计算规则，依据拟建工程图纸计算出来的工程数量，它是计算投标价格和确定合同价款的基础，承发包双方必须依据工程量清单所约定的规则，计算工程数量、确定工程合同价款。

（三）工程量清单是计算工程变更价款和追加合同价款的依据

工程施工过程中，因设计变更或追加工程影响工程造价时，合同双方应依据工程量清单和合同其他约定调整合同价款。根据《计价规范》的要求，一般按以下原则进行：①清单或合同中已有适用于变更工程的价格，按已有价格变更合同价款；②清单或合同中只有类似于变更工程的价格，可以参照类似价格变更合同价款；③清单或合同中没有适用或类似于变更工程的价格，由承包人提出适当的变更价格，经监理工程师确认后执行。

（四）工程量清单是支付工程进度款和竣工结算的计算基础

工程施工过程中，发包人应按照合同约定和施工进度支付工程价款。传统的计价模式不利于进度款的拨付，原因是难以确定已晚工程的实际工作量，并且计算出工作量以后，还要按照定额等计价依据进行复杂的计算，才能确定进度款的数量；采用清单计价以后，发包人可以依据已完项目的工程量和相应投标单价计算工程进度款，相对要容易得多。工程竣工验收后，承发包人应按照合同约定办理竣工结算，依据竣工图纸和规范规定的工程量计算规则对实际工程进行计量，调整工程量清单中的工程量，并依此计算工程结算价款。

（五）工程量清单是索赔的依据之一

索赔在工程实际中是经常发生的，在合同履行过程中，对于并非自己的过错，而是应由对方承担责任的情况造成的经济损失或时间延误，合同当事人可向对方提出经济索赔和（或）工期顺延的要求。示范文本第三十六条对索赔的程序、要求作出了具体的规定。当一方向另一方提出索赔要求时，要有正当索赔理由，且有索赔事件发生时的有效证据，在有效时间内提出索赔意向，然后要有索赔的详细计算和说明。工程量清单作为合同文件的组成部分是索赔的重要依据，是计算索赔量的基础。

二、工程量清单合同的特点

建设工程采用工程量清单的方式进行计价最早诞生在英国，并逐步在英殖民国家使用。经过数百年实践检验与发展，目前已经成为世界上普遍采用的计价方式，世行和亚行贷款项目也都推荐或要求采用工程量清单的形式进行计价。我国加入世界贸易组织以后，为了尽快和国际接轨，实现"引进来，走出去"战略，必须在工程计价方面加快和国际的接轨。工程量清单计价之所以有如此生命力，主要依赖于清单合同的自身特点和优越性。

1. 单价具有综合性和固定性

工程量清单报价均采用综合单价形式，综合单价中包含了清单项目所需的全部的材料、人工、施工机械、管理费、利润以及风险因素，具有一定的综合性。与以往定额计价相比，清单合同的单价简单明了，能够直观反映各清单项目所需的消耗和资源。另一方面，工程量清单报价一经合同确认，竣工结算时不能改变，单价具有固定性。因此，工程量清单报价所采用的担架都是综合单价，投标企业在报价时必须按照招标文件提供的清单数量和单位进行报价，对数量和单位不允许做任何更改，如果某项内容不报则视为该项工作内容的报价已经包含在其他项目内，且在结算时不允许以任何理由调整或索赔。综合单价因工程变更需要调整时，可按《建设工程清单计价规范》的有关规定执行，在签订合同时应予以说明。

2. 有利于施工合同价款的计算

施工过程中进度款的拨付一般首先由承包人提交工程进度计算表，发包人代表或工程师对承包人提交的进度报表进行核实，然后拨付工程进度款；采用清单计价方式依据合同中的计日工单价、依据或参考合同中已有的单价或总价，有利于工程变更价的确定和费用索赔的处理。工程结算时，承包人可依据竣工图纸、设计变更和工程签证等资料计算实际完成的工程量，对与原工程量清单不符的部分提出调整，并最终依据实际完成工程量确定工程造价，结算方法见下节。

3. 清单合同更适于招投标工作

在清单招标投标中，投标单位可根据图纸等资料和国家的有关规定，依据自身的企业实力和管理水平，对不同项目进行价格计算，充分反映投标人的实力水平和价格水平。而且由招标人统一提供工程量清单，不仅增大了招标投标市场的透明度，杜绝了腐败的源头，而且为投标企业提供了一个公平合理的基础和环境，真正体现了建设工程交易市场的公开、公平和公正。

招标文件是招标投标的核心，而工程量清单是招标文件的关键。准确、全面和规范的工程量清单有利于体现业主的意愿，有利于工程施工的顺利进行，有利于工程质量的监督和工程造价的控制；对于投标人来说，有详细而准确的工程量清单，不仅增加了报价的准确性，而且减少了由于烦琐的工程量的计算而带来的人力和财力的浪费，减少了企业成本，有利于企业的健康发展；反之，不准确的工程量将会给投标人带来决策上的错误，对招标单位也可能会造成招标结果的不理想。

三、营造清单合同的社会环境

经济体制的改革是一项极其复杂烦琐的工作，往往牵一发而动全身。《建设工程工程量清单计价规范》颁布实施后，更需要各级政府管理部门的跟踪和监督，尤其是工程造价管理部门。不仅施工企业要加强对清单报价的认识，政府也要为工程量清单计价创造良好的社会、经济环境，工程造价管理部门要转变观念、与时俱进，出台相应的配套措施，确保清单计价的顺利实施和健康发展。

1. 技术进步的要求

技术进步对建筑施工企业的作用好比"四两拨千斤"，工程量清单招标要求施工企业不断进行技术创新，向新工艺、新技术要效益。要求施工企业改变观念善于应用新技术、新工艺、新生产经营方式。提高企业的机械化施工水平和技术水平。提高劳动生产率，努力先进的技术缩短工期、提高质量、降低造价，使企业在招标和施工过程中占据有利优势。

2. 企业经营管理的要求

建设部《关于进一步加强招标投标管理的规定》中指出："引导企业在国有定额的指导下，依据自身技术和管理情况建立内部定额，提高投标报价的水平和技巧。"施工企业参加工程清单招标，对其编制企业定额、施工定额、工期定额、消耗定额、费用定额、掌握市场材料价格等方面提出了新要求。施工企业必须加强"定额"这一基础工作在经营管理中的作用。要认识到：企业定额是进行经济活动分析的依据，是评价企业工作的重要标准，是决定企业收入的重要因素。企业只有达到或超过定额水平才能在施工中提高劳动生产率，减低消耗，提高企业效益；才能在工程清单报价中心中有数，稳操胜券。

3. 建立合同风险管理制度

风险管理就是人们对潜在的损失进行辨识、评估、预防和控制的过程。风险转移是工程风险管理对策中采用最多的措施。工程保险和工程担保是风险转移的两种常用方法。工程保险可以采取建安工程一切险，附加第三者责任险的形式。工程担保能有效地保障工程建设顺利地进行，许多国家的政府都在法规中规定进行工程担保，在合同的标准条款中也有关于工程担保的条文。目前，我国工程担保和工程保险制度仍不健全，亟待政府出台有关的法律法规。

4. 尽快建立起比较完善的工程价格信息系统

工程造价最终要做到随行就市，不但承包人要掌握，业主也要了解，造价管理部门更要熟悉市场价格行情。否则的话，这种新机制就不会带来应有的结果。价格信息系统可以利用现代化的传媒手段，通过网络、新闻媒体等各种方式让社会有关各方都能及时了解工程建设领域内的最新价格信息，建立工程量清单项目数据库，提高工程建设价格信息发布的质量和力度。市场价格的准确与否是决定投标报价是否准确、合理的主要因素之一。因此，应当建立专业的工程建设价格信息发布的服务机构。提高价格信息发布的质量，在准确性和品种规格上，满足一般工程报价的需要；保证价格信息发布的时效性，缩短信息发布的间隔时间，对主要价格的突然变化要做到及时发布。加强工程建设价格的研究和预测工作，应当形成统一工程价格信息网。

5. 进一步完善工程量清单计价的软件

有了可操作的工程量清单计价办法，还要辅以完善的实施操作程序，才能使该工作在规范的基础上有序运作。为了保障推行工程量清单计价的顺利实施，必须设计研制出界面直观、操作方便、功能齐全的高水平工程量清单计价系统软件，解决编制工程量清单、标底和投标报价中的繁杂运算程序，为推行工程量清单计价扫清障碍，满足参与招标、投标活动各方面的需求。

6. 提高造价执业队伍的水平，规范执业行为

清单计价对工程造价专业队伍特别是执业人员的个人素质提出了更高要求。要顺利实施工程量清单计价，当务之急就是必须加大管理力度，促进工程造价专业队伍的健康发展。一是对人员的管理转变为行业协会管理。专业队伍的健康发展、素质教育、规章制度的制定、监督管理等具体工作由行业协会负责；二是建章立制，实施规范管理，制定行业规范、人员职业道德规范、行为准则、业绩考核等可行办法，使造价专业队伍自我约束，健康发展；三是加强专业培训，实施继续教育制度，每年对专业队伍进行规定内容的培训学习，定期组织理论讨论会、学术报告会，开展业务交流、经验介绍等活动，提高自身素质。

第六节 工 程 结 算

工程竣工验收后，承发包人应按照合同约定办理竣工结算，依据竣工图纸和规范规定的工程量计算规则对实际工程进行计量，调整工程量清单中的工程量，并依此计算工程结算价款。由于在施工过程中会发生许多难以预料的情况，因此工程竣工结算时会发生很多影响造价的情况，这就要按照有关规定进行价款的调整。

一、竣工结算的依据

（1）工程量清单计价规范。

（2）施工合同。

（3）工程竣工图纸及资料。

（4）双方确认的工程量。

（5）双方确认追加（减）的工程价款。

（6）双方确认的索赔、现场签证事项及价款。

（7）投标文件。

（8）招标文件。

（9）其他依据。

二、竣工结算的原则

分部分项工程费应依据双方确认的工程量、合同约定的综合单价计算；如发生调整的，以发、承包双方确认调整的综合单价计算。

措施项目费应依据合同约定的项目和金额计算；如发生调整的，以发、承包双方确认调整的金额计算，其中安全文明施工费应按规范第4.1.5条的规定计算。

其他项目费用应按下列规定计算：

（1）计日工应按发包人实际签证确认的事项计算。

（2）暂估价中的材料单价应按发、承包双方最终确认价在综合单价中调整；专业工程暂估价应按中标价或发包人、承包人与分包人最终确认价计算。

（3）总承包服务费应依据合同约定金额计算，如发生调整的，以发、承包双方确认调整的金额计算。

（4）索赔费用应依据发、承包双方确认的索赔事项和金额计算。

（5）现场签证费用应依据发、承包双方签证资料确认的金额计算。

（6）暂列金额应减去工程价款调整与索赔、现场签证金额计算，如有余额归发包人。

规费和税金应按本规范第4.1.8条的规定计算。

三、工程竣工结算一般原则

承包人应在合同约定时间内编制完成竣工结算书，并在提交竣工验收报告的同时递交给发包人。

承包人未在合同约定时间内递交竣工结算书，经发包人催促后仍未提供或没有明确答复的，发包人可以根据已有资料办理结算。发包人在收到承包人递交的竣工结算书后，应按合同约定时间核对。

同一工程竣工结算核对完成，发、承包双方签字确认后，禁止发包人又要求承包人与另一个或多个工程造价咨询人重复核对竣工结算。

发包人或受其委托的工程造价咨询人收到承包人递交的竣工结算书后，在合同约定时间内，不核对竣工结算或未提出核对意见的，视为承包人递交的竣工结算书已经认可，发包人应向承包人支付工程结算价款。

承包人在接到发包人提出的核对意见后，在合同约定时间内，不确认也未提出异议的，视为发包人提出的核对意见已经认可，竣工结算办理完毕。发包人应对承包人递交的竣工结算书签收，拒不签收的，承包人可以不交付竣工工程。

承包人未在合同约定时间内递交竣工结算书的，发包人要求交付竣工工程，承包人应当交付。

四、工程量和综合单价的调整

竣工结算由承包人编制，发包人核对。实行总承包的工程，由总承包人对竣工结算的编制负总责。承、发包人均可委托具有工程造价咨询资质的工程造价咨询企业编制或核对竣工结算。办理竣工结算时，分部分项工程费中工程量应依据发、承包双方确认的工程量，综合单价应依据合同约定的单价计算。如发生了调整的，以发、承包双方确认调整后的综合单价计算。

1. 工程量的计算原则

由于招标人的原因，不论是工程量清单有误还是设计变更等原因引起的分部分项工程量清单项目及工程量发生变化，都要按实际情况进行调整，由承包人根据《山东省建筑工程工程量清单计价办法》规定的工程量计算办法计算，经发包人确认后，作为工程结算的依据，由此引起的措施项目清单或其他方面费用的变化，也要进行调整。

2. 综合单价的调整原则

若施工中出现施工图纸（含设计变更）与工程量清单项目特征描述不符的，发、承包双方应按新的项目特征确定相应工程量清单项目的综合单价。

因分部分项工程量清单漏项或非承包人原因的工程变更，造成增加新的工程量清单项目，其对应的综合单价按下列方法确定：

（1）合同中已有适用的综合单价，按合同中已有的综合单价确定。

（2）合同中有类似的综合单价，参照类似的综合单价确定。

（3）合同中没有适用或类似的综合单价，由承包人提出综合单价，经发包人确认后执行。

在合同履行过程中，因非承包人原因引起的工程量增减与招标文件中提供的工程量可能有偏差，该偏差对工程量清单项目的综合单价将产生影响，是否调整综合单价以及如何调整应在合同中约定。若合同未作约定，按以下原则办理：

（1）当工程量清单项目工程量的变化幅度在10％以内时，其综合单价不做调整，执行原有综合单价。

（2）当工程量清单项目工程量的变化幅度在10％以外，且其影响分部分项工程费超过0.1％时，其综合单价以及对应的措施费（如有）均应做调整。调整的方法是由承包人对增加的工程量或减少后剩余的工程量提出新的综合单价和措施项目费，经发包人确认后调整。

为进一步合理分担工程风险，2008清单计价规范规定，市场价格发生变化超过一定幅度时，工程价款应该调整。如合同没有约定或约定不明确的，可按以下规定执行：

（1）人工单价发生变化时，发、承包双方应按省级或行业建设主管部门或其授权的工程造价管理机构发布的人工成本文件调整工程价款。

（2）材料价格变化超过省级和行业建设主管部门或其授权的工程造价管理机构规定的幅度时应当调整，承包人应在采购材料前将采购数量和新的材料单价报发包人核对，确认用于本合同工程时，发包人应确认采购材料的数量和单价。发包人在收到承包人报送的确认资料后3个工作日不予答复的视为已经认可，作为调整工程价款的依据。如果承包人未报经发包人核对即自行采购材料，再报发包人确认调整工程价款的，如发包人不同意，则不做调整。

3. 措施项目费用的调整

办理竣工结算时，措施项目费应依据合同约定的措施项目和金额或发、承包双方确认调整后的措施项目费金额计算。

措施项目费中的安全文明施工费应按照国家或省级、行业建设主管部门的规定计算。

施工过程中，国家或省级、行业建设主管部门对安全文明施工费进行了调整的，措施项目费中的安全文明施工费应作相应调整。

4. 其他项目费用的计算

（1）计日工的费用应按发包人实际签证确认的数量和合同约定的相应单价计算。

（2）当暂估价中的材料是招标采购的，其单价按中标价在综合单价中调整。当暂估价中的材料未非招标采购的，其单价按发、承包双当最终确认的单价在综合单价中调整。

当暂估价中的专业工程是招标采购的，其金额按中标价计算。当暂估价中的专业工程为非招标采购的，其金额按发、承包双方与分包人最终确认的金额计算；暂列金额应减去工程价款调整与索赔、现场签证金额计算，如有余额归发包人。

（3）总承包服务费应依据合同约定的金额计算，发、承包双方依据合同约定对总承包服务费进行了调整，应按调整后的金额计算。

5. 工程结算价款的组成

$$工程结算价款＝（1）＋（2）＋（3）＋（4）＋（5）＋（6）＋（7）$$

（1）分部分项工程量清单报价款。

（2）措施项目清单报价款。

（3）其他项目清单报价款＝暂列金额＋暂估价＋计日工＋总包服务费。

（4）工程量的变更而调整的价款。

1）分部分项工程量清单漏项，或由于设计变更增加了的项目清单应调增的价款。

$$调增价款＝\sum（漏项、新增项目工程量×相应新编综合单价）$$

2）分部分项工程量清单多余项目，或设计变更减少的原有分部分项工程量清单项目，应调减的价款。

$$调减价款＝\sum（多余项目原有价款＋减少项目原有价款）$$

3）分部分项工程量清单有误而调增的工程量，或由于设计变更引起分部分项工程量清单工程量的增加，应调增的价款。

$$调增价款＝\sum［某清单项目调增工程量（15％以内部分）×相应原综合单价］$$
$$＋\sum［某清单项目调增工程量（15％以外部分）×相应新编综合单价］$$

4）分部分项工程量清单有误而调减的工程量，或由于设计变更引起分部分项工程量清单工程量的减少，应调减的价款。

$$调减价款＝\sum（某清单项目调增工程量×相应原综合单价）$$

（5）索赔费用。

（6）规费。

$$规费＝［（1）＋（2）＋（3）＋（4）＋（5）＋实际发生的发包人自行采购材料的价款］×规费费率$$

其中建筑、装饰、安装工程的"规费"不包括社会保障费、意外伤害保险费。

（7）税金。

$$税金＝\{［（1）＋（2）＋（3）＋（4）＋（5）＋实际发生的发包人自行采购材料的价款］$$
$$×（1＋社会保障费率＋意外伤害保险费率）＋（6）\}×税金率$$

五、竣工结算的时间要求

竣工结算的核对时间：按发、承包双方合同约定的时间完成。

《最高人民法院关于审理建设工程施工合同纠纷案件适用法律问题的解释》第二十条规定:"当事人约定,发包人收到竣工结算文件后,在约定期限内不予答复,视为认可竣工结算文件的,按照约定处理。承包人请求按照竣工结算文件结算工程价款的,应予支持"。根据这一规定,要求发、承包双方不仅应在合同中约定竣工结算的核对时间,并应约定发包人在约定时间内对竣工结算不予答复,视为认可承包人递交的竣工结算。

合同中对核对结算时间没有约定或约定不明的,按表8-32规定时间进行核对并提出核对意见。

表 8-32　　　　　　　　　　　核 对 结 算 时 间

	工程竣工结算书金额	核 对 时 间
1	500 万元以下	从接到竣工结算书之日起 20 天
2	500 万～2000 万元	从接到竣工结算书之日起 30 天
3	2000 万～5000 万元	从接到竣工结算书之日起 45 天
4	5000 万元以上	从接到竣工结算书之日起 60 天

建设项目竣工总结算在最后一个单项工程竣工结算核对确认后15天内汇总,送发包人后30天内核对完成。

合同约定或规范规定的结算核对时间含发包人委托工程造价咨询人核对的时间。

六、工程计价争议处理原则

工程造价管理机构是工程造价计价依据、办法以及相关政策的管理机构。对发包人、承包人或工程造价咨询人在工程计价中,对计价依据、办法以及相关政策规定发生的争议进行解释是工程造价管理机构的职责。因此,一旦发包人、承包人双方发生工程计价争议时,可请求工程造价管理部门给予解释。

(1) 在工程计价中,对工程造价计价依据、办法以及相关政策规定发生争议事项的,由工程造价管理机构负责解释。发包人以对工程质量有异议,拒绝办理工程竣工结算的,已竣工验收或已竣工未验收但实际投入使用的工程,其质量争议按该工程保修合同执行,竣工结算按合同约定办理;已竣工未验收且未实际投入使用的工程以及停工、停建工程的质量争议,双方应就有争议的部分委托有资质的检测鉴定机构进行检测,根据检测结果确定解决方案,或按工程质量监督机构的处理决定执行后办理竣工结算,无争议部分的竣工结算按合同约定办理。

(2) 发、承包双方发生工程造价合同纠纷时,应通过下列办法解决:

1) 双方协商。

2) 提请调解,工程造价管理机构负责调解工程造价问题。

3) 按合同约定向仲裁机构申请仲裁或向人民法院起诉。

习　　题

1. 简述实行工程量清单计价的目的和意义。

2. 编制《建筑工程工程量清单计价规范》的原则有哪些?

3. 采用工程量清单计价的优点有哪些？

4. 简述工程量清单和工程量清单计价的格式。

5. 某花篮梁截图及配筋示意图如图 8-23 所示，混凝土保护层厚度为 25mm，采用木模板支撑施工，箍筋采用 φ8@200 计算该梁混凝土、钢筋和模板的清单工程量。

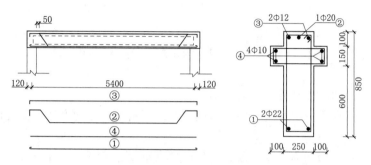

图 8-23 某花篮梁截面和配筋图

6. 如图 8-24 所示，某建筑物墙厚 240mm，女儿墙厚 180mm，板厚 120mm，圈梁尺寸 240mm×240mm，门窗见表 8-33，试计算砌体清单工程量。

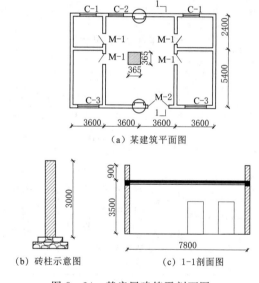

（a）某建筑平面图

（b）砖柱示意图 （c）1-1剖面图

图 8-24 某房屋建筑平剖面图

表 8-33 门 窗 表

门窗编号	尺寸	数量	门窗编号	尺寸	数量
C-1	1500×1500	2	M-1	1000×1800	4
C-2	1200×1500	1	M-2	1500×2100	1
C-3	1800×1500	2			

第九章　建设项目投资估算与设计概算

第一节　建设项目投资估算的编制

一、投资估算的阶段划分

投资估算是指在投资决策过程中，依据现有的资料和一定的方法，对建设项目的投资额进行的估计。

由于投资过程可划分为规划阶段、项目建议书阶段、可行性研究阶段、评审阶段、设计任务书阶段，因而投资估算工作也相应分为 5 个阶段，不同阶段由于具备的条件和掌握的资料不同，所以投资估算的准确度也不同，进而每个阶段投资估算所起的作用也不同。随着阶段的不断发展，调查研究的不断深入，掌握的资料越丰富，投资估算逐步准确，所起的作用也越来越重要。

投资估算阶段划分情况可概括成如表 9-1 所示。

表 9-1　　　　　　　　　　　投资估算的阶段划分

投资估算阶段划分	投资估算误差率 /%	投资估算的主要作用
规划阶段的投资估算	±30%	(1) 说明有关的各项目之间的相互关系； (2) 作为否定一个项目或决定是否继续进行研究的依据之一
项目建议书阶段的投资估算	±30%以内	(1) 从经济上判断项目是否应列入投资计划； (2) 作为领导部门审批项目建议书的依据之一； (3) 可否定一个项目，但不能完全肯定一个项目是否真正可行
可行性研究阶段的投资估算	±20%以内	可对项目真正可行作出初步的决定
评审阶段的投资估算	±10%以内	(1) 可作为对可行性研究结果进行最后评价依据； (2) 可作为对建设项目是否真正可行进行最后决定的依据
设计任务书阶段的投资估算	±10%以内	(1) 作为编制投资计划，进行资金筹措及申请贷款的主要依据； (2) 作为控制初步设计概算和整个工程造价的最高限额

二、投资估算的主要编制方法

投资估算的方法很多，不同的方法估算精度不同，适用的范围也不同。进行估算时，应根据建设项目的性质、现有技术资料和数据，有针对性地选择恰当的方法。

（一）生产能力指数法

生产能力指数法是指根据已建成的同类建设项目装置的生产能力与投资额和拟建建设项目装置的生产能力来估算拟建项目的投资额。计算公式可表示为

$$拟建项目的投资估算造价 = 已建项目的投资额 \times \left[\frac{拟建项目装置的生产能力}{已建项目装置的生产能力}\right]^n f$$

式中　f——不同时期、不同地区的定额、单价、费用变更等方面的差异系数；

n——生产能力指数，$0 \leqslant n \leqslant 1 \sum$（应换入结构构件工程量×本地区相应的定额造价）。

当已建项目装置的生产能力与拟建项目装置的生产能力相差不大，生产能力比值在 $0.5 \sim 2.0$ 之间时，生产能力指数 n 近似为 1。若已建项目装置的生产能力与拟建项目装置的生产能力差异较大，但生产能力比值在 50 以内，而且拟建项目的扩大是靠增大设备规格来实现时，n 取 $0.6 \sim 0.7$ 之间；若拟建项目的扩大是靠增加设备的数量来实现时，则 n 取 $0.8 \sim 0.9$ 之间。

（二）概算指标估算法

在初步设计深度较浅或在方案设计阶段，尚无法按分步分项计算工程量时，可采用概算指标编制拟建项目的估算造价。

根据概算指标编制投资估算，必须是拟建工程的结构形式与概算指标项目的结构类型、层次完全一致，且构造特征大体相同。

由于受市场调节的作用，人工工日单价、材料预算价格和机械台班单价不断发生变化，造价指标也将随之而变化。为此，概算指标也应体现"量""价"分离的原则。根据不同结构类型的预决算资料，整理出各种结构类型建筑物或结构物的单方建筑面积耗用的数量标准，作为确定概算指标的依据。估算造价时，可根据当地人工工日单价、材料预算价格和机械台班单价和间接费标准等资料，计算出适用的概算指标。然后按下面公式估算拟建项目的投资造价。

拟建项目投资估算造价=拟建项目建筑面积(或建筑体积)×相应的概算指标

当结构特征不完全相符时，应根据差别情况先行调整概算指标。调整公式为

调整指标单价=原造价指标单价-∑（应换出结构构件工程量×本地区相应的定额单价）
+∑（应换入结构构件工程量×本地区相应的定额造价）

（三）类似工程预算法

类似工程预算法是以原有的相似工程的预算为基础，按编制概算指标的方法，求出单位工程的概算指标，再按概算指标法编制投资估算。利用类似预算编制估算，可以大大节省编制投资估算的工程量，缩短编制时间，也可以解决编制估算依据不足的问题。

利用类似工程预算编制投资估算，要注意选择与拟建工程在结构类型、层次、构造特征建筑面积相类似的工程预（结）算，同时还应考虑以下问题。

（1）拟建工程与类似预算工程在结构上的差异。

（2）拟建工程与类似预算工程在建筑上的差异。

（3）地区工资的差异。

（4）材料预算价格的差异。

（5）机械台班使用费的差异。

（6）间接费、利润和税金的差异。

其中第（1），（2）项差异可以参考修正概算指标的方法加以修正；第（3）～（6）项须测算调整系数，对类似预算单价进行调整。

调整系数可按下列步骤确定：

（1）计算类似工程预、结算中的人工费、材料费、机械费及有关费用分别在全部工程

造价中所占的百分比。分别用 $a\%$，$b\%$，$c\%$ 和 $d\%$ 表示：

$$a\% = \frac{类似工程的人工费}{类似工程的总造价} \times 100\%$$

$$b\% = \frac{类似工程的材料费}{类似工程的总造价} \times 100\%$$

$$c\% = \frac{类似工程的机械费}{类似工程的总造价} \times 100\%$$

$$d\% = \frac{类似工程的有关费用}{类似工程的总造价} \times 100\%$$

（2）计算人工费、材料费、机械费及有关费用的单项调整系数。分别用 K_a，K_b，K_c 和 K_d 表示：

$$K_a = \frac{拟建工程所在地区一级工工资标准}{类似工程所在地区一级工工资标准} \times 100\%$$

$$K_b = \frac{\sum(类似工程主要材料数量 \times 拟建工程所在地区材料预算价格)}{\sum 类似工程主要材料费用} \times 100\%$$

$$K_c = \frac{\sum(类似工程主要机械台班数 \times 拟建工程所在地区机械台班单价)}{\sum 类似工程各种主要机械的使用费} \times 100\%$$

$$K_d = \frac{拟建工程所在地区的综合费率}{类似工程所在地区的综合费率} \times 100\%$$

（3）计算总调整系数。其公式为

$$K = K_a \times a\% + K_b \times b\% + K_c \times c\% + K_d \times d\%$$

有了调整系数，将其与该项工程的预（结）算价值相乘，就可以得到拟建工程的投资估算造价。其表达式为

$$拟建工程造价 = K \times 类似工程预（结）算价值$$

式中　K——综合调整系数。

第二节　建设项目设计概算的编制

一、设计概算的构成与编制依据

（一）设计概算的构成

建设项目设计概算大体由建设项目总概算、综合概算、单位工程概算以及其他工程和费用等。总概算是由若干个单项工程的综合概算和独立工程概算以及其他费用组成，包括直灌费和其他工程费用等两大部分；综合概算是由各个单位工程概算所组成；单位工程概算是指各专业工程费用而言，如土建、采暖工程费用等，它由直接费、间接费和其他费用所组成。

设计概算的编制程序如图 9-1 所示。

（二）设计概算的编制依据

设计概算是根据初步或扩大初步设计编制的，编制概算书的主要依据如下：

（1）已批准的计划任务书（或设计任务书）、投资估算书。

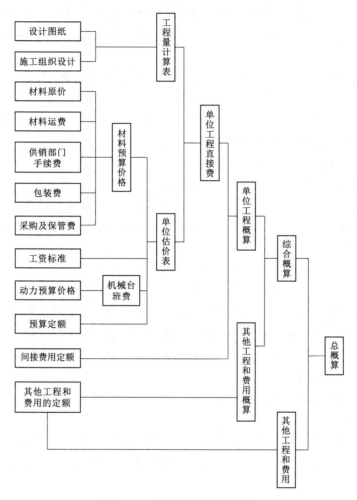

图 9-1　概算编制程序示意图

（2）初步设计或扩大初步设计的图纸资料和说明书。

（3）建设地区的自然、地理条件，如气象、工程地质条件和水文地质条件等。

（4）建设地区的人工工资标准，材料、设备预算价格等资料。

（5）各类专业工程概算定额或概算指标。

（6）施工条件和施工方法。

二、单位工程概算书的编制

单位工程概算的编制是在初步设计或扩大初步设计达到一定深度后，要求确定具有一定精确程度的工程造价时编制的，它是确定某一单项工程内的某个单位工程建设费用的文件，是初步设计文件的重要组成部分。设计单位在进行编制初步设计时，必须同时编制出单位工程设计概算。

单位工程设计概算是利用国家颁布的概算定额、概算指标或综合定额等，按照设计要求，进行概略地计算建筑物或构筑物的造价，以及确定人工、材料和机械等的需要量。因此，其特点是编制工作较为简单，但在精度上不如施工图预算准确。

一般情况下，施工图预算造价不允许超过设计概算造价，以便使设计概算能起到控制施工图预算的作用。所以，单位工程设计概算的编制，既要保证它的及时性，又要保证它的正确性。

单位工程设计概算，一般有四种编制方法：①根据概算定额进行编制；②根据概算指标进行编制；③根据预算定额进行编制；④根据综合定额进行编制。对于小型工程项目可按概算指标进行编制设计概算，对于招标工程可采用概算定额或综合定额进行编制设计概算。

三、单项工程综合概算书的编制

单项工程综合概算是确定建设项目中每一个生产车间、独立的建筑物或构筑物所须建设费用的综合文件。它以整个工程项目为对象，由一个工程项目中的各个单位工程概算（如建筑工程设备及安装工程）和工程项目的其他工程和费用（如器具、工具生产家具的购置费以及其他费用）的概算组成。其内容包括编制说明和综合概算书两部分。

（一）编制说明

编制说明列在综合概算表的前面。内容一般包括以下几点：

（1）工程概况。介绍该单项工程的规模、投资、主要材料和设备的消耗数量。

（2）编制依据。说明设计文件的依据、定额依据、价格依据及费用指标依据。

（3）编制方法。说明编制概算是利用的概算定额、概算指标还是类似工程预（结）算。

（4）主要设备和材料的数量。说明主要机械设备、电气设备及主要建筑安装材料（钢材、木材、冰泥等）的数量。

（5）其他有关问题的说明。

（二）综合概算表

单项工程综合概算表是按照国家统一规定的格式进行设计的，见表9-2。综合概算是除将单项工程所包括的所有单位工程概算，按费用构成和项目划分填入表内外，还须列出技术经济指标。

表9-2 综合概算表

根据_____年材料预算价格

和_____年概算定额编制

建设项目：_____   综合概算价值_____元

单项工程：_____   其中：回收值_____元

序号	工程或费用名称	概算价值						技术经济指标			占投资额/%	备注
		建筑工程费	安装工程费	设备购置费	工器具购置费	其他费用	合计	单位	数量	指标		
（一）	建筑工程											
1	一般土建工程											
2	给水，排水工程											
3	暖气工程											
4	电气照明工程											
	小计											

续表

序号	工程或费用名称	概 算 价 值						技术经济指标			占投资额/%	备注
		建筑工程费	安装工程费	设备购置费	工器具购置费	其他费用	合计	单位	数量	指标		
(二)	设备及其安装工程											
5	机械设备及其安装工程											
6	电气设备及其安装工程											
	小 计											
7	工器具购置											
8	合 计											

审核_____ 校对_____ 编制_____ 年___月___日

四、建设项目总概算书的编制

建设项目总概算是确定建设项目从筹建到竣工验收交付使用的全部建设费用的文件，它由各主要生产工程项目、附属、辅助生产和服务性工程项目、动力、运输和通信系统等工程项目的综合概算、其他工程和费用的概算汇总编制的。

建设项目总概算的内容，一般包括编制说明、总概算表、投资项目性质分析表和投资费用构成表等内容。

（一）编制说明

（1）工程概况。说明建设项目的建设规模、地点、条件、建造期限及建成后产品的品种与产量等主要情况。

（2）编制依据。说明设计文件的依据、定额依据、价格依据及费用指标依据。

（3）编制方法。对使用各项依据进行编制的具体方法加以说明。

（4）投资分析。说明各项投资费用价值及其占总投资的比例，以及与类似工程比较，分析投资高低产生的原因，说明设计的经济合理性。

（5）主要设备材料的数量。说明设计文件的依据、定额依据、价格依据及费用指标依据。

（6）其他有关问题的说明。

（二）总概算表

为了便于投资分析，总概算表格中的单项工程按工程性质分成以下三部分。

（1）工程项目费用。它包括主要生产项目、辅助生产项目、公共设施项目以及生活福利和文化教育等工程项目。

（2）其他工程和项目费用。主要包括土地征用费、建设单位管理费、勘察设计费、研究试验费、施工机构迁移费以及办公和生活用具购置费等。

（3）预备费。是指在初步设计和概算中难以预料的费用，其中包括实行施工图预加系数包干费用。按照各单项工程综合概算和其他工程和费用之和及主管部门规定的预备费率计算，费率指标一般取 2%～5%。

表9-3、表9-4和表9-5分别为建设项目总概算表、建设项目投资构成分析表和投资项目性质分析表。

表9-3　　　　　　　　　　建 设 项 目 总 概 算 表

总概算价值_____元

建设项目名称_____　　　　　　　　　根据_____年的预算价格和定额编制

序号	工程或费用名称	概 算 价 值						技术经济指标			占投资比例/%
		建筑工程费用	安装工程费	设备购置费	工器具购置费	其他费用	合计	单位	数量	单位造价	
1	2	3	4	5	6	7	8	9	10	11	12
一	第一部分费用										
	1. 主要生产和辅助										
	生产项目										
	2. 公共设施项目										
	3. 生活、福利、文化教育										
	服务项目										
	小计										
二	第二部分费用										
	1. 土地征用费										
	2. 建设单位管理费										
	3. 研究试验费										
	……										
	其他费用										
	小计										
三	预备费										
四	总计										

审核_____　　校对_____　　编制_____　年___月___日

表9-4　　投资构成分析表

序号	费用名称	投资	占投资比例/%
1	建筑工程费		
2	安装工程费		
3	设备购置费		
4	工器具家具购置费		
5	其他工程和费用		
	总计		

表9-5　　投资项目性质分析表

序号	工程和费用名称	投资	占投资比例/%
一	工程项目费用		
1	主要生产和辅助生产费用		
2	公共设施项目		
3	生活、福利、文化教育服务性费用		
二	其他工程和项目费用		
三	预备费		
	总概预算或决算价值		

习　　题

1. 什么是投资估算？投资估算的阶段如何划分的？
2. 投资估算有哪些编制方法？
3. 设计概算是由什么构成的？其编制依据是什么？

附录一 房屋建筑与装饰工程工程量计算规范

附录A 土 石 方 工 程

A.1 土方工程

土方工程工程量清单项目设置、项目特征描述的内容、计量单位及工程量计算规则，应按表 A.1 的规定执行。

表 A.1 土方工程（编号：010101）

项目编码	项目名称	项目特征	计量单位	工程量计算规则	工作内容
010101001	平整场地	1. 土壤类别 2. 弃土运距 3. 取土运距	m²	按设计图示尺寸以建筑物首层建筑面积计算	1. 土方挖填 2. 场地找平 3. 运输
010101002	挖一般土方	1. 土壤类别 2. 挖土深度 3. 弃土运距	m³	按设计图示尺寸以体积计算	1. 排地表水 2. 土方开挖 3. 围护（挡土板）及拆除 4. 基底钎探
010101003	挖沟槽土方			按设计图示尺寸以基础垫层底面积乘以挖土深度计算	
010101004	挖基坑土方				
010101005	冻土开挖	1. 冻土厚度 2. 弃土运距		按设计图示尺寸开挖面积乘厚度以体积计算	1. 爆破 2. 开挖 3. 清理 4. 运输
010101006	挖淤泥、流砂	1. 挖掘深度 2. 弃淤泥、流砂距离		按设计图示位置、界限以体积计算	1. 开挖 2. 运输

222

项目编码	项目名称	项目特征	计量单位	工程量计算规则	工作内容
010101007	管沟土方	1. 土壤类别 2. 管外径 3. 挖沟深度 4. 回填要求	1. m 2. m³	1. 以 m 计量，按设计图示以管道中心线长度计算 2. 以 m³ 计量，按设计图示管底垫层面积乘以挖土深度计算；无管底垫层按管外径的水平投影面积乘以挖土深度计算。不扣除各类井的长度，井的土方并入	1. 排地表水 2. 土方开挖 3. 围护（挡土板）、支撑 4. 运输 5. 回填

注 1. 挖土方平均厚度应按自然地面测量标高至设计地坪标高间的平均厚度确定。基础土方开挖深度应按基础垫层底表面标高至交付施工场地标高确定，无交付施工场地标高时，应按自然地面标高确定。

2. 建筑物场地厚度≤±300mm 的挖、填、运、找平，应按本表中平整场地项目编码列项。厚度＞±300mm 的竖向布置挖土或山坡切土应按本表中挖一般土方项目编码列项。

3. 沟槽、基坑、一般土方的划分为：底宽≤7m 且底长＞3 倍底宽为沟槽；底长≤3 倍底宽且底面积≤150 为基坑；超出上述范围则为一般土方。

4. 挖土方如需截桩头时，应按桩基工程相关项目列项。

5. 桩间挖土不扣除桩的体积，并在项目特征中加以描述。

6. 弃、取土运距可以不描述，但应注明由投标人根据施工现场实际情况自行考虑，决定报价。

7. 土壤的分类应按表 A.1-1 确定，如土壤类别不能准确划分时，招标人可注明为综合，由投标人根据地勘报告决定报价。

8. 土方体积应按挖掘前的天然密实体积计算。非天然密实土方应按表 A.1-2 折算。

9. 挖沟槽、基坑、一般土方因工作面和放坡增加的工程量（管沟工作面增加的工程量）是否并入各土方工程量中，应按各省、自治区、直辖市或行业建设主管部门的规定实施，如并入各土方工程量中，办理工程结算时，按经发包人认可的施工组织设计规定计算，编制工程量清单时，可按表 A.1-3～表 A.1-5 规定计算。

10. 挖方出现流砂、淤泥时，如设计未明确，在编制工程量清单时，其工程数量可为暂估量，结算时应根据实际情况由发包人与承包人双方现场签证确认工程量。

11. 管沟土方项目适用于管道（给排水、工业、电力、通信）、光（电）缆沟〔包括：人（手）孔、接口坑〕；及连接井（检查井）等。

表 A.1-1　　　　　　　土 壤 分 类 表

土壤分类	土 壤 名 称	开 挖 方 法
一、二类土	粉土、砂土（粉砂、细砂、中砂、粗砂、砾砂）、粉质黏土、弱中盐渍土、软土（淤泥质土、泥炭、泥炭质）、软塑红黏土、冲填土	用锹、少许用镐、条锄开挖。机械能全部直接铲挖满载
三类土	黏土、碎石土（圆砾、角砾）混合土、可塑红黏土、硬塑红黏土、强盐渍土、素填土、压实填土	主要用镐、条锄、少许用锹开挖。机械需部分刨松方能铲挖满载或可直接铲挖但不能满载
四类土	碎石土（卵石、碎石、漂石、块石）、坚硬红黏土、超盐渍土、杂填土	全部用镐、条锄挖掘、少许用撬棍挖掘。机械须普遍刨松方能铲挖满载

注 本表土的名称及其含义按国家标准《岩土工程勘察规范》（GB 50021—2001）（2009 年版）定义。

表 A.1-2   土方体积折算系数表

天然密实度体积	虚方体积	夯实后体积	松填体积
0.77	1.00	0.67	0.83
1.00	1.30	0.87	1.08
1.15	1.50	1.00	1.25
0.92	1.20	0.80	1.00

注 1. 虚方指未经碾压、堆积时间≤1年的土壤。

2. 本表按《全国统一建筑工程预算工程量计算规则》（GJDGZ—101—95）整理。

3. 设计密实度超过规定的，填方体积按工程设计要求执行；无设计要求按各省、自治区、直辖市或行业建设行政主管部门规定的系数执行。

表 A.1-3   放 坡 系 数 表

土类别	放坡起点/m	人工挖土	机 械 挖 土		
			在坑内作业	在坑上作业	顺沟槽在坑上作业
一、二类土	1.20	1:0.5	1:0.33	1:0.75	1:0.5
三类土	1.50	1:0.33	1:0.25	1:0.67	1:0.33
四类土	2.00	1:0.25	1:0.10	1:0.33	1:0.25

注 1. 沟槽、基坑中土类别不同时，分别按其放坡起点、放坡系数，依不同土类别厚度加权平均计算。

2. 计算放坡时，在交接处的重复工程量不予扣除，原槽、坑作基础垫层时，放坡自垫层上表面开始计算。

表 A.1-4   基础施工所需工作面宽度计算表

基础材料	每边各增加工作面宽度/mm
砖基础	200
浆砌毛石、条石基础	150
混凝土基础垫层支模板	300
混凝土基础支模板	300
基础垂直面做防水层	1000（防水层面）

注 本表按《全国统一建筑工程预算工程量计算规则》（GJDGZ—101—95）整理。

表 A.1-5   管沟施工每侧所需工作面宽度计算表

一结构宽（mm）管沟材料	≤500	≤1000	≤2500	>2500,
混凝土及钢筋混凝土管道/mm	400	500	600	700
其他材质管道/mm	300	400	500	600

注 1. 本表按《全国统一建筑工程预算工程量计算规则》（GJDGZ—101—95）整理。

2. 管道结构宽：有管座的按基础外缘，无管座的按管道外径。

A.2 石方工程

石方工程工程量清单项目设置、项目特征描述的内容、计量单位及工程量计算规则，应按表 A.2 的规定执行。

表A.2 石方工程（编号：010102）

项目编码	项目名称	项目特征	计量单位	工程量计算规则	工作内容
010102001	挖一般石方	1. 岩石类别 2. 开凿深度 3. 弃碴运距	m³	按设计图示尺寸以体积计算	1. 排地表水 2. 凿石 3. 运输
010102002	挖沟槽石方			按设计图示尺寸沟槽底面积乘以挖石深度以体积计算	
010102003	挖基坑石方			按设计图示尺寸基坑底面积乘以挖石深度以体积计算	
010102004	挖管沟石方	1. 岩石类别 2. 管外径 3. 挖沟深度	1. m 2. m³	1. 以m计量，按设计图示以管道中心线长度计算 2. 以m³计量，按设计图示截面积乘以长度计算	1. 排地表水 2. 凿石 3. 回填 4. 运输

注 1. 挖石应按自然地面测量标高至设计地坪标高的平均厚度确定。基础石方开挖深度应按基础垫层底表面标高至交付施工现场地标高确定，无交付施工场地标高时，应按自然地面标高确定。

2. 厚度＞±300mm的竖向布置挖石或山坡凿石应按本表中挖一般石方项目编码列项。

3. 沟槽、基坑、一般石方的划分为：底宽≤7m且底长＞3倍底宽为沟槽；底长≤3倍底宽且底面≤150m² 为基坑；超出上述范围则为一般石方。

4. 弃碴运距可以不描述，但应注明由投标人根据施工现场实际情况自行考虑，决定报价。

5. 岩石的分类应按表A.2-1确定。

6. 石方体积应按挖掘前的天然密实体积计算。非天然密实石方应按表A.2-2折算。

7. 管沟石方项目适用于管道（给排水、工业、电力、通信）、光（电）缆沟［包括：人（手）孔、接口坑］及连接井（检查井）等。

表A.2-1 岩 石 分 类 表

岩石分类		代 表 性 岩 石	开 挖 方 法
极软岩		1. 全风化的各种岩石 2. 各种半成岩	部分用手凿工具、部分用爆破法开挖
软质岩	软岩	1. 强风化的坚硬岩或较硬岩 2. 中等风化-强风化的较软岩 3. 未风化-微风化的页岩、泥岩、泥质砂岩等	用风镐和爆破法开挖
	较软岩	1. 中等风化-强风化的坚硬岩或较硬岩 2. 未风化-微风化的凝灰岩、千枚岩、泥灰岩、砂质泥岩等	用爆破法开挖
硬质岩	较硬岩	1. 微风化的坚硬岩 2. 未风化-微风化的大理岩、板岩、石灰岩、白云岩、钙质砂岩等	用爆破法开挖
	坚硬岩	未风化-微风化的花岗岩、闪长岩、辉绿岩、玄武岩、安山岩、片麻岩、石英岩、石英砂岩、硅质砾岩、硅质石灰岩等	用爆破法开挖

注 本表依据国家标准《工程岩体分级标准》（GB 50218—94）和《岩土工程勘察规范》（GB 50021—2001）（2009年版）整理。

表 A. 2 - 2　　　　　　　　　　石方体积折算系数表

石方类别	天然密实度体积	虚方体积	松填体积	码方
石方	1.0	1.54	1.31	
块石	1.0	1.75	1.43	1.67
砂夹石	1.0	1.07	0.94	

注　本表按建设部颁发《爆破工程消耗量定额》(GYD—102—2008)整理。

A.3　回填

回填工程量清单项目设置、项目特征描述的内容、计量单位及工程量计算规则，应按表 A.3 的规定执行。

表 A. 3　　　　　　　　　　回填（编号：010103）

项目编码	项目名称	项目特征	计量单位	工程量计算规则	工作内容
010103001	回填方	1. 密实度要求 2. 填方材料品种 3. 填方粒径要求 4. 填方来源、运距	m³	按设计图示尺寸以体积计算： 　1. 场地回填：回填面积乘平均回填厚度 　2. 室内回填：主墙间面积乘回填厚度，不扣除间隔墙 　3. 基础回填：按挖方清单项目工程量减去自然地坪以下埋设的基础体积（包括基础垫层及其他构筑物）	1. 运输 2. 回填 3. 压实
010103002	余方弃置	1. 废弃料品种 2. 运距		按挖方清单项目工程量减利用回填方体积（正数）计算	余方点装料运输至弃置点

注　1. 填方密实度要求，在无特殊要求情况下，项目特征可描述为满足设计和规范的要求。

　　2. 填方材料品种可以不描述，但应注明由投标人根据设计要求验方后方可填入，并符合相关工程的质量规范要求。

　　3. 填方粒径要求，在无特殊要求情况下，项目特征可以不描述。

　　4. 如需买土回填应在项目特征填方来源中描述，并注明买土方数量。

附录 B　地基处理与边坡支护工程

B.1　地基处理

地基处理工程量清单项目设置、项目特征描述的内容、计量单位及工程量计算规则，应按表 B.1 的规定执行。

表 B. 1　　　　　　　　　　地基处理（编号：010201）

项目编码	项目名称	项目特征	计量单位	工程量计算规则	工作内容
010201001	换填垫层	1. 材料种类及配比 2. 压实系数 3. 掺加剂品种	m³	按设计图示尺寸以体积计算	1. 分层铺填 2. 碾压、振密或夯实 3. 材料运输
010201002	铺设土工合成材料	1. 部位 2. 品种 3. 规格	m²	按设计图示尺寸以面积计算	1. 挖填锚固沟 2. 铺设 3. 固定

项目编码	项目名称	项目特征	计量单位	工程量计算规则	工作内容
010201003	预压地基	1. 排水竖井种类、断面尺寸、排列方式、间距、深度 2. 预压方法 3. 预压荷载、时间 4. 砂垫层厚度	m²	按设计图示处理范围以面积计算	1. 设置排水竖井、盲沟、滤水管 2. 铺设砂垫层、密封膜 3. 堆载、卸载或抽气设备安拆、抽真空
010201004	强夯地基	1. 夯击能量 2. 夯击遍数 3. 夯击点布置形式、间距 4. 地耐力要求 5. 夯填材料种类			1. 铺设夯填材料 2. 强夯 3. 夯填材料运输
010201005	振冲密实（不填料）	1. 地层情况 2. 振密深度 3. 孔距			1. 振冲加密 2. 泥浆运输
010201006	振冲桩（填料）	1. 地层情况 2. 空桩长度、桩长 3. 桩径 4. 填充材料种类	1. m 2. m³	1. 以 m 计量，按设计图示尺寸以桩长计算 2. 以 m³ 计量，按设计桩截面乘以桩长以体积计算	1. 振冲成孔、填料、振实 2. 材料运输 3. 泥浆运输
010201007	砂石桩	1. 地层情况 2. 空桩长度、桩长 3. 桩径 4. 成孔方法 5. 材料种类、级配		1. 以 m 计量，按设计图示尺寸以桩长（包括桩尖）计算 2. 以 m³ 计量，按设计桩截面乘以桩长（包括桩尖）以体积计算	1. 成孔 2. 填充、振实 3. 材料运输
010201008	水泥粉煤灰碎石桩	1. 地层情况 2. 空桩长度、桩长 3. 桩径 4. 成孔方法 5. 混合料强度等级		按设计图示尺寸以桩长（包括桩尖）计算	1. 成孔 2. 混合料制作、灌注、养护 3. 材料运输
010201009	深层搅拌桩	1. 地层情况 2. 空桩长度、桩长 3. 桩截面尺寸 4. 水泥强度等级、掺量	m	按设计图示尺寸以桩长计算	1. 预搅下钻、水泥浆制作、喷浆搅拌提升成桩 2. 材料运输
010201010	粉喷桩	1. 地层情况 2. 空桩长度、桩长 3. 桩径 4. 粉体种类、掺量 5. 水泥强度等级、石灰粉要求			1. 预搅下钻、喷粉搅拌提升成桩 2. 材料运输

续表

项目编码	项目名称	项目特征	计量单位	工程量计算规则	工作内容
010201011	夯实水泥土桩	1. 地层情况 2. 空桩长度、桩长 3. 桩径 4. 成孔方法 5. 水泥强度等级 6. 混合料配比	m	按设计图示尺寸以桩长（包括桩尖）计算	1. 成孔、夯底 2. 水泥土拌合、填料、夯实 3. 材料运输
010201012	高压喷射注浆桩	1. 地层情况 2. 空桩长度、桩长 3. 桩截面 4. 注浆类型、方法 5. 水泥强度等级		按设计图示尺寸以桩长计算	1. 成孔 2. 水泥浆制作、高压喷射注浆 3. 材料运输
010201013	石灰桩	1. 地层情况 2. 空桩长度、桩长 3. 桩径 4. 成孔方法 5. 掺和料种类、配合比		按设计图示尺寸以桩长（包括桩尖）计算	1. 成孔 2. 混合料制作、运输、夯填
010201014	灰土（土）挤密桩	1. 地层情况 2. 空桩长度、桩长 3. 桩径 4. 成孔方法 5. 灰土级配			1. 成孔 2. 灰土拌和、运输、填充、夯实
010201015	柱锤冲扩桩	1. 地层情况 2. 空桩长度、桩长 3. 桩径 4. 成孔方法 5. 桩体材料种类、配合比		按设计图示尺寸以桩长计算	1. 安、拔套管 2. 冲孔、填料、夯实 3. 桩体材料制作、运输
010201016	注浆地基	1. 地层情况 2. 空钻深度、注浆深度 3. 注浆间距 4. 浆液种类及配比 5. 注浆方法 6. 水泥强度等级	1. m 2. m³	1. 以 m 计量，按设计图示尺寸以钻孔深度计算 2. 以 m³ 计量，按设计图示尺寸以加固体积计算	1. 成孔 2. 注浆导管制作、安装 3. 浆液制作、压浆 4. 材料运输
010201017	褥垫层	1. 厚度 2. 材料品种及比例	1. m² 2. m³	1. 以 m² 计量，按设计图示尺寸以铺设面积计算 2. 以 m³ 计量，按设计图示尺寸以体积计算	材料拌合、运输、铺设、压实

注　1. 地层情况按表 A.1-1 和表 A.2-1 的规定，并根据岩土工程勘察报告按单位工程各地层所占比例（包括范围值）进行描述。对无法准确描述的地层情况，可注明由投标人根据岩土工程勘察报告自行决定报价。
　　2. 项目特征中的桩长应包括桩尖，空桩长度=孔深-桩长，孔深为自然地面至设计桩底的深度。
　　3. 高压喷射注浆类型包括旋喷、摆喷、定喷，高压喷射注浆方法包括单管法、双重管法、三重管法。
　　4. 如采用泥浆护壁成孔，工作内容包括土方、废泥浆外运，如采用沉管灌注成孔，工作内容包括桩尖制作、安装。

B.2 基坑与边坡支护

基坑与边坡支护工程量清单项目设置、项目特征描述的内容、计量单位及工程量计算规则，应按表 B.2 的规定执行。

表 B.2　　　　　　　　基坑与边坡支护（编码：010202）

项目编码	项目名称	项目特征	计量单位	工程量计算规则	工作内容
010202001	地下连续墙	1. 地层情况 2. 导墙类型、截面 3. 墙体厚度 4. 成槽深度 5. 混凝土种类、强度等级 6. 接头形式	m³	按设计图示墙中心线长乘以厚度乘以槽深以体积计算	1. 导墙挖填、制作、安装、拆除 2. 挖土成槽、固壁、清底置换 3. 混凝土制作、运输、灌注、养护 4. 接头处理 5. 土方、废泥浆外运 6. 打桩场地硬化及泥浆池、泥浆沟
010202002	咬合灌注桩	1. 地层情况 2. 桩长 3. 桩径 4. 混凝土种类、强度等级 5. 部位	1. m 2. 根	1. 以 m 计量，按设计图示尺寸以桩长计算 2. 以根计量，按设计图示数量计算	1. 成孔、固壁 2. 混凝土制作、运输、灌注、养护 3. 套管压拔 4. 土方、废泥浆外运 5. 打桩场地硬化及泥浆池、泥浆沟
010202003	圆木桩	1. 地层情况 2. 桩长 3. 材质 4. 尾径 5. 桩倾斜度	1. m 2. 根	1. 以 m 计量，按设计图示尺寸以桩长（包括桩尖）计算 2. 以根计量，按设计图示数量计算	1. 工作平台搭拆 2. 桩机移位 3. 桩靴安装 4. 沉桩
010202004	预制钢筋混凝土板桩	1. 地层情况 2. 送桩深度、桩长 3. 桩截面 4. 沉桩方法 5. 连接方式 6. 混凝土强度等级			1. 工作平台搭拆 2. 桩机移位 3. 沉桩 4. 板桩连接
010202005	型钢桩	1. 地层情况或部位 2. 送桩深度、桩长 3. 规格型号 4. 桩倾斜度 5. 防护材料种类 6. 是否拔出	1. t 2. 根	1. 以 t 计量，按设计图示尺寸以质量计算 2. 以根计量，按设计图示数量计算	1. 工作平台搭拆 2. 桩机移位 3. 打（拔）桩 4. 接桩 5. 刷防护材料
010202006	钢板桩	1. 地层情况 2. 桩长 3. 板桩厚度	1. t 2. m²	1. 以 t 计量，按设计图示尺寸以质量计算 2. 以 m² 计量，按设计图示墙中心线长乘以桩长以面积计算	1. 工作平台搭拆 2. 桩机移位 3. 打拔钢板桩

项目编码	项目名称	项目特征	计量单位	工程量计算规则	工作内容
010202007	锚杆（锚索）	1. 地层情况 2. 锚杆（索）类型、部位 3. 钻孔深度 4. 钻孔直径 5. 杆体材料品种、规格、数量 6. 预应力 7. 浆液种类、强度等级	1. m 2. 根	1. 以 m 计量，按设计图示尺寸以钻孔深度计算 2. 以根计量，按设计图示数量计算	1. 钻孔、浆液制作、运输、压浆 2. 锚杆（锚索）制作、安装 3. 张拉锚固 4. 锚杆（锚索）施工平台搭设、拆除
010202008	土钉	1. 地层情况 2. 钻孔深度 3. 钻孔直径 4. 置入方法 5. 杆体材料品种、规格、数量 6. 浆液种类、强度等级			1. 钻孔、浆液制作、运输、压浆 2. 土钉制作、安装 3. 土钉施工平台搭设、拆除
010202009	喷射混凝土、水泥砂浆	1. 部位 2. 厚度 3. 材料种类 4. 混凝土（砂浆）类别，强度等级	m²	按设计图示尺寸以面积计算	1. 修整边坡 2. 混凝土（砂浆）制作、运输、喷射、养护 3. 钻排水孔、安装排水管 4. 喷射施工平台搭设、拆除
010202010	钢筋混凝土支撑	1. 部位 2. 混凝土种类 3. 混凝土强度等级	m³	按设计图示尺寸以体积计算	1. 模板（支架或支撑）制作、安装、拆除、堆放、运输及清理模内杂物、刷隔离剂等 2. 混凝土制作、运输、浇筑、振捣、养护
010202011	钢支撑	1. 部位 2. 钢材品种、规格 3. 探伤要求	t	按设计图示尺寸以质量计算。不扣除孔眼质量，焊条、铆钉、螺栓等不另增加质量	1. 支撑、铁件制作（摊销、租赁） 2. 支撑、铁件安装 3. 探伤 4. 刷漆 5. 拆除 6. 运输

注　1. 地层情况按本规范表 A.1-1 和表 A.2-1 的规定，并根据岩土工程勘察报告按单位工程各地层所占比例（包括范围值）进行描述。对无法准确描述的地层情况，可注明由投标人根据岩土工程勘察报告自行决定报价；

　　2. 土钉置入方法包括钻孔置入、打入或射入等。

　　3. 混凝土种类：指清水混凝土、彩色混凝土等，如在同一地区既使用预拌（商品）混凝土，又允许现场搅拌混凝土时，也应注明（下同）。

　　4. 地下连续墙和喷射混凝土（砂浆）的钢筋网、咬合灌注桩的钢筋笼及钢筋混凝土支撑的钢筋制作、安装，按本规范附录 E 中相关项目列项。本分部未列的基坑与边坡支护的排桩按本规范附录 C 中相关项目列项。水泥土墙、坑内加固按本规范表 B.1 中相关项目列项。砖、石挡土墙、护坡按本规范附录 D 中相关项目列项。混凝土挡土墙按本规范附录 E 中相关项目列项。

附录 C 桩 基 工 程

C.1 打桩

打桩工程量清单项目设置、项目特征描述的内容、计量单位及工程量计算规则，应按表 C.1 的规定执行。

表 C.1   **打桩（编号：010301）**

项目编码	项目名称	项目特征	计量单位	工程量计算规则	工作内容
010301001	预制钢筋混凝土方桩	1. 地层情况 2. 送桩深度、桩长 3. 桩截面 4. 桩倾斜度 5. 沉桩方法 6. 接桩方式 7. 混凝土强度等级	1. m 2. m³ 3. 根	1. 以 m 计量，按设计图示尺寸以桩长（包括桩尖）计算	1. 工作平台搭拆 2. 桩机竖拆、移位 3. 沉桩 4. 接桩 5. 送桩
010301002	预制钢筋混凝土管桩	1. 地层情况 2. 送桩深度、桩长 3. 桩外径、壁厚 4. 桩倾斜度 5. 沉桩方法 6. 桩尖类型 7. 混凝土强度等级 8. 填充材料种类 9. 防护材料种类		2. 以 m³ 计量，按设计图示截面积乘以桩长（包括桩尖）以实体积计算 3. 以根计量，按设计图示数量计算	1. 工作平台搭拆 2. 桩机竖拆、移位 3. 沉桩 4. 接桩 5. 送桩 6. 桩尖制作安装 7. 填充材料、刷防护材料
010301003	钢管桩	1. 地层情况 2. 送桩深度、桩长 3. 材质 4. 管径、壁厚 5. 桩倾斜度 6. 沉桩方法 7. 填充材料种类 8. 防护材料种类	1. t 2. 根	1. 以 t 计量，按设计图示尺寸以质量计算 2. 以根计量，按设计图示数量计算	1. 工作平台搭拆 2. 桩机竖拆、移位 3. 沉桩 4. 接桩 5. 送桩 6. 切割钢管、精割盖帽 7. 管内取土
010301004	截（凿）桩头	1. 桩类型 2. 桩头截面、高度 3. 混凝土强度等级 4. 有无钢筋	1. m³ 2. 根	1. 以 m³ 计量，按设计桩截面乘以桩头长度以体积计算 2. 以根计量，按设计图示数量计算	1. 截（切割）桩头 2. 凿平 3. 废料外运

注 1. 地层情况按本规范表 A.1-1 和表 A.2-1 的规定，并根据岩土工程勘察报告按单位工程各地层所占比例（包括范围值）进行描述。对无法准确描述的地层情况，可注明由投标人根据岩土工程勘察报告自行决定报价。

    2. 项目特征中的桩截面、混凝土强度等级、桩类型等可直接用标准图代号或设计桩型进行描述。

    3. 预制钢筋混凝土方桩、预制钢筋混凝土管桩项目以成品桩编制，应包括成品桩购置费，如果用现场预制，应包括现场预制桩的所有费用。

    4. 打试验桩和打斜桩应按相应项目单独列项，并应在项目特征中注明试验桩或斜桩（斜率）。

    5. 截（凿）桩头项目适用于本规范附录 B、附录 C 所列桩的桩头截（凿）。

    6. 预制钢筋混凝土管桩桩顶与承台的连接构造按本规范附录 E 相关项目列项。

C.2 灌注桩

灌注桩工程量清单项目设置、项目特征描述的内容、计量单位及工程量计算规则,应按表 C.2 的规定执行。

表 C.2 灌注桩（编号：010302）

项目编码	项目名称	项目特征	计量单位	工程量计算规则	工作内容
010302001	泥浆护壁成孔灌注桩	1. 地层情况 2. 空桩长度、桩长 3. 桩径 4. 成孔方法 5. 护筒类型、长度 6. 混凝土种类、强度等级	1. m 2. m³ 3. 根	1. 以 m 计量，按设计图示尺寸以桩长（包括桩尖）计算 2. 以 m³ 计量，按不同截面在桩上范围内以体积计算 3. 以根计量，按设计图示数量计算	1. 护筒埋设 2. 成孔、固壁 3. 混凝土制作、运输、灌注、养护 4. 土方、废泥浆外运 5. 打桩场地硬化及泥浆池
010302002	沉管灌注桩	1. 地层情况 2. 空桩长度、桩长 3. 复打长度 4. 桩径 5. 沉管方法 6. 桩尖类型 7. 混凝土种类、强度等级			1. 打（沉）拔钢管 2. 桩尖制作、安装 3. 混凝土制作、运输、灌注、养护
010302003	干作业成孔灌注桩	1. 地层情况 2. 空桩长度、桩长 3. 桩径 4. 扩孔直径、高度 5. 成孔方法 6. 混凝土种类、强度等级	1. m 2. m³ 3. 根	1. 以 m 计量，按设计图示尺寸以桩长（包括桩尖）计算 2. 以 m³ 计量，按不同截面在桩上范围内以体积计算 3. 以根计量，按设计图示数量计算	1. 成孔、扩孔 2. 混凝土制作、运输、灌注、振捣、养护
010302004	挖孔桩土（石）方	1. 地层情况 2. 挖孔深度 3. 弃土（石）运距	m³	按设计图示尺寸（含护壁）截面积乘以挖孔深度以 m³ 计算	1. 排地表水 2. 挖土、凿石 3. 基底钎探
010302005	人工挖孔灌注桩	1. 桩芯长度 2. 桩芯直径、扩底直径、扩底高度 3. 护壁厚度、高度 4. 护壁混凝土种类、强度等级 5. 桩芯混凝土种类、强度等级	1. m³ 2. 根	1. 以 m³ 计量，按桩芯混凝土体积计算 2. 以根计量，按设计图示数量计算	1. 护壁制作 2. 混凝土制作、运输、灌注、振捣、养护
010302006	钻孔压浆桩	1. 地层情况 2. 空钻长度、桩长 3. 钻孔直径 4. 水泥强度等级	1. m 2. 根	1. 以 m 计量，按设计图示尺寸以桩长开矿 2. 以根计量，按设计图示数量计算	钻孔、下注浆管、投放骨料、浆液制作、运输、压浆

项目编码	项目名称	项目特征	计量单位	工程量计算规则	工作内容
010302007	灌注桩后压浆	1. 注浆导管材料、规格 2. 注浆导管长度 3. 单孔注浆量 4. 水泥强度等级	孔	按设计图示以注浆孔数计算	1. 注浆导管制作、安装 2. 浆液制作、运输、压浆

注 1. 地层情况按本规范表 A.1-1 和表 A.2-1 的规定，并根据岩土工程勘察报告按单位工程各地层所占比例（包括范围值）进行描述。对无法准确描述的地层情况，可注明由投标人根据岩土工程勘察报告自行决定报价。

2. 项目特征中的桩长包括桩尖，空桩长度=孔深－桩长，孔深为自然地面至设计桩底的深度。

3. 项目特征中的桩截面（桩径）、混凝土强度等级、桩类型等可直接用标准图代号或设计桩型进行，描述。

4. 泥浆护壁成孔灌注桩是指在泥浆护壁条件下成孔，采用水下灌注混凝土的桩。其成孔方法包括冲击钻成孔、冲抓锥成孔、回旋钻成孔、潜水钻成孔、泥浆护壁的旋挖成孔等。

5. 沉管灌注桩的沉管方法包括锤击沉管法、振动沉管法、振动冲击沉管法、内夯沉管法等。

6. 干作业成孔灌注桩是指不用泥浆护壁和套管护壁的情况下，用钻机成孔后，下钢筋笼，灌注混凝土的桩，适用于地下水位以上的土层使用。其成孔方法包括螺旋钻成孔、螺旋钻成孔扩底、干作业的旋挖成孔等。

7. 混凝土种类：指清水混凝土、彩色混凝土、水下混凝土等，如在同一地区既使用预拌（商品）混凝土，又允许现场搅拌混凝土时，也应注明（下同）。

8. 混凝土灌注桩的钢筋笼制作、安装，按本规范附录 E 中相关项目编码列项。

附录 D 砌 筑 工 程

D.1 砖砌体

砖砌体工程量清单项目设置、项目特征描述的内容、计量单位及工程量计算规则，应按表 D.1 的规定执行。

表 D.1　　　　　　　　　　砖砌体（编号：010401）

项目编码	项目名称	项目特征	计量单位	工程量计算规则	工作内容
010401001	砖基础	1. 砖品种、规格、强度等级 2. 基础类型 3. 砂浆强度等级 4. 防潮层材料种类	m³	按设计图示尺寸以体积算包括附墙垛基础宽出部分体积，扣除地梁（圈梁）、构造柱所占体积，不扣除基础大放脚 T 形接头处的重叠部分及嵌入基础内的钢筋、铁件、管道、基础砂浆防潮层和单个面积≤0.3m² 的孔洞所占体积，靠墙暖气沟的挑檐不增加 基础长度：外墙按外墙中心线，内墙按内墙净长线计算	1. 砂浆制作、运输 2. 砌砖 3. 防潮层铺设 4. 材料运输
010401002	砖砌挖孔桩护壁	1. 砖品种、规格、强度等级 2. 砂浆强度等级		按设计图示尺寸以 m³ 计算	1. 砂浆制作、运输 2. 砌砖 3. 材料运输

项目编码	项目名称	项目特征	计量单位	工程量计算规则	工作内容
010401003	实心砖墙			按设计图示尺寸以体积计算 扣除门窗、洞口、嵌入墙内的钢筋混凝土柱、梁、圈梁、挑梁、过梁及凹进墙内的壁龛、管槽、暖气槽、消火栓箱所占体积，不扣除梁头、板头、檩头、垫木、木楞头、沿缘木、木砖、门窗走头、砖墙内加固钢筋、木筋、铁件、钢管及单个面积≤0.3m² 的孔洞所占的体积。凸出墙面的腰线、挑檐、压顶、窗台线、虎头砖、门窗套的体积亦不增加。凸出墙面的砖垛并入墙体体积内计算	
010401004	多孔砖墙	1. 砖品种、规格、强度等级 2. 墙体类型 3. 砂浆强度等级、配合比	m³	1. 墙长度：外墙按中心线、内墙按净长计算 2. 墙高度： （1）外墙：斜（坡）屋面无檐口天棚者算至屋面板底；有屋架且室内外均有天棚者算至屋架下弦底另加 200mm；无天棚者算至屋架下弦底另加 300mm，出檐宽度超过 600mm 时按实砌高度计算；与钢筋混凝土楼板隔层者算至板顶。平屋顶算至钢筋混凝土板底 （2）内墙：位于屋架下弦者，算至屋架下弦底；无屋架者算至天棚底另加 100mm；有钢筋混凝土楼板隔层者算至楼板顶；有框架梁时算至梁底 （3）女儿墙：从屋面板上表面算至女儿墙顶面（如有混凝土压顶时算至压顶下表面） （4）内、外山墙：按其平均高度计算 3. 框架间墙：不分内外墙按墙体净尺寸以体积计算 4. 围墙：高度算至压顶上表面（如有混凝土压顶时算至压顶下表面），围墙柱并入围墙体积内	1. 砂浆制作、运输 2. 砌砖 3. 刮缝 4. 砖压顶砌筑 5. 材料运输
010401005	空心砖墙				
010401006	空斗墙			按设计图示尺寸以空斗墙外形体积计算。墙角、内外墙交接处、门窗洞口立边、窗台砖、屋檐处的实砌部分体积并入空斗墙体积内	1. 砂浆制作、运输 2. 砌砖 3. 装填充料 4. 刮缝 5. 材料运输
010401007	空花墙			按设计图示尺寸以空花部分外形体积计算，不扣除空洞部分体积	

项目编码	项目名称	项目特征	计量单位	工程量计算规则	工作内容
010401008	填充墙	1. 砖品种、规格、强度等级 2. 墙体类型 3. 填充材料种类及厚度 4. 砂浆强度等级、配合比	m³	按设计图示尺寸以填充墙外形体积计算	1. 砂浆制作、运输 2. 砌砖 3. 装填充料 4. 刮缝 5. 材料运输
010401009	实心砖柱	1. 砖品种、规格、强度等级 2. 柱类型		按设计图示尺寸以体积计算。扣除混凝土及钢筋混凝土梁垫、梁头、板头所占体积	1. 砂浆制作、运输 2. 砌砖 3. 刮缝 4. 材料运输
010401010	多孔砖柱				
010401011	砖检查井	1. 井截面、深度 2. 砖品种、规格、强度等级 3. 垫层材料种类、厚度 4. 底板厚度 5. 井盖安装 6. 混凝土强度等级 7. 砂浆强度等级 8. 防潮层材料种类	座	按设计图示数量计算	1. 砂浆制作、运输 2. 铺设垫层 3. 底板混凝土制作、运输、浇筑、振捣、养护 4. 砌砖 5. 刮缝 6. 井池底、壁抹灰 7. 抹防潮层 8. 材料运输
010401012	零星砌砖	1. 零星砌砖名称、部位 2. 砖品种、规格、强度等级 3. 砂浆强度等级、配合比	1. m³ 2. m² 3. m 4. 个	1. 以 m³ 计量，按设计图示尺寸截面积乘以长度计算 2. 以 m² 计量，按设计图示尺寸水平投影面积计算 3. 以 m 计量，按设计图示尺寸长度计算 4. 以个计量，按设计图示数量计算	1. 砂浆制作、运输 2. 砌砖 3. 刮缝 4. 材料运输
010401013	砖散水、地坪	1. 砖品种、规格、强度等级 2. 垫层材料种类、厚度 3. 散水、地坪厚度 4. 面层种类、厚度 5. 砂浆强度等级	m²	按设计图示尺寸以面积计算	1. 土方挖、运、填 2. 地基找平、夯实 3. 铺设垫层 4. 砌砖散水、地坪 5. 抹砂浆面层

续表

项目编码	项目名称	项目特征	计量单位	工程量计算规则	工作内容
010401014	砖地沟、明沟	1. 砖品种、规格、强度等级 2. 沟截面尺寸 3. 垫层材料种类、厚度 4. 混凝土强度等级 5. 砂浆强度等级	m	以 m 计量，按设计图示以中心线长度计算	1. 土方挖、运、填 2. 铺设垫层 3. 底板混凝土制作、运输、浇筑、振捣、养护 4. 砌砖 5. 刮缝、抹灰 6. 材料运输

注 1. "砖基础"项目适用于各种类型砖基础：柱基础、墙基础、管道基础等。

2. 基础与墙（柱）身使用同一种材料时，以设计室内地面为界（有地下室者，以地下室室内设计地面为界），以下为基础，以上为墙（柱）身。基础与墙身使用不同材料时，位于设计室内地面高度≤±300mm 时，以不同材料为分界线，高度）±300mm 时，以设计室内地面为分界线。

3. 砖围墙以设计室外地坪为界，以下为基础，以上为墙身。

4. 框架外表面的镶贴砖部分，按零星项目编码列项。

5. 附墙烟囱、通风道、垃圾道应按设计图示尺寸以体积（扣除孔洞所占体积）计算并入所依附的墙体体积内。当设计规定孔洞内需抹灰时，应按本规范附录 M 中零星抹灰项目编码列项。

6. 空斗墙的窗间墙、窗台下、楼板下、梁头下等的实砌部分，按零星砌砖项目编码列项。

7. "空花墙"项目适用于各种类型的空花墙，使用混凝土花格砌筑的空花墙，实砌墙体与混凝土花格应分别计算，混凝土花格按混凝土及钢筋混凝土中预制构件相关项目编码列项。

8. 台阶、台阶挡墙、梯带、锅台、炉灶、蹲台、池槽、池槽腿、砖胎模、花台、花池、楼梯栏板、阳台栏板、地垄墙、≤0.3㎡的孔洞填塞等，应按零星砌砖项目编码列项。砖砌锅台与炉灶可按外形尺寸以个计算，砖砌台阶可按水平投影面积以 m² 计算，小便槽、地垄墙可按长度计算、其他工程以立方米计算。

9. 砖砌体内钢筋加固，应按本规范附录 E 中相关项目编码列项。

10. 砖砌体勾缝按本规范附录 M 中相关项目编码列项。

11. 检查井内的爬梯按本附录 E 中相关项目编码列项；井内的混凝土构件按本规范附录 E 中混凝土及钢筋混凝土预制构件编码列项。

12. 如施工图设计标注做法见标准图集时，应在项目特征描述中注明标注图集的编码、页号及节点大样。

D.2 砌块砌体

砌块砌体工程量清单项目设置、项目特征描述的内容、计量单位及工程量计算规则，应按表 D.2 的规定执行。

表 D.2 砌块砌体（编号：010402）

项目编码	项目名称	项目特征	计量单位	工程量计算规则	工作内容
010402001	砌块墙	1. 砌块品种、规格、强度等级 2. 墙体类型 3. 砂浆强度等级	m³	按设计图示尺寸以体积计算 扣除门窗、洞口、嵌入墙内的钢筋混凝土柱、梁、圈梁、挑梁、过梁及凹进墙内的壁龛、管槽、暖气槽、消火栓箱所占体积，不扣除梁头、板头、檩头、垫木、木楞头、沿缘木、木砖、门窗走头、砌块墙内加固钢筋、木筋、铁件、钢管及单个面积≤0.3㎡的孔洞所占的体积。凸出	1. 砂浆制作、运输 2. 砌砖、砌块 3. 勾缝 4. 材料运输

项目编码	项目名称	项目特征	计量单位	工程量计算规则	工作内容
010402001	砌块墙	1. 砌块品种、规格、强度等级 2. 墙体类型 3. 砂浆强度等级	m³	墙面的腰线、挑檐、压顶、窗台线、虎头砖、门窗套的体积亦不增加。凸出墙面的砖垛并入墙体体积内计算 　1. 墙长度：外墙按中心线、内墙按净长计算 　2. 墙高度： 　（1）外墙：斜（坡）屋面无檐口天棚者算至屋面板底；有屋架且室内外均有天棚者算至屋架下弦底另加 200mm；无天棚者算至屋架下弦底另加 300mm，出檐宽度超过 600mm 时按实砌高度计算；与钢筋混凝土楼板隔层者算至板顶；平屋面算至钢筋混凝土板底 　（2）内墙：位于屋架下弦者，算至屋架下弦底；无屋架者算至天棚底另加 100mm；有钢筋混凝土楼板隔层者算至楼板顶；有框架梁时算至梁底 　（3）女儿墙：从屋面板上表面算至女儿墙顶面（如有混凝土压顶时算至压顶下表面） 　（4）内、外山墙：按其平均高度计算 　3. 框架间墙：不分内外墙按墙体净尺寸以体积计算 　4. 围墙：高度算至压顶上表面（如有混凝土压顶时算至压顶下表面），围墙柱并入围墙体积内	1. 砂浆制作、运输 2. 砌砖、砌块 3. 勾缝 4. 材料运输
010402002	砌块柱			按设计图示尺寸以体积计算扣除混凝土及钢筋混凝土梁垫、梁头、板头所占体积	

注　1. 砌体内加筋、墙体拉结的制作、安装，应按本规范附录 E 中相关项目编码列项。

　　2. 砌块排列应上、下错缝搭砌，如果搭错缝长度满足不了规定的压搭要求，应采取压砌钢筋网片的措施，具体构造要求按设计规定。若无设计规定时，应注明由投标人根据工程实际情况自行考虑；钢筋网片按本规范附录 F 中相应编码列项。

　　3. 砌体垂直灰缝宽＞30mm 时，采用 C20 细石混凝土灌实。灌注的混凝土应按本规范附录 E 相关项目编码列项。

D. 3　石砌体

石砌体工程量清单项目设置、项目特征描述的内容、计量单位及工程量计算规则，应按表 D. 3 的规定执行。

表 D.3 　　　　　　　　　　　　　　　**石砌体（编号：010403）**

项目编码	项目名称	项目特征	计量单位	工程量计算规则	工作内容
010403001	石基础	1. 石料种类、规格 2. 基础类型 3. 砂浆强度等级	m³	按设计图示尺寸以体积计算包括附墙垛基础宽出部分体积，不扣除基础砂浆防潮层及单个面积≤0.3m²的孔洞所占体积，靠墙暖气沟的挑檐不增加体积。基础长度：外墙按中心线，内墙按净长计算	1. 砂浆制作、运输： 2. 吊装 3. 砌石 4. 防潮层铺设 5. 材料运输
010403002	石勒脚			按设计图示尺寸以体积计算，扣除单个面积＞0.3m²的孔洞所占的面积	
010403003	石墙	1. 石料种类、规格 2. 石表面加工要求 3. 勾缝要求 4. 砂浆强度等级、配合比	m³	按设计图示尺寸以体积计算扣除门窗、洞口、嵌入墙内的钢筋混凝土柱、梁、圈梁、挑梁、过梁及凹进墙内的壁龛、管槽、暖气槽、消火栓箱所占体积，不扣除梁头、板头、檩头、垫木、木楞头、沿缘木、木砖、门窗走头、石墙内加固钢筋、木筋、铁件、钢管及单个面积≤0.3m²的孔洞所占的体积。凸出墙面的腰线、挑檐、压顶、窗台线、虎头砖、门窗套的体积亦不增加。凸出墙面的砖垛并入墙体体积内计算 1. 墙长度：外墙按中心线、内墙按净长计算 2. 墙高度： （1）外墙：斜（坡）屋面无檐口天棚者算至屋面板底；有屋架且室内外均有天棚者算至屋架下弦底另加200mm；无天棚者算至屋架下弦底另加300mm，出檐宽度超过600mm时按实砌高度计算；与钢筋混凝土楼板隔层者算至板顶，平屋面算至钢筋混凝土板底 （2）内墙：位于屋架下弦者，算至屋架下弦底；无屋架者算至天棚底另加100mm；有钢筋混凝土楼板隔层者算至楼板顶；有框架梁时算至梁底	1. 砂浆制作、运输 2. 吊装 3. 砌石 4. 石表面加工 5. 勾缝 6. 材料运输

项目编码	项目名称	项目特征	计量单位	工程量计算规则	工作内容
010403003	石墙	1. 石料种类、规格 2. 石表面加工要求 3. 勾缝要求 4. 砂浆强度等级、配合比	m³	（3）女儿墙：从屋面板上表面算至女儿墙顶面（如有混凝土压顶时算至压顶下表面） （4）内、外山墙：按其平均高度计算 3. 围墙：高度算至压顶上表面（如有混凝土压顶时算至压顶下表面），围墙柱并入围墙体积内	1. 砂浆制作、运输 2. 吊装 3. 砌石 4. 石表面加工 5. 勾缝 6. 材料运输
010403004	石挡土墙			按设计图示尺寸以体积计算	1. 砂浆制作、运输 2. 吊装 3. 砌石 4. 变形缝、泄水孔、压顶抹灰 5. 滤水层 6. 勾缝 7. 材料运输
010403005	石柱				1. 砂浆制作、运输 2. 吊装 3. 砌石 4. 石表面加工 5. 勾缝 6. 材料运输
010403006	石栏杆		m	按设计图示以长度计算	
010403007	石护坡	1. 垫层材料种类、厚度 2. 石料种类、规格 3. 护坡厚度、高度 4. 石表面加工要求 5. 勾缝要求 6. 砂浆强度等级、配合比	m³	按设计图示尺寸以体积计算	1. 铺设垫层 2. 石料加工 3. 砂浆制作、运输 4. 砌石 5. 石表面加工 6. 勾缝 7. 材料运输
010403008	石台阶				
010403009	石坡道		m²	按设计图示以水平投影面积计算	
010403010	石地沟、明沟	1. 沟截面尺寸 2. 土壤类别、运距 3. 垫层材料种类、厚度 4. 石料种类、规格 5. 石表面加工要求 6. 勾缝要求 7. 砂浆强度等级、配合比	m	按设计图示以中心线长度计算	1. 土方挖、运 2. 砂浆制作、运输 3. 铺设垫层 4. 砌石 5. 石表面加工 6. 勾缝 7. 回填 8. 材料运输

注 1. 石基础、石勒脚、石墙的划分：基础与勒脚应以设计室外地坪为界。勒脚与墙身应以设计室内地面为界。石围墙内外地坪标高不同时，应以较低地坪标高为界，以下为基础；内外标高之差为挡土墙时，挡土墙以上为墙身。

2. "石基础"项目适用于各种规格（粗料石、细料石等）、各种材质（砂石、青石等）和各种类型（柱基、墙基、直形、弧形等）基础。

3. "石勒脚""石墙"项目适用于各种规格（粗料石、细料石等）、各种材质（砂石、青石、大理石、花岗石等）和各种类型（直形、弧形等）勒脚和墙体。

4. "石挡土墙"项目适用于各种规格（粗料石、细料石、块石、毛石、卵石等）、各种材质（砂石、青石、石灰石等）和各种类型（直形、弧形、台阶形等）挡土墙。

5. "石柱"项目适用于各种规格、各种石质、各种类型的石柱。

6. "石栏杆"项目适用于无雕饰的一般石栏杆。

7. "石护坡"项目适用于各种石质和各种石料（粗料石、细料石、片石、块石、毛石、卵石等）。

8. "石台阶"项目包括石梯带（垂带），不包括石梯膀，石梯膀应按本规范附录C石挡土墙项目编码列项。

9. 如施工图设计标注做法见标准图集时，应在项目特征描述中注明标注图集的编码、页号及节点大样。

D.4 垫层

垫层工程量清单项目设置、项目特征描述的内容、计量单位及工程量计算规则，应按表 D.4 的规定执行。

表 D.4 垫层（编号：010404）

项目编码	项目名称	项目特征	计量单位	工程量计算规则	工作内容
010404001	垫层	垫层材料种类、配合比、厚度	m³	按设计图示尺寸以 m³ 计算	1. 垫层材料的拌制 2. 垫层铺设 3. 材料运输

注 除混凝土垫层应按本规范附录 E 中相关项目编码列项外，没有包括垫层要求的清单项目应按本表垫层项目编码列项。

D.5 相关问题及说明

D.5.1 标准砖尺寸应为 240mm×115mm×53mm。

D.5.2 标准砖墙厚度应按表 D.5.2 计算。

表 D.5.2 标准墙计算厚度表

砖数（厚度）	1/4	1/2	3/4	1	3/2	2	5/2	3
计算厚度/mm	53	115	180	240	365	490	615	740

附录 E 混凝土及钢筋混凝土工程

E.1 现浇混凝土基础

现浇混凝土基础工程量清单项目设置、项目特征描述的内容、计量单位及工程量计算规则应按表 E.1 的规定执行。

表 E.1 现浇混凝土基础（编号：010501）

项目编码	项目名称	项目特征	计量单位	工程量计算规则	工作内容
010501001	垫层	1. 混凝土种类 2. 混凝土强度等级	m³	按设计图示尺寸以体积计算。不扣除伸入承台基础的柱头所占面积	1. 模板及支撑制作、安装、拆除、堆放、运输及清理模内杂物、刷隔离剂等 2. 混凝土制作、运输、浇筑、振捣、养护
010501002	带形基础				
010501003	独立基础				
010501004	满堂基础				
010501005	桩承查基础				
010501006	设备基础	1. 混凝土种类 2. 混凝土强度等级 3. 灌浆材料及其强度等级			

注 1. 有肋带形基础、无肋带形基础应按本表中相关项目列项，并注明肋高。

2. 箱式满堂基础中柱、梁、墙、板按本附录表 E.2、表 E.3、表 E.4、表 E.5 相关项目分别编码列项；箱式满堂基础底板按本表的满堂基础项目列项。

3. 框架式设备基础中柱、梁、墙、板分别按本附录表 E.2、表 E.3、表 E.4、表 E.5 相关项目编码列项；基础部分按本表相关项目编码列项。

4. 如为毛石混凝土基础，项目特征应描述毛石所占比例。

E.2 现浇混凝土柱

现浇混凝土柱工程量清单项目设置、项目特征描述的内容、计量单位及工程量计算规则应按表 E.2 的规定执行。

表 E.2　　　　　　　　　　　现浇混凝土柱（编号：010502）

项目编码	项目名称	项目特征	计量单位	工程量计算规则	工作内容
010502001	矩形柱	1. 混凝土种类 2. 混凝土强度等级	m³	按设计图示尺寸以体积计算柱高： 1. 有梁板的柱高，应自柱基上表面（或楼板上表面）至上一层楼板上表面之间的高度计算 2. 无梁板的柱高，应自柱基上表面（或楼板上表面）至柱帽下表面之间的高度计算 3. 框架柱的柱高；应自柱基上表面至柱顶高度计算 4. 构造柱按全高计算，嵌接墙体部分（马牙槎）并入柱身体积 5. 依附柱上的牛腿和升板的柱帽，并入柱身体积计算	1. 模板及支架（撑）制作、安装、拆除、堆放、运输及清理模内杂物、刷隔离剂等 2. 混凝土制作、运输、浇筑、振捣、养护
010502002	构造柱				
010502003	异形柱	1. 柱形状 2. 混凝土种类 3. 混凝土强度等级			

注 混凝土种类：指清水混凝土、彩色混凝土等，如在同一地区既使用预拌（商品）混凝土时，也应注明（下同）。

E.3 现浇混凝土梁

现浇混凝土梁工程量清单项目设置、项目特征描述的内容、计量单位及工程量计算规则应按表 E.3 的规定执行。

表 E.3　　　　　　　　　　　现浇混凝土梁（编号：010503）

项目编码	项目名称	项目特征	计量单位	工程量计算规则	工作内容
010503001	基础梁	1. 混凝土种类 2. 混凝土强度等级	m³	按设计图示尺寸以体积计算。伸入墙内的梁头、梁垫并入梁体积内 梁长： 1. 梁与柱连接时，梁长算至柱侧面 2. 主梁与次梁连接时，次梁长算至主梁侧面	1. 模板及支架（撑）制作、安装、拆除、堆放、运输及清理模内杂物、刷隔离剂等 2. 混凝土制作、运输、浇筑、振捣、养护
010503002	矩形梁				
010503003	异形梁				
010503004	圈梁				
010503005	过梁				
010503006	弧形、拱形梁	1. 混凝土种类 2. 混凝土强度等级	m³	按设计图示尺寸以体积计算。伸入墙内的梁头、梁垫并入梁体积内 梁长： 1. 梁与柱连接时，梁长算至柱侧面 2. 主梁与次梁连接时，次梁长算至主梁侧面	1. 模板及支架（撑）制作、安装、拆除、堆放、运输及清理模内杂物、刷隔离剂等 2. 混凝土制作、运输、浇筑、振捣、养护

E.4　现浇混凝土墙

现浇混凝土墙工程量清单项目设置、项目特征描述的内容、计量单位及工程量计算规则应按表 E.4 的规定执行。

表 E.4　　　　　　　　　　　现浇混凝土墙（编号：010504）

项目编码	项目名称	项目特征	计量单位	工程量计算规则	工作内容
010504001	直形墙	1. 混凝土种类 2. 混凝土强度等级	m³	按设计图示尺寸以体积计算扣除门窗洞口及单个面积 >0.3m² 的孔洞所占体积，墙垛及突出墙面部分并入墙体体积计算内	1. 模板及支架（撑）制作、安装、拆除、堆放、运输及清理模内杂物、刷隔离剂等 2. 混凝土制作、运输、浇筑、振捣、养护
010504002	弧形墙				
010504003	短肢剪力墙				
010504004	挡土墙				

注　短肢剪力墙是指截面厚度不大于 300mm、各肢截面高度与厚度之比的最大值大于 4 但不大于 8 的剪力墙；各肢截面高度与厚度之比的最大值不大于 4 的剪力墙按柱项目编码列项。

E.5　现浇混凝土板

现浇混凝土板工程量清单项目设置、项目特征描述的内容、计量单位及工程量计算规则应按表 E.5 的规定执行。

表 E.5　　　　　　　　　　　现浇混凝土板（编号：010505）

项目编码	项目名称	项目特征	计量单位	工程量计算规则	工作内容
010505001	有梁板	1. 混凝土种类 2. 混凝土强度等级	m³	按设计图示尺寸以体积计算，不扣除单个面积 ≤0.3m² 的柱、垛以及孔洞所占体积 压形钢板混凝土楼板扣除构件内压形钢板所占体积 有梁板（包括主、次梁与板）按梁、板体积之和计算，无梁板按板和柱帽体积之和计算，各类板伸入墙内的板头并入板体积内，薄壳板的肋、基梁并入薄壳体积内计算	1. 模板及支架（撑）制作、安装、拆除、堆放、运输及清理模内杂物、刷隔离剂等 2. 混凝土制作、运输、浇筑、振捣、养护
010505002	无梁板				
010505003	平板				
010505004	拱板				
010505005	薄壳板				
010505006	栏板				
010505007	天沟（檐沟）、挑檐板			按设计图示尺寸以体积计算	
010505008	雨篷、悬挑板、阳台板			按设计图示尺寸以墙外部分体积计算。包括伸出墙外的牛腿和雨篷反挑檐的体积	
010505009	空心板			按设计图示尺寸以体积计算。空心板（GBF 高强薄壁蜂巢芯板等）应扣除空心部分体积	
010505010	其他板			按设计图示尺寸以体积计算	

注　现浇挑檐、天沟板、雨篷、阳台与板（包括屋面板、楼板）连接时，以外墙外边线为分界线；与圈梁（包括其他梁）连接时，以梁外边线为分界线。外边线以外为挑檐、天沟、雨篷或阳台。

E.6　现浇混凝土楼梯

现浇混凝土楼梯工程量清单项目设置、项目特征描述的内容、计量单位及工程量计算规则应按表 E.6 的规定执行。

表 E.6　　　　　　　　　　　现浇混凝土楼梯（编号：010506）

项目编码	项目名称	项目特征	计量单位	工程量计算规则	工作内容
010506001	直形楼梯	1. 混凝土种类 2. 混凝土强度等级	1. m² 2. m³	1. 以 m² 计量，按设计图示尺寸以水平投影面积计算。不扣除宽度≤500mm 的楼梯井，伸入墙内部分不计算 2. 以 m³ 计量，按设计图示尺寸以体积计算	1. 模板及支架（撑）制作、安装、拆除、堆放、运输及清理模内杂物、刷隔离剂等 2. 混凝土制作、运输、浇筑、振捣、养护
010506002	弧形楼梯				

注　整体楼梯（包括直形楼梯、弧形楼梯）水平投影面积包括休息平台、平台梁、斜梁和楼梯的连接梁。当整体楼梯与现浇楼板无梯梁连接时，以楼梯的最后一个踏步边缘加 300mm 为界。

E.7　现浇混凝土其他构件

现浇混凝土其他构件工程量清单项目设置、项目特征描述的内容、计量单位及工程量计算规则应按表 E.7 的规定执行。

表 E.7　　　　　　　　　　　现浇混凝土其他构件（编号：010507）

项目编码	项目名称	项目特征	计量单位	工程量计算规则	工作内容
010507001	散水、坡道	1. 垫层材料种类、厚度 2. 面层厚度 3. 混凝土种类 4. 混凝土强度等级 5. 变形缝填塞材料种类	m²	按设计图示尺寸以水平投影面积计算。不扣除单个≤0.3m² 的孔洞所占面积	1. 地基夯实 2. 铺设垫层 3. 模板及支撑制作、安装、拆除、堆放、运输及清理模内杂物、刷隔离剂等 4. 混凝土制作、运输、浇筑、振捣、养护 5. 变形缝填塞
010507002	室外地坪	1. 地坪厚度 2. 混凝土强度等级			
010507003	电缆沟、地沟	1. 土壤类别 2. 沟截面净空尺寸 3. 垫层材料种类、厚度 4. 混凝土种类 5. 混凝土强度等级 6. 防护材料种类	m	按设计图示以中心线长度计算	1. 挖填、运土石方 2. 铺设垫层 3. 模板及支撑制作、安装、拆除、堆放、运输及清理模内杂物、刷隔离剂等 4. 混凝土制作、运输、浇筑、振捣、养护 5. 刷防护材料
010507004	台阶	1. 踏步高、宽 2. 混凝土种类 3. 混凝土强度等级	1. m² 2. m³	1. 以 m² 计量，按设计图示尺寸以水平投影面积计算 2. 以 m³ 计量，按设计图示尺寸以体积计算	1. 模板及支撑制作、安装、拆除、堆放、运输及清理模内杂物、刷隔离剂等 2. 混凝土制作、运输、浇筑、振捣、养护

续表

项目编码	项目名称	项目特征	计量单位	工程量计算规则	工作内容
010507005	扶手、压顶	1. 断面尺寸 2. 混凝土种类 3. 混凝土强度等级	1. m 2. m³	1. 以 m 计量，按设计图示的中心线延长米计算 2. 以 m³ 计量，按设计图示尺寸以体积计算	1. 模板及支架（撑）制作、安装、拆除、堆放、运输及清理模内杂物、刷隔离剂等 2. 混凝土制作、运输、浇筑、振捣、养护
010507006	化粪池、检查井	1. 部位 2. 混凝土强度等级 3. 防水、抗渗要求	1. m³ 2. 座	1. 按设计图示尺寸以体积计算 2. 以座计量，按设计图示数量计算	
010507007	其他构件	1. 构件的类型 2. 构件规格 3. 部位 4. 混凝土种类 5. 混凝土强度等级	m³		

注 1. 现浇混凝土小型池槽、垫块、门框等，应按本表其他构件项目编码列项。
　　 2. 架空式混凝土台阶，按现浇楼梯计算。

E.8　后浇带

后浇带工程量清单项目设置、项目特征描述的内容、计量单位及工程量计算规则应按表 E.8 的规定执行。

表 E.8　　　　　　　　　**后浇带（编号：010508）**

项目编码	项目名称	项目特征	计量单位	工程量计算规则	工作内容
010508001	后浇带	1. 混凝土种类 2. 混凝土强度等级	m³	按设计图示尺寸以体积计算	1. 模板及支架（撑）制作、安装、拆除、堆放、运输及清理模内杂物、刷隔离剂等 2. 混凝土制作、运输、浇筑、振捣、养护及混凝土交接面、钢筋等的清理

E.9　预制混凝土柱

预制混凝土柱工程量清单项目设置、项目特征描述的内容、计量单位及工程量计算规则应按表 E.9 的规定执行。

表 E.9　　　　　　　　　**预制混凝土柱（编号：010509）**

项目编码	项目名称	项目特征	计量单位	工程量计算规则	工作内容
010509001	矩形柱	1. 图代号 2. 单件体积 3. 安装高度 4. 混凝土强度等级 5. 砂浆（细石混凝土）强度等级、配合比	1. m³ 2. 根	1. 以 m³ 计量，按设计图示尺寸以体积计算 2. 以根计量，按设计图示尺寸以数量计算	1. 模板制作、安装、拆除、地放、运输及清理模内杂物、刷隔离剂等 2. 混凝土制作、运输、浇筑、振捣、养护 3. 构件运输、安装 4. 砂浆制作、运输 5. 接头灌缝、养护
010509002	异形柱				

注　以根计量，必须描述单件体积。

E.10 预制混凝土梁

预制混凝土梁工程量清单项目设置、项目特征描述的内容、计量单位及工程量计算规则应按表 E.10 的规定执行。

表 E.10　　　　　　　　预制混凝土梁（编号：010510）

项目编码	项目名称	项目特征	计量单位	工程量计算规则	工作内容
010510001	矩形梁	1. 图代号 2. 单件体积 3. 安装高度 4. 混凝土强度等级 5. 砂浆（细石混凝土）强度等级、配合比	1. m³ 2. 根	1. 以 m³ 计量，按设计图示尺寸以体积计算 2. 以根计量，按设计图示尺寸以数量计算	1. 模板制作、安装、拆除、堆放、运输及清理模内杂物、刷隔离剂等 2. 混凝土制作、运输、浇筑、振捣、养护 3. 构件运输、安装 4. 砂浆制作、运输 5. 接头灌缝、养护
010510002	异形梁				
010510003	过梁				
010510004	拱形梁				
010510005	鱼腹式吊车梁				
010510006	其他梁				

注　以根计量，必须描述单件体积。

E.11 预制混凝土屋架

预制混凝土屋架工程量清单项目设置、项目特征描述的内容、计量单位及工程量计算规则应按表 E.11 的规定执行。

表 E.11　　　　　　　　预制混凝土屋架（编号：010511）

项目编码	项目名称	项目特征	计量单位	工程量计算规则	工作内容
010511001	折线型	1. 图代号 2. 单件体积 3. 安装高度 4. 混凝土强度等级 5. 砂浆（细石混凝土）强度等级、配合比	1. m³ 2. 榀	1. 以 m³ 计量，按设计图示尺寸以体积计算 2. 以榀计量，按设计图示尺寸以数量计算	1. 模板制作、安装、拆除、堆放、运输及清理模内杂物、刷隔离剂等 2. 混凝土制作、运输、浇筑、振捣、养护 3. 构件运输、安装 4. 砂浆制作、运输
010511002	组合				
010511003	薄腹				
010511004	门式刚架				
010511005	天窗架				

注　1. 以榀计量，必须描述单件体积。
　　2. 三角形屋架按本表中折线型屋架项目编码列项。

E.12 预制混凝土板

预制混凝土板工程量清单项目设置、项目特征描述的内容、计量单位及工程量计算规则应按表 E.12 的规定执行。

表 E.12   **预制混凝土板（编号：010512）**

项目编码	项目名称	项目特征	计量单位	工程量计算规则	工作内容
010512001	平板	1. 图代号 2. 单件体积 3. 安装高度 4. 混凝土强度等级 5. 砂浆（细石混凝土）强度等级、配合比	1. m³ 2. 块	1. 以 m³ 计量，按设计图示尺寸以体积计算。不扣除单个面积 ≤ 300mm × 300mm 的孔洞所占体积，扣除空心板空洞体积 2. 以块计量，按设计图示尺寸以数量计算	1. 模板制作、安装、拆除、堆放、运输及清理模内杂物、刷隔离剂等 2. 混凝土制作、运输、浇筑、振捣、养护 3. 构件运输、安装 4. 砂浆制作、运输 5. 接头灌缝、养护
010512002	空心板				
010512003	槽形板				
010512004	网架板				
010512005	折线板				
010512006	带肋板				
010512007	大型板				
010512008	沟盖板、井盖板、井圈	1. 单件体积 2. 安装高度 3. 混凝土强度等级 4. 砂浆强度等级、配合比	1. m³ 2. 块 （套）	1. 以 m³ 计量，按设计图示尺寸以体积计算 2. 以块计量，按设计图示尺寸以数量计算	

注 1. 以块、套计量，必须描述单件体积。
    2. 不带肋的预制遮阳板、雨篷板、挑檐板、拦板等，应按本表平板项目编码列项。
    3. 预制 F 形板、双 T 形板、单肋板和带反挑檐的雨篷板、挑檐板、遮阳板等，应按本表带肋板项目编码列项。
    4. 预制大型墙板、大型楼板、大型屋面板等，按本表中大型板项目编码列项。

E.13 预制混凝土楼梯

预制混凝土楼梯工程量清单项目设置、项目特征描述的内容、计量单位及工程量计算规则应按表 E.13 的规定执行。

表 E.13   **预制混凝土楼梯（编号：010513）**

项目编码	项目名称	项目特征	计量单位	工程量计算规则	工作内容
010513001	楼梯	1. 楼梯类型 2. 单件体积 3. 混凝土强度等级 4. 砂浆（细石混凝土）强度等级	1. m³ 2. 段	1. 以 m³ 计量，按设计图示尺寸以体积计算。扣除空心踏步板空洞体积 2. 以段计量，按设计图示数量计算	1. 模板制作、安装、拆除、堆放、运输及清理模内杂物、刷隔离剂等 2. 混凝土制作、运输、浇筑、振捣、养护 3. 构件运输、安装 4. 砂浆制作、运输 5. 接头灌缝、养护

注 以块计量，必须描述单件体积。

E.14 其他预制构件

其他预制构件工程量清单项目设置、项目特征描述的内容、计量单位及工程量计算规则应按表 E.14 的规定执行。

表 E.14　　　　　　　　　　　　其他预制构件（编号：010514）

项目编码	项目名称	项目特征	计量单位	工程量计算规则	工作内容
010514001	垃圾道、通风道、烟道	1. 单件体积 2. 混凝土强度等级 3. 砂浆强度等级	1. m³ 2. m² 3. 根（块、套）	1. 以 m³ 计量，按设计图示尺寸以体积计算。不扣除单个面积≤300mm×300mm 的孔洞所占体积，扣除烟道、垃圾道、通风道的孔洞所占体积 2. 以 m² 计量，按设计图示尺寸以面积计算。不扣除单个面积≤300mm×300mm 的孔洞所占面积 3. 以根计量，按设计图示尺寸以数量计算	1. 模板制作、安装、拆除、堆放、运输及清理模内杂物、刷隔离剂等 2. 混凝土制作、运输、浇筑、振捣、养护 3. 构件运输、安装 4. 砂浆制作、运输 5. 接头灌缝、养护
010514002	其他构件	1. 单件体积 2. 构件的类型 3. 混凝土强度等级 4. 砂浆强度等级			

注　1. 以块、根计量，必须描述单件体积。
　　2. 预制钢筋混凝土小型池槽、压顶、扶手、垫块、隔热板、花格等，按本表中其他构件项目编码列项。

E.15　钢筋工程

钢筋工程工程量清单项目设置、项目特征描述的内容、计量单位及工程量计算规则应按表 E.15 的规定执行。

表 E.15　　　　　　　　　　　　钢筋工程（编号：010515）

项目编码	项目名称	项目特征	计量单位	工程量计算规则	工作内容
010515001	现浇构件钢筋	钢筋种类、规格	t	按设计图示钢筋（网）长度（面积）乘单位理论质量计算	1. 钢筋制作、运输 2. 钢筋安装 3. 焊接（绑扎）
010515002	预制构件钢筋				1. 钢筋制作、运输 2. 钢筋安装 3. 焊接（绑扎）
010515003	钢筋网片				1. 钢筋网制作、运输 2. 钢筋网安装 3. 焊接（绑扎）
010515004	钢筋笼				1. 钢筋笼制作、运输 2. 钢筋笼安装 3. 焊接（绑扎）
010515005	先张法预应力钢筋	1. 钢筋种类、规格 2. 锚具种类		按设计图示钢筋长度乘单位理论质量计算	1. 钢筋制作、运输 2. 钢筋张拉
010515006	后张法预应力钢筋	1. 钢筋种类、规格 2. 钢丝种类、规格 3. 钢绞线种类、规格 4. 锚具种类 5. 砂浆强度等级		按设计图示钢筋（丝束、绞线）长度乘单位理论质量计算 1. 低合金钢筋两端均采用螺杆锚具时，钢筋长度按孔道长度减 0.35m 计算，螺杆另行计算 2. 低合金钢筋一端采用锹头插片，另一端采用螺杆锚具时，钢筋长度按孔道长度计算，螺杆另行计算	1. 钢筋、钢丝、钢绞线制作、运输 2. 钢筋、钢丝、钢绞线安装 3. 预埋管孔道铺设 4. 锚具安装 5. 砂浆制作、运输 6. 孔道压浆，养护
010515007	预应力钢丝				

项目编码	项目名称	项目特征	计量单位	工程量计算规则	工作内容
010515008	预应力钢绞线	1. 钢筋种类、规格 2. 钢丝种类、规格 3. 钢绞线种类、规格 4. 锚具种类 5. 砂浆强度等级	t	3. 低合金钢筋一端采用锹头插片，另一端采用帮条锚具时，钢筋增加0.15m计算；两端均采用帮条锚具时，钢筋长度按孔道长度增加0.3m计算 4. 低合金钢筋采用后张混凝土自锚时，钢筋长度按孔道长度增加0.35m计算 5. 低合金钢筋（钢绞线）采用JM、XM、QM型锚具，孔道长度≤20m时，钢筋长度增加1m计算，孔道长度＞20m时，钢筋长度增加1.8m计算 6. 碳素钢丝采用锥形锚具，孔道长度≤20m时，钢丝束长度按孔道长度增加1m计算，孔道长度＞20m时，钢丝束长度按孔道长度增加1.8m计算 7. 碳素钢丝采用锻头锚具时，钢丝束长度按孔道长度增加0.35m计算	1. 钢筋、钢丝、钢绞线制作、运输 2. 钢筋、钢丝、钢绞线安装 3. 预埋管孔道铺设 4. 锚具安装 5. 砂浆制作、运输 6. 孔道压浆，养护
010515009	支撑钢筋（铁马）	1. 钢筋种类 2. 规格		按钢筋长度乘单位理论质量计算	钢筋制作、焊接、安装
010515010	声测管	1. 材质 2. 规格型号		按设计图示尺寸以质量计算	1. 检测管截断、封头 2. 套管制作、焊接 3. 定位、固定

注 1. 现浇构件中伸出构件的锚固钢筋应并入钢筋工程量内。除设计（包括规范规定）标明的搭接外，其他施工搭接不计算工程量，在综合单价中综合考虑。

2. 现浇构件中固定位置的支撑钢筋、双层钢筋用的"铁马"在编制工程量清单时，如果设计未明确，其工程数量可为暂估量，结算时按现场签证数量计算。

E.16 螺栓、铁件

螺栓、铁件工程量清单项目设置、项目特征描述的内容、计量单位及工程量计算规则应按表E.16的规定执行。

表 E.16 　　　　　　　　　　**螺栓、铁件（编号：010516）**

项目编码	项目名称	项目特征	计量单位	工程量计算规则	工作内容
010516001	螺栓	1. 螺栓种类 2. 规格	t	按设计图示尺寸以质量计算	1. 螺栓、铁件制作、运输 2. 螺栓、铁件安装
010516002	预埋铁件	1. 钢材种类 2. 规格 3. 铁件尺寸			
010516003	机械连接	1. 连接方式 2. 螺纹套筒种类 3. 规格	个	按数量计算	1. 钢筋套丝 2. 套筒连接

注 编制工程量清单时，如果设计未明确，其工程数量可为暂估量，实际工程量按现场签证数量计算。

E.17 相关问题及说明

E.17.1 预制混凝土构件或预制钢筋混凝土构件，如施工图设计标注做法见标准图集时，项目特征注明标准图集的编码、页号及节点大样即可。

E.17.2 现浇或预制混凝土和钢筋混凝土构件，不扣除构件内钢筋、螺栓、预埋铁件、张拉孔道所占体积，但应扣除劲性骨架的型钢所占体积。

附 录 F　金 属 结 构 工 程

F.1 钢网架

钢网架工程量清单项目设置、项目特征描述、计量单位及工程量计算规则应按表 F.1 的规定执行。

表 F.1 　　　　　　　　　　**钢网架（编码：010601）**

项目编码	项目名称	项目特征	计量单位	工程量计算规则	工作内容
010601001	钢网架	1. 钢材品种、规格 2. 网架节点形式、连接方式 3. 网架跨度、安装高度 4. 探伤要求 5. 防火要求	t	按设计图示尺寸质量计算。不扣除孔眼的质量，焊条、铆钉等不另增加质量	1. 拼装 2. 安装 3. 探伤 4. 补刷油漆

F.2 钢屋架、钢托架、钢桁架、钢架桥

钢屋架、钢托架、钢桁架、钢架桥工程量清单项目设置、项目特征描述、计量单位及工程量计算规则应按表 F.2 的规定执行。

表 F.2 　　　　　　**钢屋架、钢托架、钢桁架、钢架桥（编码：010602）**

项目编码	项目名称	项目特征	计量单位	工程量计算规则	工作内容
010602001	钢屋架	1. 钢材品种、规格 2. 单榀质量 3. 屋架跨度、安装高度 4. 螺栓种类 5. 探伤要求 6. 防火要求	1. 榀 2. t	1. 以榀计量，按设计图示数量计算 2. 以 t 计量，按设计图示尺寸以质量计算。不扣除孔眼的质量，焊条、铆钉、螺栓等不另增加质量	1. 拼装 2. 安装 3. 探伤 4. 补刷油漆

续表

项目编码	项目名称	项目特征	计量单位	工程量计算规则	工作内容
010602002	钢托架	1. 钢材品种、规格 2. 单棉质量 3. 安装高度 4. 螺栓种类 5. 探伤要求 6. 防火要求	t	按设计图示尺寸以质量计算。不扣除孔眼的质量，焊条、铆钉、螺栓等不另增加质量	1. 拼装 2. 安装 3. 探伤 4. 补刷油漆
010602003	钢桁架				
010602004	钢架桥	1. 桥类型 2. 钢材品种、规格 3. 单棉质量 4. 安装高度 5. 螺栓种类 6. 探伤要求		按设计图示尺寸以质量计算。不扣除孔眼的质量，焊条、铆钉、螺栓等不另增加质量	1. 拼装 2. 安装 3. 探伤 4. 补刷油漆

注 以榀计量，按标准图设计的应注明标准图代号，按非标准图设计的项目特征必须描述单榀屋架的质量。

F.3 钢柱

钢柱工程量清单项目设置、项目特征描述、计量单位及工程量计算规则应按表 F.3 的规定执行。

表 F.3 钢柱（编码：010603）

项目编码	项目名称	项目特征	计量单位	工程量计算规则	工作内容
010603001	实腹钢柱	1. 柱类型 2. 钢材品种、规格 3. 单根柱质量 4. 螺栓种类 5. 探伤要求 6. 防火要求	t	按设计图示尺寸以质量计算。不扣除孔眼的质量，焊条、铆钉、螺栓等不另增加质量，依附在钢柱上的牛腿及悬臂梁等并入钢柱工程量内	1. 拼装 2. 安装 3. 探伤 4. 补刷油漆
010603002	空腹钢柱				
010603003	钢管柱	1. 钢材品种、规格 2. 单根柱质量 3. 螺栓种类 4. 探伤要求 5. 防火要求		按设计图示尺寸以质量计算。不扣除孔眼的质量，焊条、铆钉、螺栓等不另增加质量，钢管柱上的节点板、加强环、内衬管、牛腿等并入钢管柱工程量内	

注 1. 实腹钢柱类型指十字、T、L、H 形等。
　　2. 空腹钢柱类型指箱形、格构等。
　　3. 型钢混凝土柱浇筑钢筋混凝土，其混凝土和钢筋应按本规范附录 E 混凝土及钢筋混凝土工程中相关项目编码列项。

F.4 钢梁

钢梁工程量清单项目设置、项目特征描述、计量单位及工程量计算规则应按表 F.4 的规定执行。

表 F.4   钢梁（编码：010604）

项目编码	项目名称	项目特征	计量单位	工程量计算规则	工作内容
010604001	钢梁	1. 梁类型 2. 钢材品种、规格 3. 单根质量 4. 螺栓种类 5. 安装高度 6. 探伤要求 7. 防火要求	t	按设计图示尺寸以质量计算。不扣除孔眼的质量，焊条、铆钉、螺栓等不另增加质量，制动梁、制动板、制动桁架、车挡并入钢吊车梁工程量内	1. 拼装 2. 安装 3. 探伤 4. 补刷油漆
010604002	钢吊车梁	1. 钢材品种、规格 2. 单根质量 3. 螺栓种类 4. 安装高度 5. 探伤要求 6. 防火要求			

注 1. 梁类型指 H 形、L 形、T 形、箱形、格构式等。

2. 型钢混凝土梁浇筑钢筋混凝土，其混凝土和钢筋应按本规范附录 E 混凝土及钢筋混凝土工程中相关项目编码列项。

F.5 钢板楼板，墙板

钢板楼板、墙板工程量清单项目设置、项目特征描述、计量单位及工程量计算规则应按表 F.5 的规定执行。

表 F.5   钢板楼板、墙板（编码：010605）

项目编码	项目名称	项目特征	计量单位	工程量计算规则	工作内容
010605001	钢板楼板	1. 钢材品种、规格 2. 钢板厚度 3. 螺栓种类 4. 防火要求	m²	按设计图示尺寸以铺设水平投影面积计算。不扣除单个面积≤0.3m² 柱、垛及孔洞所占面积	1. 拼装 2. 安装 3. 探伤 4. 补刷油漆
010605002	钢板墙板	1. 钢材品种、规格 2. 钢板厚度、复合板厚度 3. 螺栓种类 4. 复合板夹芯材料种类、层数、型号、规格 5. 防火要求		按设计图示尺寸以铺挂展开面积计算。不扣除单个面积≤0.3m² 的梁、孔洞所占面积，包角、包边、窗台泛水等不另加面积	

注 1. 钢板楼板上浇筑钢筋混凝土，其混凝土和钢筋应按本规范附录 E 混凝土及钢筋混凝土工程中相关项目编码列项。

2. 压型钢楼板按本表中钢板楼板项目编码列项。

F.6 钢构件

钢构件工程量清单项目设置、项目特征描述、计量单位及工程量计算规则应按表 F.6 的规定执行。

表 F.6 钢构件（编码：010606）

项目编码	项目名称	项目特征	计量单位	工程量计算规则	工作内容
010606001	钢支撑、钢拉条	1. 钢材品种、规格 2. 构件类型 3. 安装高度 4. 螺栓种类 5. 探伤要求 6. 防火要求	t	按设计图示尺寸以质量计算，不扣除孔眼的质量，焊条、铆钉、螺栓等不另增加质量	1. 拼装 2. 安装 3. 探伤 4. 补刷油漆
010606002	钢檩条	1. 钢材品种、规格 2. 构件类型 3. 单根质量 4. 安装高度 5. 螺栓种类 6. 探伤要求 7. 防火要求			
010606003	钢天窗架	1. 钢材品种、规格 2. 单榀质量 3. 安装高度 4. 螺栓种类 5. 探伤要求 6. 防火要求			
010606004	钢挡风架	1. 钢材品种、规格 2. 单榀质量 3. 螺栓种类 4. 探伤要求 5. 防火要求			
010606005	钢墙架				
010606006	钢平台	1. 钢材品种、规格 2. 螺栓种类 3. 防火要求			
010606007	钢走道				
010606008	钢梯	1. 钢材品种、规格 2. 钢梯形式 3. 螺栓种类 4. 防火要求			
010606009	钢护栏	1. 钢材品种、规格 2. 防火要求			
010606010	钢漏斗	1. 钢材品种、规格 2. 漏斗、天沟形式 3. 安装高度 4. 探伤要求		按设计图示尺寸以质量计算，不扣除孔眼的质量，焊条、铆钉、螺栓等不另增加质量，依附漏斗或天沟的型钢并入漏斗或天沟工程量内	
010606011	钢板天沟				
010606012	钢支架	1. 钢材品种、规格 2. 安装高度 3. 防火要求		按设计图示尺寸以质量计算，不扣除孔眼的质量，焊条、铆钉、螺栓等不另增加质量	
010606013	零星钢构件	1. 构件名称 2. 钢材品种、规格			

注 1. 钢墙架项目包括墙架柱、墙架梁和连接杆件。
　　2. 钢支撑、钢拉条类型指单式、复式；钢檩条类型指型钢式、格构式；钢漏斗形式指方形、圆形；天沟形式指矩形沟或半圆形沟。
　　3. 加工铁件等小型构件，按本表中零星钢构件项目编码列项。

F.7 金属制品

金属制品工程量清单项目设置、项目特征描述、计量单位及工程量计算规则应按表 F.7 的规定执行。

表 F.7   金属制品（编码：010607）

项目编码	项目名称	项目特征	计量单位	工程量计算规则	工作内容
010607001	成品空调金属百页护栏	1. 材料品种、规格 2. 边框材质	m²	按设计图示尺寸以框外围展开面积计算	1. 安装 2. 校正 3. 预埋铁件及安螺栓
010607002	成品栅栏	1. 材料品种、规格 2. 边框及立柱型钢品种、规格			1. 安装 2. 校正 3. 预埋铁件 4. 安螺栓及金属立柱
010607003	成品雨篷	1. 材料品种、规格 2. 雨篷宽度 3. 凉衣杆品种、规格	1. m 2. m²	1. 以 m 计量，按设计图示接触边以 m 计算 2. 以 m² 计量，按设计图示尺寸以展开面积计算	1. 安装 2. 校正 3. 预埋铁件及安螺栓
010607004	金属网栏	1. 材料品种、规格 2. 边框及立柱型钢品种、规格		按设计图示尺寸以框外围展开面积计算	1. 安装 2. 校正 3. 安螺栓及金属立柱
010607005	砌块墙钢丝网加固	1. 材料品种、规格 2. 加固方式	m²	按设计图示尺寸以面积计算	1. 铺贴 2. 铆固
010607006	后浇带金属网				

注　抹灰钢丝网加固按本表中砌块墙钢丝网加固项目编码列项。

F.8　相关问题及说明

F.8.1　金属构件的切边，不规则及多边形钢板发生的损耗在综合单价中考虑。

F.8.2　防火要求指耐火极限。

附录 G　木结构工程

G.1　木屋架

木屋架工程量清单项目设置、项目特征描述、计量单位及工程量计算规则应按表 G.1 的规定执行。

表 G.1   木屋架（编码：010701）

项目编码	项目名称	项目特征	计量单位	工程量计算规则	工作内容
010701001	木屋架	1. 跨度 2. 材料品种、规格 3. 刨光要求 4. 拉杆及夹板种类 5. 防护材料种类	1. 榀 2. m³	1. 以榀计量，按设计图示数量计算 2. 以 m³ 计量，按设计图示的规格尺寸以体积计算	1. 制作 2. 运输 3. 安装 4. 刷防护材料
010701002	钢木屋架	1. 跨度 2. 木材品种、规格 3. 刨光要求 4. 钢材品种、规格 5. 防护材料种类	榀	以榀计量，按设计图示数量计算	

注　1. 屋架的跨度应以上、下弦中心线两交点之间的距离计算。

　　2. 带气楼的屋架和马尾、折角以及正交部分的半屋架，按相关屋架项目编码列项。

　　3. 以榀计量，按标准图设计的应注明标准图代号，按非标准图设计的项目特征必须按本表要求予以描述。

G.2　木构件

木构件工程量清单项目设置、项目特征描述、计量单位及工程量计算规则应按表 G.2 的规定执行。

表 G.2　　　　　　　　　　木构件（编码：010702）

项目编码	项目名称	项目特征	计量单位	工程量计算规则	工作内容
010702001	木柱	1. 构件规格尺寸 2. 木材种类 3. 刨光要求 4. 防护材料种类	m^3	按设计图示尺寸以体积计算	1. 制作 2. 运输 3. 安装 4. 刷防护材料
010702002	木梁				
010702003	木檩		1. m^3 2. m	1. 以 m^3 计量，按设计图示尺寸以体积计算 2. 以 m 计量，按设计图示尺寸以长度计算	
010702004	木楼梯	1. 楼梯形式 2. 木材种类 3. 刨光要求 4. 防护材料种类	m^2	按设计图示尺寸以水平投影面积计算。不扣除宽度≤300mm 的楼梯井，伸入墙内部分不计算	1. 制作 2. 运输 3. 安装 4. 刷防护材料
010702005	其他木构件	1. 构件名称 2. 构件规格尺寸 3. 木材种类 4. 刨光要求 5. 防护材料种类	1. m^3 2. m	1. 以 m^3 计量，按设计图示尺寸以体积计算 2. 以 m 计量，按设计图示尺寸以长度计算	

注　1. 木楼梯的栏杆（栏板）、扶手，应按本规范附录 Q 中的相关项目编码列项。

　　2. 以 m 计量，项目特征必须描述构件规格尺寸。

G.3　屋面木基层

屋面木基层工程量清单项目设置、项目特征描述、计量单位及工程量计算规则应按表 G.3 的规定执行。

表 G.3　　　　　　　　　　屋面木基层（编码：010703）

项目编码	项目名称	项目特征	计量单位	工程量计算规则	工作内容
010703001	屋面木基层	1. 椽子断面尺寸及椽距 2. 望板材料种类、厚度 3. 防护材料种类	m^2	按设计图示尺寸以斜面积计算 不扣除房上烟囱、风帽底座、风道、小气窗、斜沟等所占面积。小气窗的出檐部分不增加面积	1. 椽子制作、安装 2. 望板制作、安装 3. 顺水条和挂瓦条制作、安装 4. 刷防护材料

附录 H　门　窗　工　程

H.1　木门

木门工程量清单项目设置、项目特征描述、计量单位及工程量计算规则应按表 H.1 的规定执行。

表 H.1   木门（编码：010801）

项目编码	项目名称	项目特征	计量单位	工程量计算规则	工作内容
010801001	木质门	1. 门代号及洞口尺寸 2. 镶嵌玻璃品种、厚度	1. 樘 2. m²	1. 以樘计量，按设计图示数量计算 2. 以 m² 计量，按设计图示洞口尺寸以面积计算	1. 门安装 2. 玻璃安装 3. 五金安装
010801002	木质门带套				
010801003	木质连窗门				
010801004	木质防火门				
010801005	木门框	1. 门代号及洞口尺寸 2. 框截面尺寸 3. 防护材料种类	1. 樘 2. m	1. 以樘计量，按设计图示数量计算 2. 以 m 计量，按设计图示框的中心线以延长米计算	1. 木门框制作、安装 2. 运输 3. 刷防护材料
010801006	门锁安装	1. 锁品种 2. 锁规格	个 （套）	按设计图示数量计算	安装

注 1. 木质门应区分镶板木门、企口木板门、实木装饰门、胶合板门、夹板装饰门、木纱门、全玻门（带木质扇框）、木质半玻门（带木质扇框）等项目，分别编码列项。
　　2. 木门五金应包括：折页、插销、门碰珠、弓背拉手、搭机、木螺丝、弹簧折页（自动门）、管子拉手（自由门、地弹门）、地弹簧（地弹门）、角铁、门轧头（地弹门、自由门）等。
　　3. 木质门带套计量按洞口尺寸以面积计算，不包括门套的面积，但门套应计算在综合单价中。
　　4. 以樘计量，项目特征必须描述洞口尺寸；以 m² 计量，项目特征可不描述洞口尺寸。
　　5. 单独制作安装木门框按木门框项目编码列项。

H.2　金属门

金属门工程量清单项目设置、项目特征描述、计量单位及工程量计算规则应按表 H.2 的规定执行。

表 H.2   金属门（编码：010802）

项目编码	项目名称	项目特征	计量单位	工程量计算规则	工作内容
010802001	金属（塑钢）门	1. 门代号及洞口尺寸 2. 门框或扇外围尺寸 3. 门框、扇材质 4. 玻璃品种、厚度	1. 樘 2. m²	1. 以樘计量，按设计图示数量计算 2. 以 m² 计量，按设计图示洞口尺寸以面积计算	1. 门安装 2. 五金安装 3. 玻璃安装
010802002	彩板门	1. 门代号及洞口尺寸 2. 门框或扇外围尺寸			
010802003	钢质防火门	1. 门代号及洞口尺寸 2. 门框或扇外围尺寸 3. 门框、扇材质			1. 门安装 2. 五金安装
010802004	防盗门				

注 1. 金属门应区分金属平开门、金属推拉门、金属地弹门、全玻门（带金属扇框）、金属半玻门（带扇框）等项目，分别编码列项。
　　2. 铝合金门五金包括：地弹簧、门锁、拉手、门插、门绞、螺丝等。
　　3. 金属门五金包括 L 型执手插锁（双舌）、执手锁（单舌）、门轧头、地锁、防盗门机、门眼（猫眼）、门碰珠、电子锁（磁卡锁）、闭门器、装饰拉手等。
　　4. 以樘计量，项目特征必须描述洞口尺寸，没有洞口尺寸必须描述门框或扇外围尺寸，以 m² 计量，项目特征可不描述洞口尺寸及框、扇的外围尺寸。
　　5. 以 m² 计量，无设计图示洞口尺寸，按门框、扇外围以面积计算。

H.3　金属卷帘（闸）门

金属卷帘（闸）门工程量清单项目设置、项目特征描述、计量单位及工程量计算规则应按表 H.3 的规定执行。

表 H.3   金属卷帘（闸）门（编码：010803）

项目编码	项目名称	项目特征	计量单位	工程量计算规则	工作内容
010803001	金属卷帘（闸）门	1. 门代号及洞口尺寸 2. 门材质 3. 启动装置品种、规格	1. 樘 2. m²	1. 以樘计量，按设计图示数量计算 2. 以 m² 计量，按设计图示洞口尺寸以面积计算	1. 门运输、安装 2. 启动装置、活动小门、五金安装
010803002	防火卷帘（闸）门				

注 以樘计量，项目特征必须描述洞口尺寸；以 m² 计量，项目特征可不描述洞口尺寸。

H.4 厂库房大门、特种门

厂库房大门、特种门工程量清单项目设置、项目特征描述、计量单位及工程量计算规则应按表 H.4 的规定执行。

表 H.4   厂库房大门、特种门（编码：010804）

项目编码	项目名称	项目特征	计量单位	工程量计算规则	工作内容
010804001	木板大门	1. 门代号及洞口尺寸 2. 门框或扇外围尺寸 3. 门框、扇材质 4. 五金种类、规格 5. 防护材料种类	1. 樘 2. m²	1. 以樘计量，按设计图示数量计算 2. 以 m² 计量，按设计图示洞口尺寸以面积计算	1. 门（骨架）制作、运输 2. 门、五金配件安装 3. 刷防护材料
010804002	钢木大门				
010804003	全钢板大门			1. 以樘计量，按设计图示数量计算 2. 以 m² 计量，按设计图示门框或扇以面积计算	
010804004	防护铁丝门				
010804005	金属格栅门	1. 门代号及洞口尺寸 2. 门框或扇外围尺寸 3. 门框、扇材质 4. 启动装置的品种、规格		1. 以樘计量，按设计图示数量计算 2. 以 m² 计量，按设计图小洞口尺寸以面积计算	1. 门安装 2. 启动装置、五金配件安装
010804006	钢质花饰大门	1. 门代号及洞口尺寸 2. 门框或扇外围尺寸 3. 门框、扇材质		1. 以樘计量，按设计图示数量计算 2. 以 m² 计量，按设计图示门框或扇以面积计算	1. 门安装 2. 五金配件安装
010804007	特种门			1. 以樘计量，按设计图示数量计算 2. 以 m² 计量，按设计图示洞口尺寸以面积计算	

注 1. 特种门应区分冷藏门、冷冻间门、保温门、变电室门、隔音门、防射线门、人防门、金库门等项目，分别编码列项。

　　 2. 以樘计量，项目特征必须描述洞口尺寸，没有洞口尺寸必须描述门框或扇外围尺寸；以 m² 计量，项目特征可不描述洞口尺寸及框、扇的外围尺寸。

　　 3. 以 m² 计量，无设计图示洞口尺寸，按门框、扇外围以面积计算。

H.5 其他门

其他门工程量清单项目设置、项目特征描述、计量单位及工程量计算规则应按表 H.5 的规定执行。

表 H.5 其他门（编码：010805）

项目编码	项目名称	项目特征	计量单位	工程量计算规则	工作内容
010805001	电子感应门	1. 门代号及洞口尺寸 2. 门框或扇外围尺寸 3. 门框、扇材质 4. 玻璃品种、厚度	1. 樘 2. m²	1. 以樘计量，按设计图示数量计算 2. 以 m² 计量，按设计图示洞口尺寸以面积计算	1. 门安装 2. 启动装置、五金、电子配件安装
010805002	旋转门				
010805003	电子对讲门	1. 门代号及洞口尺寸 2. 门框或扇外围尺寸 3. 门材质 4. 玻璃品种、厚度 5. 启动装置的品种、规格 6. 电子配件品种、规格			
010805004	电动伸缩门				
010805005	全玻自由门	1. 门代号及洞口尺寸 2. 门框或扇外围尺寸 3. 框材质 4. 玻璃品种、厚度			1. 门安装 2. 五金安装
010805006	镜面不锈钢饰面门	1. 门代号及洞口尺寸 2. 门框或扇外围尺寸 3. 框、扇材质 4. 玻璃品种、厚度			
010805007	复合材料门				

注 1. 以樘计量，项目特征必须描述洞口尺寸，没有洞口尺寸必须描述门框或扇外围尺寸；以 m² 计量，项目特征可不描述洞口尺寸及框、扇的外围尺寸。

2. 以 m² 计量，无设计图示洞口尺寸，按门框、扇外围以面积计算。

H.6 木窗

木窗工程量清单项目设置、项目特征描述、计量单位及工程量计算规则应按表 H.6 的规定执行。

表 H.6 木窗（编码：010806）

项目编码	项目名称	项目特征	计量单位	工程量计算规则	工作内容
010806001	木质窗	1. 窗代号及洞口尺寸 2. 玻璃品种、厚度	1. 樘 2. m²	1. 以樘计量，按设计图示数量计算 2. 以 m² 计量，按设计图示洞口尺寸以面积计算	1. 窗安装 2. 五金、玻璃安装
010806002	木飘（凸）窗			1. 以樘计量，按设计图示数量计算 2. 以 m² 计量，按设计图示尺寸以框外围展开面积计算	1. 窗制作、运输、安装 2. 五金、玻璃安装 3. 刷防护材料
010806003	木橱窗	1. 窗代号 2. 框截面及外围展开面积 3. 玻璃品种、厚度 4. 防护材料种类			
010806004	木纱窗	1. 窗代号及框的外围尺寸 2. 窗纱材料品种、规格		1. 以樘计量，按设计图示数量计算 2. 以 m² 计量，按框的外围尺寸以面积计算	1. 窗安厂 2. 五金安装

注 1. 木质窗应区分木百叶窗、木组合窗、木天窗、木固定窗、木装饰空花窗等项目，分别编码列项。

2. 以樘计量，项目特征必须描述洞口尺寸，没有洞口尺寸必须描述窗框外围尺寸；以 m² 计量，项目特征可不描述洞口尺寸及框的外围尺寸。

3. 以 m² 计量，无设计图示洞口尺寸，按窗框外围以面积计算。

4. 木橱窗、木飘（凸）窗以樘计量，项目特征必须描述框截面及外围展开面积。

5. 木窗五金包括：折页、插销、风钩、木螺丝、滑轮滑轨（推拉窗）等。

H.7　金属窗

金属窗工程量清单项目设置、项目特征描述、计量单位及工程量计算规则应按表 H.7 的规定执行。

表 H.7　　　　　　　　　　　金属窗（编码：010807）

项目编码	项目名称	项目特征	计量单位	工程量计算规则	工作内容
010807001	金属（塑钢、断桥）窗	1. 窗代号及洞口尺寸 2. 框、扇材质 3. 玻璃品种、厚度	1. 樘 2. m²	1. 以樘计量，按设计图示数量计算 2. 以 m² 计量，按设计图示洞口尺寸以面积计算	1. 窗安装 2. 五金、玻璃安装
010807002	金属防火窗				
010807003	金属百叶窗	1. 窗代号及洞口尺寸 2. 框、扇材质 3. 玻璃品种、厚度		1. 以樘计量，按设计图示数量计算 2. 以 m² 计量，按设计图示洞口尺寸以面积计算	
010807004	金属纱窗	1. 窗代号及框的外围尺寸 2. 框材质 3. 窗纱材料品种、规格		1. 以樘计量，按设计图示数量计算 2. 以 m² 计量，按框的外围尺寸以面积计算	1. 窗安装 2. 五金安装
010807005	金属格栅窗	1. 窗代号及洞口尺寸 2. 框外围尺寸 3. 框、扇材质		1. 以樘计量，按设计图示数量计算 2. 以 m² 计量，按设计图示洞口尺寸以面积计算	
010807006	金属（塑钢、断桥）橱窗	1. 窗代号 2. 框外围展开面积 3. 框、扇材质 4. 玻璃品种、厚度 5. 防护材料种类		1. 以樘计量，按设计图示数量计算 2. 以 m² 计量，按设计图示尺寸以外围展开面积计算	1. 窗制作、运输、安装 2. 五金、玻璃安装 3. 刷防护材料
010807007	金属（塑钢、断桥）飘（凸）窗	1. 窗代号 2. 框外围展开面积 3. 框、扇材质 4. 玻璃品种、厚度			1. 窗安装 2. 五金、玻璃安装
010807008	彩板窗	1. 窗代号及洞口尺寸 2. 框外围尺寸 3. 框、扇材质 4. 玻璃品种、厚度		1. 以樘计量，按设计图示数量计算 2. 以 m² 计量，按设计图示洞口尺寸或框外围以面积计算	
010807009	复合材料窗				

注 1. 金属窗应区分金属组合窗、防盗窗等项目，分别编码列项。

2. 以樘计量，项目特征必须描述洞口尺寸，没有洞口尺寸必须描述窗框外围尺寸；以 m² 计量，项目特征可不描述洞口尺寸及框的外围尺寸。

3. 以 m² 计量，无设计图示洞口尺寸，按窗框外围以面积计算。

4. 金属橱窗、飘（凸）窗以樘计量，项目特征必须描述框外围展开面积。

5. 金属窗五金包括：折页、螺丝、执手、卡锁、铰拉、风撑、滑轮、滑轨、拉把、拉手、角码、牛角制等。

H.8　门窗套

门窗套工程量清单项目设置、项目特征描述、计量单位及工程量计算规则应按表

H. 8 的规定执行。

表 H. 8 门窗套（编码：010808）

项目编码	项目名称	项目特征	计量单位	工程量计算规则	工作内容
010808001	木门窗套	1. 窗代号及洞口尺寸 2. 门窗套展开宽度 3. 基层材料种类 4. 面层材料品种、规格 5. 线条品种、规格 6. 防护材料种类	1. 樘 2. m² 3. m	1. 以樘计量，按设计图示数量计算 2. 以 m² 计量，按设计图示尺寸以展开面积计算 3. 以 m 计量，按设计图示中心以延长米计算	1. 清理基层 2. 立筋制作、安装 3. 基层板安装 4. 面层铺贴 5. 线条安装 6. 刷防护材料
010808002	木筒子板	1. 筒子板宽度 2. 基层材料种类 3. 面层材料品种、规格 4. 线条品种、规格 5. 防护材料种类			
010808003	饰面夹板筒子板				
010808004	金属门窗套	1. 窗代号及洞口尺寸 2. 门窗套展开宽度 3. 基层材料种类 4. 面层材料品种、规格 5. 防护材料种类			1. 清理基层 2. 立筋制作、安装 3. 基层板安装 4. 面层铺贴 5. 刷防护材料
010808005	石材门窗套	1. 窗代号及洞口尺寸 2. 门窗套展开宽度 3. 黏结层厚度、砂浆配合比 4. 面层材料品种、规格 5. 线条品种、规格			1. 清理基层 2. 立筋制作、安装 3. 基层抹灰 4. 面层铺贴 5. 线条安装
010808006	门窗木贴脸	1. 门窗代号及洞口尺寸 2. 贴脸板宽度 3. 防护材料种类	1. 樘 2. m	1. 以樘计量，按设计图示数量计算 2. 以 m 计量，按设计图示尺寸以延长米计算	安装
010808007	成品木门窗套	1. 门窗代号及洞口尺寸 2. 门窗套展开宽度 3. 门窗套材料品种、规格	1. 樘 2. m² 3. m	1. 以樘计量，按设计图示数量计算 2. 以 m² 计量，按设计图示尺寸以展开面积计算 3. 以 m 计量，按设计图示中心以延长米计算	1. 清理基层 2. 立筋制作、安装 3. 板安装

注 1. 以樘计量，项目特征必须描述洞口尺寸、门窗套展开宽度。

2. 以 m² 计量，项目特征可不描述洞口尺寸、门窗套展开宽度。

3. 以 m 计量，项目特征必须描述门窗套展开宽度、筒子板及贴脸宽度。

4. 木门窗套适用于单独门窗套的制作、安装。

H. 9 窗台板

窗台板工程量清单项目设置、项目特征描述、计量单位及工程量计算规则应按表 H. 9 的规定执行。

表 H.9　　　　　　　　　　　　窗台板（编码：010809）

项目编码	项目名称	项目特征	计量单位	工程量计算规则	工作内容
010809001	木窗台板	1. 基层材料种类 2. 窗台面板材质、规格、颜色 3. 防护材料种类	m²	按设计图示尺寸以展开面积计算	1. 基层清理 2. 基层制作、安装 3. 窗台板制作、安装 4. 刷防护材料
010809002	铝塑窗台板				
010809003	金属窗台板				
010809004	石材窗台板	1. 黏结层厚度、砂浆配合比 2. 窗台板材质、规格、颜色			1. 基层清理 2. 抹找平层 3. 窗台板制作、安装

H.10　窗帘、窗帘盒、轨

窗帘、窗帘盒、轨工程量清单项目设置、项目特征描述、计量单位及工程量计算规则应按表 H.10 的规定执行。

表 H.10　　　　　　　　　窗帘、窗帘盒、轨（编码：010810）

项目编码	项目名称	项目特征	计量单位	工程量计算规则	工作内容
010810001	窗帘	1. 窗帘材质 2. 窗帘高度、宽度 3. 窗帘层数 4. 带幔要求	1. m 2. m²	1. 以 m 计量，按设计图示尺寸以成活后长度计算 2. 以 m² 计量，按图示尺寸以成活后展开面积计算	1. 制作、运输 2. 安装
010810002	木窗帘盒	1. 窗帘盒材质、规格 2. 防护材料种类	m	按设计图示尺寸以长度计算	1. 制作、运输、安装 2. 刷防护材料
010810003	饰面夹板、塑料窗帘盒				
010810004	铝合金窗帘盒				
010810005	窗帘轨	1. 窗帘轨材质、规格 2. 轨的数量 3. 防护材料种类			

注　1. 窗帘若是双层，项目特征必须描述每层材质。
　　2. 窗帘以 m 计量，项目特征必须描述窗帘高度和宽。

附录 J　屋面及防水工程

J.1　瓦、型材及其他屋面

瓦、型材及其他屋面工程量清单项目设置、项目特征描述、计量单位及工程量计算规则应按表 J.1 的规定执行。

表 J.1 瓦、型材及其他屋面（编码：010901）

项目编码	项目名称	项目特征	计量单位	工程量计算规则	工作内容
010901001	瓦屋面	1. 瓦品种、规格 2. 粘结层砂浆的配合比	m²	按设计图示尺寸以斜面积计算 不扣除房上烟囱、风帽底座、风道、小气窗、斜沟等所占面积。小气窗的出檐部分不增加面积	1. 砂浆制作、运输、摊铺、养护 2. 安瓦、作瓦脊
010901002	型材屋面	1. 型材品种、规格 2. 金属檩条材料品种、规格 3. 接缝，嵌缝材料种类			1. 檩条制作、运输、安装 2. 屋面型材安装 3. 接缝、嵌缝
010901003	阳光板屋面	1. 阳光板品种、规格 2. 骨架材料品种、规格 3. 接缝、嵌缝材料种类 4. 油漆品种、刷漆遍数		按设计图示尺寸以斜面积计算 不扣除屋面面积≤0.3m²孔洞所占面积	1. 骨架制作、运输、安装、刷防护材料、油漆 2. 阳光板安装 3. 接缝、嵌缝
010901004	玻璃钢屋面	1. 玻璃钢品种、规格 2. 骨架材料品种、规格 3. 玻璃钢固定方式 4. 接缝、嵌缝材料种类 5. 油漆品种、刷漆遍数			1. 骨架制作、运输、安装、刷防护材料、油漆 2. 玻璃钢制作、安装 3. 接缝、嵌缝
010901005	膜结构屋面	1. 膜布品种、规格 2. 支柱（网架）钢材品种、规格 3. 钢丝绳品种、规格 4. 锚固基座做法 5. 油漆品种、刷漆遍数	m²	按设计图示尺寸以需要覆盖的水平投影面积计算	1. 膜布热压胶接 2. 支柱（网架）制作、安装 3. 膜布安装 4. 穿钢丝绳、锚头锚固 5. 锚固基座、挖土、回填 6. 刷防护材料，油漆

注 1. 瓦屋面若是在木基层上铺瓦，项目特征不必描述粘结层砂浆的配合比，瓦屋面铺防水层，按本附录表 J.2 屋面防水及其他中相关项目编码列项。

　　 2. 型材屋面、阳光板屋面、玻璃钢屋面的柱、梁、屋架，按本规范附录 F 金属结构工程、附录 G 木结构工程中相关项目编码列项。

J.2 屋面防水及其他

屋面防水及其他工程量清单项目设置、项目特征描述、计量单位及工程量计算规则应按表 J.2 的规定执行。

表 J.2 屋面防水及其他（编码：010902）

项目编码	项目名称	项目特征	计量单位	工程量计算规则	工作内容
010902001	屋面卷材防水	1. 卷材品种、规格、厚度 2. 防水层数 3. 防水层做法	m²	按设计图示尺寸以面积计算 1. 斜屋顶（不包括平屋顶找坡）按斜面积计算，平屋顶按水平投影面积计算 2. 不扣除房上烟囱、风帽底座、风道、屋面小气窗和斜沟所占面积 3. 屋面的女儿墙、伸缩缝和天窗等处的弯起部分，并入屋面工程量内	1. 基层处理 2. 刷底油 3. 铺油毡卷材、接缝
010902002	屋面涂膜防水	1. 防水膜品种 2. 涂膜厚度、遍数 3. 增强材料种类			1. 基层处理 2. 刷基层处理剂 3. 铺布、喷涂防水层

续表

项目编码	项目名称	项目特征	计量单位	工程量计算规则	工作内容
010902003	屋面刚性层	1. 刚性层厚度 2. 混凝土种类 3. 混凝土强度等级 4. 嵌缝材料种类 5. 钢筋规格、型号	m²	按设计图示尺寸以面积计算。不扣除房上烟囱、风帽底座、风道等所占面积	1. 基层处理 2. 混凝土制作、运输、铺筑、养护 3. 钢筋制安
010902004	屋面排水管	1. 排水管品种、规格 2. 雨水斗、山墙出水口品种、规格 3. 接缝、嵌缝材料种类 4. 油漆品种、刷漆遍数	m	按设计图示尺寸以长度计算。如设计未标注尺寸，以檐口至设计室外散水上表面垂直距离计算	1. 排水管及配件安装、固定 2. 雨水斗、山墙出水口、雨水箅子安装 3. 接缝、嵌缝 4. 刷漆
010902005	屋面排（透）气管	1. 排（透）气管品种、规格 2. 接缝、嵌缝材料种类 3. 油漆品种、刷漆遍数		按设计图示尺寸以长度计算	1. 排（透）气管及配件安装、固定 2. 铁件制作、安装 3. 接缝、嵌缝 4. 刷漆
010902006	屋面（廊、阳台）泄（吐）水管	1. 吐水管品种、规格 2. 接缝、嵌缝材料种类 3. 吐水管长度 4. 油漆品种、刷漆遍	根（个）	按设计图示数量计算	1. 水管及配件安装及固定 2. 接缝、嵌缝 3. 刷漆
010902007	屋面天沟、檐沟	1. 材料品种、规格 2. 接缝、嵌缝材料种类	m²	按设计图示尺寸以展开面积计算	1. 天沟材料铺设 2. 天沟配件安装 3. 接缝、嵌缝 4. 刷防护材料
010902008	屋面变形缝	1. 嵌缝材料种类 2. 止水带材料种类 3. 盖缝材料 4. 防护材料种类	m	按设计图示以长度计算	1. 清缝 2. 填塞防水材料 3. 止水带安装 4. 盖缝制作、安装 5. 刷防护材料

注 1. 屋面刚性层无钢筋，其钢筋项目特征不必描述。

2. 屋面找平层按本规范附录 L 楼地面装饰工程"平面砂浆找平层"项目编码列项。

3. 屋面防水搭接及附加层用量不另行计算，在综合单价中考虑。

4. 屋面保温找坡层按本规范附录 K 保温、隔热、防腐工程"保温隔热屋面"项目编码列项。

J.3　墙面防水、防潮

　　墙面防水、防潮工程量清单项目设置、项目特征描述、计量单位及工程量计算规则应按表 J.3 的规定执行。

表 J.3   墙面防水、防潮（编码：010903）

项目编码	项目名称	项目特征	计量单位	工程量计算规则	工作内容
010903001	墙面卷材防水	1. 卷材品种、规格、厚度 2. 防水层数 3. 防水层做法	m²	按设计图示尺寸以面积计算	1. 基层处理 2. 刷黏结剂 3. 铺防水卷材 4. 接缝、嵌缝
010903002	墙面涂膜防水	1. 防水膜品种 2. 涂膜厚度、遍数 3. 增强材料种类			1. 基层处理 2. 刷基层处理剂 3. 铺布、喷涂防水层
010903003	墙面砂浆防水（防潮）	1. 防水层做法 2. 砂浆厚度、配合比 3. 钢丝网规格			1. 基层处理 2. 挂钢丝网片 3. 设置分格缝 4. 砂浆制作、运输、摊铺、养护
010903004	墙面变形缝	1. 嵌缝材料种类 2. 止水带材料种类 3. 盖缝材料 4. 防护材料种类	m	按设计图示以长度计算	1. 清缝 2. 填塞防水材料 3. 止水带安装 4. 盖缝制作、安装 5. 刷防护材料

注 1. 墙面防水搭接及附加层用量不另行计算，在综合单价中考虑。
    2. 墙面变形缝，若做双面，工程量乘系数 2。
    3. 墙面找平层按本规范附录 M 墙、柱面装饰与隔断、幕墙工程"立面砂浆找平层"项目编码列项。

J.4 楼（地）面防水、防潮

楼（地）面防水、防潮工程量清单项目设置、项目特征描述、计量单位及工程量计算规则应按表 J.4 的规定执行。

表 J.4   楼（地）面防水、防潮（编码：010904）

项目编码	项目名称	项目特征	计量单位	工程量计算规则	工作内容
010904001	楼（地）面卷材防水	1. 卷材品种、规格、厚度 2. 防水层数 3. 防水层做法 4. 反边高度	m²	按设计图示尺寸以面积计算 1. 楼（地）面防水：按主墙间净空面积计算，扣除凸出地面的构筑物、设备基础等所占面积，不扣除间壁墙及单个面积≤0.3m² 柱、垛、烟囱和孔洞所占面积 2. 楼（地）面防水反边高度＜300mm 算作地面防水，反边高度＞300mm 按墙面防水计算	1. 基层处理 2. 刷黏结剂 3. 铺防水卷材 4. 接缝、嵌缝
010904002	楼（地）面涂膜防水	1. 防水膜品种 2. 涂膜厚度、遍数 3. 增强材料种类 4. 反边高度			1. 基层处理 2. 刷基层处理剂 3. 铺布、喷涂防水层
010904003	楼（地）面砂浆防水（防潮）	1. 防水层做法 2. 砂浆厚度、配合比 3. 反边高度			1. 基层处理 2. 砂浆制作、运输、摊铺、养护

项目编码	项目名称	项目特征	计量单位	工程量计算规则	工作内容
010904004	楼（地）面变形缝	1. 嵌缝材料种类 2. 止水带材料种类 3. 盖缝材料 4. 防护材料种类	m	按设计图示以长度计算	1. 清缝 2. 填塞防水材料 3. 止水带安装 4. 盖缝制作，安装 5. 刷防护材料

注 1. 楼（地）面防水找平层按本规范附录L楼地面装饰工程"平面砂浆找平层"项目编码列项。

　　2. 楼（地）面防水搭接及附加层用量不另行计算，在综合单价中考虑。

附录 K　保温、隔热、防腐工程

K.1　保温、隔热

保温、隔热工程量清单项目设置、项目特征描述、计量单位及工程量计算规则应按表K.1的规定执行。

表 K.1　　　　　　　　保温、隔热（编码：011001）

项目编码	项目名称	项目特征	计量单位	工程量计算规则	工作内容
011001001	保温隔热屋面	1. 保温隔热材料品种、规格、厚度 2. 隔气层材料品种、厚度 3. 黏结材料种类、做法 4. 防护材料种类、做法		按设计图示尺寸以面积计算。扣除面积＞0.3m² 孔洞及占位面积	1. 基层清理 2. 刷黏结材料 3. 铺粘保温层 4. 铺、刷（喷）防护材料
011001002	保温隔热天棚	1. 保温隔热面层材料品种、规格、性能 2. 保温隔热材料品种 3. 黏结材料种类做法 4. 防护材料种类及做法		按设计图示尺寸以面积计算。扣除面积＞0.3m² 柱、垛、孔洞所占的面积，与天棚相连的梁按展开面积，计算并入天棚工程量内	
011001003	保温隔热墙面	1. 保温隔热部位 2. 保温隔热方式 3. 踢脚线、勒脚线保温做法	m²	按设计图示尺寸以面积计算。扣除门窗洞口以及面积＞0.3m² 梁、孔洞所占面积；门窗洞口侧壁以及与墙相连的柱，并入保温墙体工程量内	1. 基层清理 2. 刷界面剂 3. 安装龙骨 4. 填贴保温材料 5. 保温板安装 6. 粘贴面层 7. 铺设增强格网、抹抗裂、防水砂浆面层 8. 嵌缝 9. 铺、刷（喷）防护材料
011001004	保温柱、梁	4. 龙骨材料品种、规格 5. 保温隔热面层材料品种、规格、性能 6. 保温隔热材料品种、规格及厚度 7. 增强网及抗裂防水砂浆种类 8. 黏结材料种类及做法 9. 防护材料种类及做法		按设计图示尺寸以面积计算 1. 柱按设计图示柱断面保温层中心线展开长度乘保温层高度以面积计算，扣除面积＞0.3m² 梁所占面积 2. 梁按设计图示梁断面保温层中心线展开长度乘保温层长度以面积计算	

项目编码	项目名称	项目特征	计量单位	工程量计算规则	工作内容
011001005	保温隔热楼地面	1. 保温隔热部位 2. 保温隔热材料品种、规格、厚度 3. 隔气层材料品种、厚度 4. 粘结材料种类、做法 5. 防护材料种类、做法	m²	按设计图示尺寸以面积计算。扣除面积＞0.3m²柱、垛、孔洞等所占面积。门洞、空圈、暖气包槽、壁龛的开口部分不增加面积	1. 基层清理 2. 刷粘结材料 3. 铺粘保温层 4. 铺、刷（喷）防护材料
011001006	其他保温隔热	1. 保温隔热部位 2. 保温隔热方式 3. 隔气层材料品种、厚度 4. 保温隔热面层材料品种、规格、性能 5. 保温隔热材料品种、规格及厚度 6. 粘结材料种类做法 7. 增强网及抗裂防水砂浆种类 8. 防护材料种类及做法		按设计图示尺寸以展开面积计算。扣除面积＞0.3m²孔洞及占位面积	1. 基层清理 2. 刷界面剂 3. 安装龙骨 4. 填贴保温材料 5. 保温板安装 6. 粘贴面层 7. 铺设增强格网、磨抗裂防水砂浆面层浆面层 8. 嵌缝 9. 铺、刷（喷）防护材料

注 1. 保温隔热装饰面层，按本规范附录 L、M、N、P、Q 中相关项目编码列项；仅做找平层按本规范附录 L 楼地面装饰工程"平面砂浆找平层"或附录 M 墙、柱面装饰与隔断、幕墙工程"立面砂浆找平层"项目编码列项。
  2. 柱帽保温隔热应并入天棚保温隔热工程量内。
  3. 池槽保温隔热应按其他保温隔热项目编码列项。
  4. 保温隔热方式：指内保温、外保温、夹心保温。
  5. 保温柱、梁适用于不与墙、天棚相连的独立柱、梁。

K.2 防腐面层

防腐面层工程量清单项目设置、项 3 特征描述、计量单位及工程量计算规则应按表 K.2 的规定执行。

表 K.2　　　　　　　　　　防腐面层（编码：011002）

项目编码	项目名称	项目特征	计量单位	工程量计算规则	工作内容
011002001	防腐混凝土面层	1. 防腐部位 2. 面层厚度 3. 混凝土种类 4. 胶泥种类、配合比	m²	按设计图示尺寸以面积计算 1. 平面防腐：扣除凸出地面的构筑物、设备基础等以及面积＞0.3m² 孔洞、柱、垛等所占面积，门洞、空圈、暖气包槽，壁龛的开口部分不增加面积 2. 立面防腐：扣除门、窗、洞口以及面积＞0.3m² 孔洞、梁所占面积，门、窗、洞口侧壁、垛突出部分按展开面积并入墙面积内	1. 基层清理 2. 基层刷胶泥 3. 混凝土制作、运输、摊铺、养护
011002002	防腐砂浆面层	1. 防腐部位 2. 面层厚度 3. 砂浆、胶泥种类、配合比			1. 基层清理 2. 基层刷稀胶泥 3. 砂浆制作、运输、摊铺、养护
011002003	防腐胶泥面层	1. 防腐部位 2. 面层厚度 3. 胶泥种类、配合比			1. 基层清理 2. 胶泥调制、摊铺

续表

项目编码	项目名称	项目特征	计量单位	工程量计算规则	工作内容
011002004	玻璃钢防腐面层	1. 防腐部位 2. 玻璃钢种类 3. 贴布材料的种类、层数 4. 面层材料品种	m²	按设计图示尺寸以面积计算 1. 平面防腐：扣除凸出地面的构筑物、设备基础等以及面积>0.3m² 孔洞、柱、垛等所占面积，门洞、空圈、暖气包槽、壁龛的开口部分不增加面积 2. 立面防腐：扣除门、窗、洞口以及面积>0.3m² 孔洞、梁所占面积，门、窗、洞口侧壁、垛突出部分按展开面积并入墙面积内	1. 基层清理 2. 刷底漆、刮腻子 3. 胶浆配制、涂刷 4. 粘布、涂刷面层
011002005	聚氯乙烯板面层	1. 防腐部位 2. 面层材料品种、厚度 3. 粘结材料种类			1. 基层清理 2. 配料、涂胶 3. 聚氯乙烯板铺设
011002006	块料防腐面层	1. 防腐部位 2. 块料品种、规格 3. 粘结材料种类 4. 勾缝材料种类			1. 基层清理 2. 铺贴块料 3. 胶泥调制、勾缝
011002007	池、槽块料防腐面层	1. 防腐池、槽名称、代号 2. 块料品种、规格 3. 粘结材料种类 4. 勾缝材料种类		按设计图示尺寸以展开面积计算	1. 基层清理 2. 铺贴块料 3. 胶泥调制、勾缝

注 防腐踢脚线，应按本规范附录 L 楼地面装饰工程"踢脚线"项目编码列项。

K.3 其他防腐

其他防腐工程量清单项目设置、项目特征描述、计量单位及工程量计算规则应按表 K.3 的规定执行。

表 K.3   **其他防腐（编码：011003）**

项目编码	项目名称	项目特征	计量单位	工程量计算规则	工作内容
011003001	隔离层	1. 隔离层部位 2. 隔离层材料品种 3. 隔离层做法 4. 粘贴材料种类	m²	按设计图示尺寸以面积计算 1. 平面防腐：扣除凸出地面的构筑物、设备基础等以及面积>0.3m² 孔洞、柱、垛等所占面积，门洞、空圈、暖气包槽、壁龛的开口部分不增加面积 2. 立面防腐：扣除门、窗、洞口以及面积>0.3m² 孔洞、梁所占面积，门，窗，洞口侧壁，垛突出部分按展开面积并入墙面积内	1. 基层清理、刷油 2. 煮沥青 3. 胶泥调制 4. 隔离层铺设
011003002	砌筑沥青浸渍砖	1. 砌筑部位 2. 浸渍砖规格 3. 胶泥种类 4. 浸渍砖砌法	m³	按设计图示尺寸以体积计算	1. 基层清理 2. 胶泥调制 3. 浸渍砖铺砌

续表

项目编码	项目名称	项目特征	计量单位	工程量计算规则	工作内容
011003003	防腐涂料	1. 涂刷部位 2. 基层材料类型 3. 刮腻子的种类、遍数 4. 涂料品种、刷涂遍数	m²	按设计图示尺寸以面积计算 1. 平面防腐：扣除凸出地面的构筑物、设备基础等以及面积＞0.3m² 孔洞、柱、垛等所占面积，门洞、空圈、暖气包槽、壁龛的开口部分不增加面积 2. 立面防腐：扣除门、窗、洞口以及面积＞0.3m² 孔洞、梁所占面积，门、窗、洞口侧壁、垛突出部分按展开面积并入墙面积内	1. 基层清理 2. 刮腻子 3. 刷涂料

注 浸渍砖砌法指平砌、立砌。

附录 S 措 施 项 目

S.1 脚手架工程

脚手架工程工程量清单项目设置、项目特征描述的内容、计量单位及工程量计算规则，应按表 S.1 的规定执行。

表 S.1 　　　　　　　脚手架工程（编码：011701）

项目编码	项目名称	项目特征	计量单位	工程量计算规则	工作内容
011701001	综合脚手架	1. 建筑结构形式 2. 檐口高度	m²	按建筑面积计算	1. 场内、场外材料搬运 2. 搭、拆脚手架、斜道、上料平台 3. 安全网的铺设 4. 选择附墙点与主体连接 5. 测试电动装置、安全锁等 6. 拆除脚手架后材料的堆放
011701002	外脚手架	1. 搭设方式 2. 搭设高度 3. 脚手架材质	m²	按所服务对象的垂直投影面积计算	1. 场内、场外材料搬运 2. 搭、拆脚手架、斜道、上料平台 3. 安全网的铺设 4. 拆除脚手架后材料的堆放
011701003	里脚手架			按搭设的水平投影面积计算	
011701004	悬空脚手架	1. 搭设方式 2. 悬挑宽度 3. 脚手架材质			
011701005	挑脚手架		m	按搭设长度乘以搭设层数以延长米计算	
011701006	满堂脚手架	1. 搭设方式 2. 搭设高度 3. 脚手架材质	m²	按搭设的水平投影面积计算	

267

项目编码	项目名称	项目特征	计量单位	工程量计算规则	工作内容
011701007	整体提升架	1. 搭设方式及启动装置 2. 搭设高度	m²	按所服务对象的垂直投影面积计算	1. 场内、场外材料搬运 2. 选择附墙点与主体连接 3. 搭、拆脚手架、斜道、上料平台 4. 安全网的铺设 5. 测试电动装置、安全锁等 6. 拆除脚手架后材料的堆放
011701008	外装饰吊篮	1. 升降方式及启动装置 2. 搭设高度及吊篮型号		按所服务对象的垂直投影面积计算	1. 场内、场外材料搬运 2. 吊篮的安装 3. 测试电动装置、安全锁、平衡控器等 4. 吊篮的拆卸

注 1. 使用综合脚手架时，不再使用外脚手架、里脚手架等单项脚手架；综合脚手架适用于能够按"建筑面积计算规则"计算建筑面积的建筑工程脚手架，不适用于房屋加层、构筑物及附属工程脚手架。

　　2. 同一建筑物有不同檐高时，按建筑物竖向切面分别按不同檐高编列清单项目。

　　3. 整体提升架已包括 2m 高的防护架体设施。

　　4. 脚手架材质可以不描述，但应注明由投标人根据工程实际情况按照国家现行标准《建筑施工扣 1 件式钢管脚手架安全技术规范》（JGJ 130）、《建筑施工附着升降脚手架管理暂行规定》（建建〔2000〕230 号）等规范自行确定。

S.2 混凝土模板及支架（撑）

混凝土模板及支架（撑）工程量清单项目设置、项目特征描述的内容、计量单位、工程量计算规则及工作内容，应按表 S.2 的规定执行。

表 S.2　　　　　　　　混凝土模板及支架（撑）（编码：011702）

项目编码	项目名称	项目特征	计量单位	工程量计算规则	工作内容
011702001	基础	基础类型	m²	按模板与现浇混凝土构件的接触面积计算 1. 现浇钢筋混凝土墙、板单孔面积≤0.3m² 的孔洞不予扣除，洞侧壁模板亦不增加；单孔面积≥0.3m² 时应予扣除，洞侧壁模板面积并入墙、板工程量内计算 2. 现浇框架分别按梁、板、柱有关规定计算；附墙柱、暗梁、暗柱并入墙内工程量内计算 3. 柱、梁、墙、板相互连接的重叠部分，均不计算模板面积 4. 构造柱按图示外露部分计算模板面积	1. 模板制作 2. 模板安装、拆除、整理堆放及场内外运输 3. 清理模板粘结物及模内杂物、刷隔离剂等
011702002	矩形柱				
011702003	构造柱				
011702004	异形柱	柱截面形状			
011702005	基础梁	梁截面形状			
011702006	矩形梁	支撑高度			
011702007	异形梁	1. 梁截面形状 2. 支撑高度			
011702008	圈梁				
011702009	过梁				
011702010	弧形、拱形梁	1. 梁截面形状 2. 支撑高度			

续表

项目编码	项目名称	项目特征	计量单位	工程量计算规则	工作内容
011702011	直形墙			按模板与现浇混凝土构件的接触面积计算 1. 现浇钢筋混凝土墙、板单孔面积≤0.3m² 的孔洞不予扣除，洞侧壁模板亦不增加；单孔面积＞0.3m² 时应予扣除，洞侧壁模板面积并入墙、板工程量内计算 2. 现浇框架分别按梁、板、柱有关规定计算；附墙柱、暗梁、暗柱并入墙内工程量内计算 3. 柱、梁、墙、板相互连接的重叠部分，均不计算模板面积	
011702012	弧形墙				
011702013	短肢剪力墙、电梯井壁	支撑高度			
011702014	有梁板				
011702015	无梁板				
011702016	平板				
011702017	拱板				
011702018	薄壳板				
011702019	空心板				
011702020	其他板				
011702021	栏板		m²		1. 模板制作 2. 模板安装、拆除、整理堆放及场内外运输 3. 清理模板粘结物及模内杂物、刷隔离剂等
011702022	天沟、檐沟	构件类型		按模板与现浇混凝土构件的接触面积计算	
011702023	雨篷、悬挑	1. 构件类型 2. 板厚度		按图示外挑部分尺寸的水平投影面积计算，挑出墙外的悬臂梁及板边不另计算	
011702024	楼梯	类型		按楼梯（包括休息平台、平台梁、斜梁和楼层板的连接梁）的水平投影面积计算，不扣除宽度≤500mm 的楼梯井所占面积，楼梯踏步、踏步板、平台梁等侧面模板不另计算，伸入墙内部分亦不增加	
011702025	其他现浇构件	构件类型		按模板与现浇混凝土构件的接触面积计算	
011702026	电缆沟、地沟	1. 沟类型 2. 沟截面		按模板与电缆沟、地沟接触的面积计算	
011702027	台阶	台阶踏步宽		按图示台阶水平投影面积计算，台阶端头两侧不另计算模板面积。架空式混凝土台阶，按现浇楼梯计算	
011702028	扶手	扶手断面尺寸		按模板与扶手的接触面积计算	
011702029	散水			按模板与散水的接触面积计算	
011702030	后浇带	后浇带部位		按模板与后浇带的接触面积计算	
011702031	化粪池	1. 化粪池部位 2. 化粪池规格		按模板与混凝土接触面积计算	
011702032	检查井	1. 检查井部位 2. 检查井规格			

注 1. 原槽浇灌的混凝土基础，不计算模板。
　　2. 混凝土模板及支撑（架）项目，只适用于以 m² 计量，按模板与混凝土构件的接触面积计算。以 m³ 计量的模板及支撑（支架），按混凝土及钢筋混凝土实体项目执行，其综合单价中应包含模板及支撑（支架）。
　　3. 采用清水模板时，应在特征中注明。
　　4. 若现浇混凝土梁、板支撑高度超过 3.6m 时，项目特征应描述支撑高度。

S.3 垂直运输

垂直运输工程量清单项目设置、项目特征描述的内容、计量单位及工程量计算规则应按表 S.3 的规定执行。

表 S.3 垂直运输 (011703)

项目编码	项目名称	项目特征	计量单位	工程量计算规则	工作内容
011703001	垂直运输	1. 建筑物建筑类型及结构形式 2. 地下室建筑面积 3. 建筑物檐口高度、层数	1. m² 2. 天	1. 按建筑面积计算 2. 按施工工期日历天数计算	1. 垂直运输机械的固定装置、基础制作、安装 2. 行走式垂直运输机械轨道的铺设、拆除、摊销

注 1. 建筑物的檐口高度是指设计室外地坪至檐口滴水的高度（平屋顶系指屋面板底高度），突出主体建筑物屋顶的电梯机房、楼梯出口间、水箱间、瞭望塔、排烟机房等不计入檐口高度。
  2. 垂直运输指施工工程在合理工期内所需垂直运输机械。
  3. 同一建筑物有不同檐高时，按建筑物的不同檐高做纵向分割，分别计算建筑面积，以不同檐高分别编码列项。

S.4 超高施工增加

超高施工增加工程量清单项目设置、项目特征描述的内容、计量单位及工程量计算规则应按表 S.4 的规定执行。

表 S.4 超高施工增加 (011704)

项目编码	项目名称	项目特征	计算单位	工程量计算规则	工作内容
011704001	超高施工增加	1. 建筑物建筑类型及结构形式 2. 建筑物檐口高度、层数 3. 单层建筑物檐口高度超过 20m，多层建筑物超过 6 层部分的建筑面积	m²	按建筑物超高部分的建筑面积计算	1. 建筑物超高引起的人工工效降低以及由于人工工效降低引起的机械降效 2. 高层施工用水加压水泵的安装、拆除及工作台班 3. 通信联络设备的使用及摊销

注 1. 单层建筑物檐口高度超过 20m，多层建筑物超过 6 层时，可按超高部分的建筑面积计算超高施工增加。计算层数时，地下室不计入层数。
  2. 同一建筑物有不同檐高时，可按不同高度的建筑面积分别计算建筑面积，以不同檐高分别编码列项。

S.5 大型机械设备进出场及安拆

大型机械设备进出场及安拆工程量清单项目设置、项目特征描述的内容及计量单位及工程量计算规则应按表 S.5 的规定执行。

表 S.5 大型机械设备进出场及安拆工程量清单

项目编码	项目名称	项目特征	计量单位	工程量计算规则	工作内容
011705001	大型机械设备进出场及安拆	1. 机械设备名称 2. 机械设备规格型号	台次	按使用机械设备的数量计算	1. 安拆费包括施工机械、设备在现场进行安装拆卸所需人工、材料、机械和试运转费用以及机械辅助设施的折旧、搭设、拆除等费用 2. 进出场费包括施工机械、设备整体或分体自停放地点运至施工现场或由一施工地点运至另一施工地点所发生的运输、装卸、辅助材料等费用

附录二 工程量清单计价表格

封-1   招标工程量清单封面

_____工程

招 标 工 程 量 清 单

招 标 人：_____
（单位盖章）

造价咨询人：_____
（单位盖章）

年　月　日

封-2   招标控制价封面

_____工程

招 标 控 制 价

招 标 人：_____
（单位盖章）

造价咨询人：_____
（单位盖章）

年　月　日

封-3　　　　　　　　　　　　投标总价封面

_____工程

投　标　总　价

招　标　人：_____
　　　　　　（单位盖章）

年　月　日

封-4　　　　　　　　　　　　竣工结算书封面

_____工程

竣　工　决　算　书

发　包　人：_____
　　　　　　（单位盖章）

承　包　人：_____
　　　　　　（单位盖章）

造价咨询人：_____
　　　　　　（单位盖章）

年　月　日

封-5　　　　　　　　　工程造价鉴定意见书封面

_____工程

编　号：×××［2×××］××号

工程造价鉴定意见书

造价咨询人：_____

（单位盖章）

年　月　日

扉-1　　　　　　　　　招标工程量清单扉页

招 标 工 程 量 清 单

招　标　人：_____造价咨询人_____

（单位盖章）　　　　　　　　　　　（单位资质专用章）

法定代表人　　　　　　　　　　法定代表人
或其授权人：_____或其授权人：_____

（签字或盖章）　　　　　　　　　　（签字或盖章）

编　制　人：_____复　核　人：_____

（造价人员签字盖专用章）　　　　（造价工程师签字盖专用章）

编制时间：　年 月 日　　　复核时间：　年 月 日

扉-2 招标控制价扉页

_____工程

招 标 控 制 价

招标控制价(小写)：_____

（大写）：_____

招　标　人：_____ 造价咨询人：_____

（单位盖章）　　　　　　　　　　　　　（单位资质专用章）

法定代表人　　　　　　　　　　　法定代表人

或其授权人：_____ 或其授权人：_____

（签字或盖章）　　　　　　　　　　　（签字或盖章）

编　制　人：_____ 复　核　人：_____

（造价人员签字盖专用章）　　　　　（造价工程师签字盖专用章）

编制时间：　年　月　日　　　　　复核时间：　年　月　日

扉-3 投标总价扉页

投 标 总 价

招 标 人：＿＿＿＿＿＿＿＿＿＿＿＿＿＿＿＿＿＿＿＿

工 程 名 称：＿＿＿＿＿＿＿＿＿＿＿＿＿＿＿＿＿＿

投 标 总 价(小写)：＿＿＿＿＿＿＿＿＿＿＿＿＿＿＿
　　　　　　(大写)：＿＿＿＿＿＿＿＿＿＿＿＿＿＿＿

投 标 人：＿＿＿＿＿＿＿＿＿＿＿＿＿＿＿＿＿＿＿
　　　　　　　　　(单位盖章)

法定代表人
或其授权人：＿＿＿＿＿＿＿＿＿＿＿＿＿＿＿＿＿＿
　　　　　　　　　(签字或盖章)

编 制 人：＿＿＿＿＿＿＿＿＿＿＿＿＿＿＿＿＿＿＿
　　　　　　(造价人员签字盖专用章)

编 制 时 间： 年 月 日

扉- 4　　　　　　　　　　　竣工结算总价扉页

_____工程

竣 工 结 算 总 价

签约合同价（小写）：_____　　（大写）：_____

竣工结算价（小写）：_____　　（大写）：_____

发　包　人：_____承　包　人：_____造价咨询人：_____
　　（单位盖章）　　　　　（单位盖章）　　　（单位资质专用章）

法定代表人　　　　　法定代表人　　　　　法定代表人
或其授权人：_____或其授权人：_____或其授权人：_____
　　（签字或盖章）　　　　（签字或盖章）　　　（签字或盖章）

编　制　人：_____核　对　人_____
　　（造价人员签字盖专用章）　　　（造价工程师签字盖专用章）

编制时间：　年 月 日　　核对时间：　年 月 日

扉-5　　　　　　　　　　工程造价鉴定意见书扉页

工程造价鉴定意见书

造价咨询人：_____

（盖单位章及资质专用章）

法定代表人：_____

（签字或盖章）

造价工程师：_____

（签字盖专用章）

年　月　日

表-01　　　　　　　　　　总　说　明

工程名称：　　　　　　　　　　　　　　　　　　　　　　　　　　第　页　共　页

表－02 　　　　　　　　　　　工程项目招标控制价/投标报价汇总表

工程名称：　　　　　　　　　　　　　　　　　　　　　　　　　　　第 页 共 页

序号	单项工程名称	金额/元	其　中		
			暂估价/元	安全文明施工费/元	规费/元
	合　　计				

注　本表适用于工程项目招标控制价或投标报价的汇总。

表－03 　　　　　　　　　　　单项工程招标控制价/投标报价汇总表

工程名称：　　　　　　　　　　　　　　　　　　　　　　　　　　　第 页 共 页

序号	单位工程名称	金额/元	其　中		
			暂估价/元	安全文明施工费/元	规费/元
	合　　计				

注　本表适用于单项工程招标控制价或投标报价的汇总。暂估价包括分部分项工程中的暂估价和专业工程暂估价。

表-04　　　　　　　　　　**单位工程招标控制价/投标报价汇总表**

工程名称：　　　　　　　　　　　　标段：　　　　　　　　　　第 页 共 页

序号	汇 总 内 容	金额/元	其中：暂估价/元
1	分部分项工程		
1.1			
1.2			
1.3			
1.4			
1.5			
2	措施项目		
2.1	安全文明施工费		
3	其他项目		
3.1	其中：暂列金额		
3.2	其中：专业工程暂估价		
3.3	其中：计日工		
3.4	其中：总承包服务费		
4	规费		
5	税金		
	招标控制价合计＝1＋2＋3＋4＋5		

注 本表适用于单位工程招标控制价或投标报价的汇总，如无单位工程划分，单项工程也使用本表汇总。

表-05　　　　　　　　　　**建设项目竣工结算汇总表**

工程名称：　　　　　　　　　　　　　　　　　　　　第 页 共 页

序号	单项工程名称	金额/元	其中	
			安全文明施工费/元	规费/元
	合　　计			

表-06　　　　　　　　　　　**单项工程竣工结算汇总表**

工程名称：　　　　　　　　　　　　　　　　　　　　　　　　第　页　共　页

序号	单位工程名称	金额 /元	其　中	
			安全文明施工费/元	规费/元
	合　计			

表-07　　　　　　　　　　　**单位工程竣工结算汇总表**

工程名称：　　　　　　　　　　标段：　　　　　　　　　　　第　页　共　页

序号	汇　总　内　容	金　额/元
1	分部分项工程	
1.1		
1.2		
1.3		
1.4		
1.5		
2	措施项目	
2.1	安全文明施工费	
3	其他项目	
3.1	专业工程结算价	
3.2	计日工	
3.3	总承包服务费	
3.4	索赔与现场签证	
4	规费	
5	税金	
	竣工结算总价合计＝1＋2＋3＋4＋5	

注　如无单位工程划分，单项工程也使用本表汇总。

表 - 08　　　　　**分部分项工程和单项措施项目量清单与计价表**

工程名称：　　　　　　　　　　标段：　　　　　　　　　　第　页　共　页

序号	项目编码	项目名称	项目特征描述	计量单位	工程量	金　额/元		
						综合单价	合价	其中：暂估价
	本页小计							
	合　计							

注　为计取规费等的使用，可在表中增设其中："定额人工费"。

表-09　　　　　　　　　　　　　　**综合单价分析表**

工程名称：　　　　　　　　　　　　标段：　　　　　　　　　　　　第　页　共　页

项目编码		项目名称		计量单位		工程量	

清单综合单价组成明细

定额编号	定额名称	定额单位	数量	单　价				合　价			
				人工费	材料费	机械费	管理费和利润	人工费	材料费	机械费	管理费和利润

人工单价		小　计	
元/工日		未计价材料费	
清单项目综合单价			

材料费明细	主要材料名称、规格、型号	单位	数量	单价/元	合价/元	暂估单价/元	暂估合价/元
	其他材料费			—		—	
	材料费小计			—		—	

注　1. 如不使用省级或行业建设主管部门发布的计价依据，可不填定额项目、编号等。

　　　2. 招标文件提供了暂估单价的材料，按暂估的单价填入表内"暂估单价"栏及"暂估合价"栏。

表-10　　　　　　　　　　　　　　**综合单价调整表**

工程名称：　　　　　　　　　　　　标段：　　　　　　　　　　　　第　页　共　页

序号	项目编码	项目名称	已标价清单综合单价/元						调整后综合单价/元					
			综合单价	其　中					综合单价	其　中				
				人工费	材料费	机械费	管理费和利润			人工费	材料费	机械费	管理费和利润	

造价工程师（签章）：　　发包人代表（签章）：　　造价人员（签章）：　　承包人代表（签章）：

　　　　　　　　　　　日期：　　　　　　　　　　　　　　　　日期：

注　综合单价调整应附调整依据。

表-11　　　　　　　　　　　　　**总价措施项目清单与计价表**

工程名称：　　　　　　　　　　标段：　　　　　　　　　　　第　页　共　页

序号	项目名称	计算基础	费率/%	金额/元	调整费率/%	调整后金额/元	备注
1	安全文明施工费						
2	夜间施工增加费						
3	二次搬运费						
4	冬雨季施工增加费						
5	已完工程及设备保护						
合　　计							

编制人（造价人员）：　　　　　　　　　　　符合人（造价工程师）：

注　1. "计算基础"中安全文明施工费可为"定额基价"、"定额人工费"或"定额人工费＋定额机械费"，其他项目可为"定额人工费"或"定额人工费＋定额机械费"。

　　2. 按施工方案计算的措施费，若无"计算基础"和"费率"的数值，也可只填"金额"数值，但应在备案备注栏说明施工方案出处或计算方法。

表-12　　　　　　　　　　　　　**其他项目清单与计价汇总表**

工程名称：　　　　　　　　　　标段：　　　　　　　　　　　第　页　共　页

序号	项目名称	计量单位	金额/元	备注
1	暂列金额			明细详见表-12-1
2	暂估价			
2.1	材料暂估价			明细详见表-12-2
2.2	专业工程暂估价			明细详见表-12-3
3	计日工			明细详见表-12-4
4	总承包服务费			明细详见表-12-5
合　　计				—

注　材料暂估单价进入清单项目综合单价，此处不汇总。

表-12-1 　　　　　　　　　　　　暂 列 金 额 明 细 表

工程名称： 　　　　　　　　　　　　标段： 　　　　　　　　　　　　第 页 共 页

序号	项目名称	计量单位	暂定金额/元	备注
1				
2				
3				
4				
5				
6				
7				
8				
9				
10				
11				
合　计				—

注　此表由招标人填写，如不能详列，也可只列暂定金额总额，投标人应将上述暂列金额计入投标总价中。

表-12-2 　　　　　　　　　　　　材料（工程设备）暂估单价表

工程名称： 　　　　　　　　　　　　标段： 　　　　　　　　　　　　第 页 共 页

序号	材料名称、规格、型号	计量单位	单价/元	备注

注　此表由招标人填写"暂估单价"，并在备注栏说明暂估价的材料、工程设备拟用在哪些清单项目上，投标人应将上述材料、工程设备暂估单价计入工程量清单综合单价报价中。

表-12-3　　　　　　　　　　**专业工程暂估价及结算价表**

工程名称：　　　　　　　　　　　　标段：　　　　　　　　　　第　页　共　页

序号	工程名称	工程内容	金额/元	备注
合　　计				

注　此表"暂估金额"由招标人填写，投标人应将"暂估金额"计入投标总价中，结算时按合同约定结算金额填写。

表-12-4　　　　　　　　　　**计　日　工　表**

工程名称：　　　　　　　　　　　　标段：　　　　　　　　　　第　页　共　页

编号	项目名称	单位	暂定数量	实际数量	综合单价/元	合价/元	
						暂定	实际
一	人工						
1							
2							
3							
4							
人工小计							
二	材料						
1							
2							
3							
4							
5							
6							
材料小计							
三	施工机械						
1							
2							
3							
4							
施工机械小计							
总　　计							

注　此表项目名称、暂定数量由招标人填写，编制招标控制价时，单价由招标人按有关计价规定确定；投标时，单价由投标人自主报价，按暂定数量计算合价计入投标总价中，结算时，按承包双方确认的实际数量计算合价。

285

表-12-5　　　　　　　　　　　　总承包服务费计价表

工程名称：　　　　　　　　　　　标段：　　　　　　　　　第 页 共 页

序号	项目名称	项目价值/元	服务内容	费率/%	金额/元
1	发包人发包专业工程				
2	发包人供应材料				
合　　计					

表-12-6　　　　　　　　　　　索赔与现场签证计价汇总表

工程名称：　　　　　　　　　　　标段：　　　　　　　　　第 页 共 页

序号	签证及索赔项目名称	计量单位	数量	单价/元	合价/元	索赔及签证依据
本页小计						—
合　　计						—

注　签证及索赔依据是指经双方认可的签证单和索赔依据的编号。

表-12-7　　　　　　　　　费用索赔申请（核准）表

工程名称：　　　　　　　　　　　　标段：　　　　　　　　　　　第　页　共　页

致：_____（发包人全称）

根据施工合同条款第____条的约定，由于_____原因，我方要求索赔金额（大写）_____元，（小写）_____元，请予核准。

附：1. 费用索赔的详细理由和依据：

2. 索赔金额的计算：

3. 证明材料：

承包人（章）_____

承包人代表_____

日　　期_____

复核意见： 　根据施工合同条款第_____条的约定，你方提出的费用索赔申请经复核： 　□不同意此项索赔，具体意见见附件。 　□同意此项索赔，索赔金额的计算，由造价工程师复核。 　　　　　　　　　　　监理工程师_____ 　　　　　　　　　　　日　　期_____	复核意见： 　根据施工合同条款第_____条的约定，你方_____提出的费用索赔申请经复核，索赔金额为（大写）_____元，（小写）_____元。 　　　　　　　　　　　造价工程师_____ 　　　　　　　　　　　日　　期_____

审核意见：

　口不同意此项索赔。

　口同意此项索赔，与本期进度款同期支付。

发包人（章）_____

发包人代表_____

日　　期_____

注　1. 在选择栏中的"口"内作标识"√"。

　　2. 本表一式四份，由承包人填报，发包人、监理人、造价咨询人、承包人各存一份。

表-12-8　　　　　　　　　　　　**现 场 签 证 表**

工程名称：　　　　　　　　　　标段：　　　　　　　　　第　页　共　页

施工部位		日期	

致：＿＿＿＿＿＿＿＿＿＿＿＿＿＿＿＿＿＿＿＿＿＿＿＿（发包人全称）

根据＿＿＿＿＿＿（指令人姓名）　年　月　日的口头指令或你方＿＿＿＿＿＿＿＿＿（或监理人）　年　月　日的书面通知，我方要求完成此项工作应支付价款金额为（大写）＿＿＿＿＿＿元，（小写）＿＿＿＿＿元，请予核准。

附：1. 签证事由及原因：

2. 附图及计算式：

承包人（章）

承包人代表＿＿＿＿

日　期＿＿＿＿

复核意见：	复核意见：
你方提出的此项签证申请经复核： 　□不同意此项签证，具体意见见附件。 　□同意此项签证，签证金额的计算，由造价工程师复核。	□此项签证按承包人中标的计日工单价计算，金额为（大写）＿＿＿＿＿＿元，（小写）＿＿＿＿＿元。 　□此项签证因无计日工单价，金额为（大写）＿＿＿＿＿＿元，（小写）＿＿＿＿＿元。
<div align="center">监理工程师＿＿＿＿ 日　期＿＿＿＿</div>	<div align="center">造价工程师＿＿＿＿ 日　期＿＿＿＿</div>

审核意见：

□不同意此项签证。

□同意此项签证，价款与本期进度款同期支付。

发包人（章）

发包人代表＿＿＿＿

日　期＿＿＿＿

注　1. 在选择栏中的"□"内作标识"√"。

2. 本表一式四份，由承包人在收到发包人（监理人）的口头或书面通知后填写，发包人、监理人、造价咨询人、承包人各存一份。

表-13 规费、税金项目清单与计价表

工程名称： 标段： 第 页 共 页

序号	项目名称	计算基础	费率（%）	金额（元）
1	规费	定额人工费		
1.1	社会保险费	定额人工费		
（1）	养老保险费	定额人工费		
（2）	失业保险费	定额人工费		
（3）	医疗保险费	定额人工费		
（4）	工伤保险费	定额人工费		
（5）	生育保险费	定额人工费		
1.2	住房公积金	定额人工费		
1.3	工程排污费	按工程所在地环境保护部门收取标准，按实计入		
2	税金	分部分项工程费＋措施项目费＋其他项目费＋ 规费－按规定不计税的工程设备金额		
合　计				

编制人（造价人员）： 复核人（造价工程师）：

表-14　　　　　　　　　　　　　**工程计量申请（核准）表**

工程名称：　　　　　　　　　　　　标段：　　　　　　　　　　　第 页 共 页

序号	项目编码	项目名称	计量单位	承包人申报数量	发包人核实数量	发承包人确认数量	备注

承包人代表：	监理工程师：	造价工程师：	发包人代表：
日期：	日期：	日期：	日期：

参 考 文 献

［1］ 钱昆润，戴望炎，沈杰. 建筑工程定额与预算［M］. 南京：东南大学出版社，2006.
［2］ 王广月，张敬明，徐赟，等. 建筑工程定额与工程量清单计价［M］. 北京：中国水利水电出版社，2005.
［3］ 王广月，王银山，王宗文，等. 建设工程概预算与招标投标［M］. 北京：石油工业出版社，2002.
［4］ 黄伟典. 建筑工程计量与计价［M］. 4 版. 北京：中国电力出版社，2018.
［5］ 孙震. 建筑工程概预算与工程量清单计价［M］. 2 版. 北京：人民交通出版社，2015.
［6］ 杜晓玲，廖小建，陈红艳. 工程量清单及报价快速编制技巧与实例［M］. 北京：中国建筑工业出版社，2004.
［7］ 唐明怡，石志峰. 建筑工程定额与预算［M］. 北京：中国水利水电出版社，2006.
［8］ 王秀册，于香梅. 建筑工程定额与预算［M］. 2 版. 北京：清华大学出版社，2018.
［9］ 工程造价员网. 建筑工程工程量清单分部分项计价与预算定额计价对照实例讲解［M］. 北京：中国建筑工业出版社，2009.
［10］ 中华人民共和国住房和城乡建设部. 建设工程工程量清单计价规范（GB 50584—2013）［S］. 北京：中国计划出版社，2013.
［11］ 中华人民共和国住房和城乡建设部. 建设工程建筑面积计算规范（GB/T 50353—2013）［S］. 北京：中国计划出版社，2013.
［12］ 山东省建设厅. 山东省建设工程工程量清单计价办法［M］. 北京：中国建筑工业出版社，2004.
［13］ 山东省标准建设定额站. 山东省建设工程工程量清单计价办法应用教材. 2004.
［14］ 山东省住房和建设厅. 山东省建筑工程消耗量定额 SD 01—31—2016［S］. 北京：中国计划出版社，2016.
［15］ 山东省建设标准定额站. 山东省建筑工程价目表. 2017.
［16］ 山东省建设标准定额站. 山东省建筑工程价目表材料机械单价. 2017.